高等职业院校公共通识课系列教材

大学生生态文明教育

林向群　段利武　主编

中国林业出版社
China Forestry Publishing House

图书在版编目（CIP）数据

大学生生态文明教育 / 林向群，段利武主编.
北京：中国林业出版社，2024.12. —（高等职业院校
公共通识课系列教材）. — ISBN 978-7-5219-3027-6

Ⅰ. X24

中国国家版本馆 CIP 数据核字第 2025T0A054 号

策划编辑：高红岩　田　苗
责任编辑：田　苗　赵旖旎
责任校对：苏　梅
封面设计：周周设计局

出版发行：中国林业出版社
　　　　　（100009，北京市西城区刘海胡同 7 号，电话 83223120）
电子邮箱：jiaocaipublic@163.com
网　　址：https://www.cfph.net
印　　刷：北京印刷集团有限责任公司
版　　次：2024 年 12 月第 1 版
印　　次：2024 年 12 月第 1 次印刷
开　　本：787mm×1092mm　1/16
印　　张：13.25
字　　数：303 千字
定　　价：52.00 元

《大学生生态文明教育》编写人员

主　　编：林向群　段利武
副 主 编：唐宗英　李金龙
编写人员：（按姓氏拼音排名）

杜　娟（国家林业和草原局管理干部学院）

段利武（云南省林业和草原局）

李金龙（云南林业职业技术学院）

林光辉（云南林业职业技术学院）

林向群（云南林业职业技术学院）

刘　瑾（杨凌职业技术学院）

刘　平（江西环境工程职业学院）

唐宗英（云南林业职业技术学院）

王怡然（辽宁生态工程职业学院）

王雨芊（云南林业职业技术学院）

邬　琰（云南林业职业技术学院）

杨　玮（云南林业职业技术学院）

于　宁（国家林业和草原局管理干部学院）

张　瑞（云南林业职业技术学院）

张　舒（云南林业职业技术学院）

周　鹏（广东生态工程职业学院）

前 言

生态文明建设是关系中华民族永续发展的千年大计。党的十八大以来，以习近平同志为核心的党中央把生态文明建设作为统筹推进"五位一体"总体布局和协调推进"四个全面"战略布局的重要内容，开展一系列根本性、开创性、长远性工作，加快推进生态文明顶层设计和制度体系建设。

习近平总书记指出，坚持绿水青山就是金山银山的理念，坚持山水林田湖草沙一体化保护和系统治理，全方位、全地域、全过程加强生态环境保护，生态环境保护发生历史性、转折性、全局性变化，让我们的祖国天更蓝、山更绿、水更清。

在新时代的路上，我们要牢固树立社会主义生态文明观，努力构建人与自然和谐共生的现代化，这既需要当代人的不懈奋斗，更需要后来者的持续努力。当代大学生是接续生态文明建设的主力军，因此从入学起就应该接受生态文明教育，围绕自己的专业和职业目标，牢固树立生态文明价值观，不断推动生态文明建设迈上新的台阶。

本教材立足高职学生实际学习情况，融入课程思政，以习近平生态文明思想为指导，从理论层面、实践层面对生态文明的理论和实践目标进行梳理，围绕新时代生态文明建设、目前我国生态文明建设面临的生态问题、现代林业与生态文明建设、林业重点生态保护实践四方面进行阐述。在内容编排上注重学中做、做中学以及实践活动的完成，内容通俗易懂、全面翔实、实践性强，同时融入案例、时政微评、重要讲话等辅助学习材料，注重过程性考核，符合学生认知发展规律。

本教材共设置 4 个模块 24 个项目，由 5 所高等职业院校、国家林业和草原局管理干部学院和云南省林业和草原局教师合作编写，林向群、段利武任主编，林向群负责起草编写提纲。具体编写分工如下：杨玮编写模块一中项目一、二；张舒编写模块一中项目三、四；张瑞编写模块一中项目五、六；王怡然编写模块二中项目一；唐宗英编写模块二中项目二、六；刘瑾编写模块二中项目三、四；周鹏编写模块二中项目五；段利武编写模块三中项目一；林向群编写模块三中项目二；王雨芊编写模块三中项目三、四；刘平编写模块三中项目五；邬琰编写模块四中项目一、二；李金龙编写模块四中项目五；杜娟、于宁编写模块四中项目六；林光辉编写模块四中项目三、四、七；林向群、段利武负责全书统稿。

本教材既可以作为高等职业院校生态文明相关课程的教材，也可以作为科普读物。

    本教材在编写过程中参考、借鉴了大量文献资料，融汇了很多专家、学者的研究成果，在此一并向这些专家、学者表示衷心的感谢！

    由于编者水平有限，本教材难免存在疏漏和不足之处，敬请广大读者批评指正。

编　者
2024 年 5 月

目 录

模块一

把握时代新脉络，引领生态文明建设

——走进新时代生态文明

生态兴则文明兴，生态衰则文明衰。在自然界与人类文明的发展中，共生共荣的关系显得尤为重要。人与自然和谐共生的理念，正是生态文明的核心要义之一。生态文明以其独特的魅力，成为一种以人与自然和谐共生为特征的更加高级的人类文明形态。

自党的十八大以来，生态文明建设已成为"五位一体"总体布局的重要组成部分。而在习近平新时代中国特色社会主义思想中，坚持人与自然和谐共生更是被视为基本方略之一。展望未来，党的二十大描绘了以中国式现代化全面推进中华民族伟大复兴的宏伟蓝图，其中，"生态环境保护发生历史性、转折性、全局性变化"被视为新时代十年伟大变革之一。

为了实现这一目标，中国共产党对推动绿色发展，促进人与自然和谐共生作出了重大部署。这些部署不仅为推进生态文明、建设美丽中国指明了前进方向，更为我们提供了根本遵循。

项目一

坚持人与自然和谐共生

◈ 学习目标

1. 树立和谐发展、绿色发展理念，养成保护生态、善待自然的生活方式和良好习惯，落实环保行动，争当环保卫士。

2. 能深刻理解人与自然和谐共生和绿水青山就是金山银山的理念，在日常生活中能按照绿色发展理念落实各项环保行动。

3. 了解人与自然和谐共生的关系，理解走绿色发展道路、建设生态文明、实现可持续发展的意义。

◈ 学习建议

充分利用互联网等资源，广泛收集有关人与自然和谐共生的资料，教学中注重案例分析、交流研讨，课后深入进行实践活动。

◈ 项目导入

生动践行习近平生态文明思想

——以大理洱海保护治理为例

习近平生态文明思想是新时代推进生态文明和美丽中国建设的根本遵循和行动指南。近年来，大理白族自治州始终牢记习近平总书记"一定要把洱海保护好"的殷殷嘱托，始终坚持生态优先、绿色发展的理念，正确处理生态保护与绿色发展的关系，攻坚克难、勇于创新、顽强拼搏，加快推进以洱海保护治理为核心的生态文明建设，着力把大理打造成为云南践行习近平生态文明思想的实践基地和高质量可持续发展的示范区。

长期以来，大理着力推行依法治湖、工程治湖、科学治湖、全民治湖和网格化管理"四治一网"创新举措保护治理洱海。州委、州政府认真分析研判洱海保护治理取得的初步成效和存在的困难问题，审时度势、立足长远，从思想上、思路上、决策上、行动上全方位践行习近平生态文明思想和习近平总书记对洱海保护治理重要批示精神，树立绿水青山就是金山银山的发展理念，把洱海保护治理作为各族干部群众的责任担当和政治担当，以洱海流域为引领统筹抓好全州生态建设，以洱海流域为核心统筹全州空间布局，以洱海流域为突破统筹推进全州产业绿色转型，以洱海流域为枢纽统筹加快全州路网建设，以洱海流域为重点统筹深化全州各项改革，奋力开启新时代大理跨越发展新征程。成立大理州洱海保护治理及流域转型发展指挥部，以洱海保护治理统领全州经济社会发展全局，持续推进"七大行动"，坚决打赢洱海保护治理"八大攻坚战"，即坚决打赢环湖截污攻坚战、生态搬迁攻坚战、面源污染治理攻坚战、河道治理攻坚战、矿山整治攻坚战、环湖生态修复攻坚战、水质改善提升攻坚战、过度开发建设治理攻坚战，深入实施山水林田湖草系统治理，全力推进洱海流域绿色生产生活方式革命性转变。将洱海水质和水环境承载力作为刚性约束，不断优化以洱海流域为核心的"1市+6县"区域生产空间、生活空间和生态空间布局，构建流域绿色发展新格局。洱海水质2021年、2022年、2023年连续三年评价为"优"，全湖透明度均值达2.29米，提升至近20年最高水平。洱海保护治理取得阶段性初步成效。

启示： 在习近平生态文明思想的指导下，我们必须坚定不移地走生态优先、绿色发展之路。我们必须像保护眼睛一样保护生态环境，像对待生命一样对待生态环境。为了实现这一目标，我们必须以最大的决心肩负起洱海保护治理的重大使命，坚决落实洱海保护治理工作，采取最有力的措施，打赢洱海保护治理持久战。只有这样，我们才能让"苍山不墨千秋画，洱海无弦万古琴"的自然美景永驻人间。

◈ 知识链接

一、坚持人与自然和谐共生的丰富内涵

党的十八大以来，以习近平同志为核心的党中央对生态文明建设高度重视，明确提出坚持人与自然和谐共生，并将其作为新时代坚持和发展中国特色社会主义的基本方略之一。坚持人与自然和谐共生蕴含着极为丰富深刻的思想内涵，借鉴发展了中国传统文化中的生态智慧，继承发展了马克思主义生态观，深刻总结了西方工业化进程中的经验教训，是新时代推进生态文明建设的行动指南，彰显了中国作为负责任大国的国际担当。

（一）坚持人与自然和谐共生借鉴发展了中国传统文化中的生态智慧

中华文明具有源远流长、延绵不绝、博大精深等显著特点，五千多年辉煌文明发展历程也积淀了丰富的生态智慧，蕴藏着解决当代人类所面临的生态问题的重要启示。中华文明强调天人合一、道法自然的哲理思想，将天、地、人统一起来，将自然生态同人类文明联系起来，按照大自然规律活动，取之有时，用之有度。这是先人对处理人与自然关系的重要认识，在《易经》《老子》《孟子》《荀子》《吕氏春秋》《淮南子》《齐民要术》等古代典籍中都有丰富论述。"人法地，地法天，天法道，道法自然""草木荣华滋硕之时，则斧斤不入山林，不夭其生，不绝其长也""竭泽而渔，岂不获得，而明年无鱼；焚薮而田，岂不获得，而明年无兽"等名言警句在今天依然有着十分重要的现实意义。坚持人与自然和谐共生，强调自然是生命之母，人与自然是生命共同体，人类必须敬畏自然、尊重自然、顺应自然、保护自然，要求我们像保护眼睛一样保护生态环境，将人与自然的关系提升到生命共同体的高度，让天人合一的中国智慧在新时代焕发出新的光芒。

（二）坚持人与自然和谐共生继承发展了马克思主义生态文明观

马克思主义经典著作中蕴藏着丰富的生态思想，为我们今天坚持人与自然和谐共生

提供了理论支撑和实践指导。一方面，马克思、恩格斯指明了人与自然关系是和谐的有机整体。马克思指出："自然界，就它自身不是人的身体而言，是人的无机的身体。人靠自然界生活。"正因为如此，人类的一切生产生活活动都要遵循自然规律。恩格斯在《自然辩证法》中就以美索不达米亚、希腊、小亚细亚及其他各地的居民，为了得到耕地，毁灭了森林，以及居住在阿尔卑斯山的意大利人把树林砍光用尽等事例，告诫人们不要过分陶醉于我们人类对自然界的胜利，对于每一次这样的胜利，自然界都对我们进行报复。另一方面，面对资本主义生产方式对生态环境的破坏，马克思和恩格斯并没有仅仅停留在"解释世界"层面，而是立足于"改变世界"，提出了一系列解决生态问题的方法和途径。其中既有工艺的改进、机器的改良、化学的进步等方法，也有变革资本主义制度这一从根本上解决生态危机的策略，即"消灭统治阶级对劳动阶级的一切剥削和压迫"。

（三）坚持人与自然和谐共生深刻总结了西方工业化进程中的经验教训

西方国家在实现工业化过程中积累了不少经验，同时其城市化工业化进程所走的"先发展后治理"道路曾导致严重的生态危机，也迫使人类不得不重新审视发展模式。从人类文明进程看，从原始文明时代畏惧自然到工业文明时代无限制地征服自然、攫取自然，在资本逻辑的主导下，城市化进程大大加快，工业化水平不断提高，但与此同时，对大自然的破坏也日益严重，出现了气候变暖、臭氧层破坏、生物多样性减少、土地荒漠化、大气污染、水体污染等全球性环境问题。如英国伦敦烟雾事件、美国洛杉矶光化学烟雾事件、欧洲莱茵河污染事件、日本水俣病等都是西方工业化进程中教训十分深刻的重大环境污染事件。面对如此多的重大环境问题，人类也进行了诸多反思，并为寻找人与自然和谐发展的新路不断努力。推动形成绿色发展方式和生活方式，是发展观的一场深刻革命。坚持人与自然和谐共生为人类解决环境问题提供了中国智慧和中国方案。

（四）坚持人与自然和谐共生是新时代推进生态文明建设的行动指南

中国共产党高度重视生态环境保护，一直在探索解决生态问题、实现人与自然和谐发展的现代化道路。1973年，国务院召开首次全国环境保护会议，审议通过了《关于保护和改善环境的若干规定（试行草案）》；1978年，我国第一次在宪法中作出"国家保护环境和自然资源，防治污染和其他公害"的规定；1983年我国召开第二次全国环境保护会议，将环境保护确立为基本国策；1984年，《关于环境保护工作决定》对有关保护环境、防治污染的一系列重大问题作出了比较明确的规定，环境保护开始纳入国民经济和社会发展计划，成为经济和社会生活的重要组成部分；"十一五"期间，我国提出要建设资源节约型、环境友好型社会。党的十八大以来，以习近平同志为核心的党中央秉持绿水青山就是金山银山理念，倡导人与自然和谐共生，制定了多项涉及生态文明建设的改革方案，推动生态环境保护发生历史性、转折性、全局性变化，生态文明理念日益深入人心。目前，我国已建立各类自然保护地 11 029 处，总面积占陆域国土面积的18%；全国森林覆盖率提高到 22.96%；近20年新增植被覆盖面积约占全球新增总量的 25%，居全球首位。习近平总书记围绕生态文明建设提出了一系列新理念新思想新战略，坚持以新发展理念引领经济高质量发展，坚定不移地走绿色发展之路，坚持人与自然和谐共生，建设美丽中国。

（五）坚持人与自然和谐共生彰显了中国作为负责任大国的国际担当

1992 年联合国环境与发展大会以后，中国政府率先组织制定了《中国 21 世纪议程——中国 21 世纪人口、环境与发展白皮书》，从国情出发采取了一系列政策措施，为减缓全球气候变化作出积极贡献；中国消耗臭氧层物质的淘汰量占发展中国家淘汰总量的 50% 以上，成为对全球臭氧层保护贡献最大的国家；库布其沙漠生态治理区被联合国环境规划署确立为全球沙漠"生态经济示范区"。此外，联合国环境规划署、世界银行、全球环境基金也先后将"联合国环境规划署笹川环境奖""绿色环境特别奖""全球环境领导奖"等授予中国。我们坚持共谋全球生态文明建设，深度参与全球环境治理，形成世界环境保护和可持续发展的解决方案，引导应对气候变化国际合作。可以说，中国作为负责任的发展中大国，始终是绿色生活的倡导者和实践者，始终在为建设人类共同的美好家园而辛勤耕耘，积极做全球生态文明建设的重要参与者、贡献者、引领者。

二、我国人与自然和谐共生面临的新形势

党的二十大确定了全面建成社会主义现代化强国，以中国式现代化全面推进中华民族伟大复兴的中心任务。在新征程上，我国生态文明建设面临新的战略机遇、新的战略任务、新的战略阶段、新的战略要求。

从战略机遇来看，新时代十年的经济实力、科技实力、综合国力的提升，为推进生态文明建设提供了坚实的物质基础。同时，全球新一轮科技革命和产业变革的深入推进，推动绿色低碳发展成为国际潮流所向、大势所趋。

从战略任务来看，党的二十大明确提出，中国式现代化是人与自然和谐共生的现代化。尊重自然、顺应自然、保护自然，是全面建设社会主义现代化国家的内在要求。未来五年，城乡人居环境将明显改善，美丽中国建设成效将显著。

从战略阶段来看，我国生态文明建设已进入以降碳为重点的战略方向，推动排污减碳协同增效，实现经济社会发展全面绿色转型的关键时期。

从战略要求来看，高质量发展是全面建设社会主义现代化国家的首要任务。推动经济社会发展绿色化、低碳化是实现高质量发展的关键环节。我们必须站在人与自然和谐共生的高度，统筹产业结构调整、污染治理、生态保护，应对气候变化，以实现降碳、减污、扩绿、增长的综合目标。

此外，我们还应看到，产业结构调整和能源转型发展仍面临艰巨挑战，生态环境保护任务依然艰巨，围绕生态环境问题的国际博弈十分激烈。

三、坚定不移走好人与自然和谐共生的中国式现代化之路

党的二十大概括提出并深入阐述中国式现代化理论，强调以中国式现代化全面推进中华民族伟大复兴，并指出中国式现代化是人与自然和谐共生的现代化，必须牢固树立和践行绿水青山就是金山银山的理念，站在人与自然和谐共生的高度谋划发展。这是现代化理论的重大创新，是习近平生态文明思想理论创新的最新成果，也是推进生态文明建设的实

践要求。要深入学习领会、全面贯彻落实，坚定不移走好人与自然和谐共生的中国式现代化之路。

(一)深刻领会人与自然和谐共生现代化的科学逻辑

党的十八大以来，中国共产党在已有基础上继续前进，不断实现理论和实践上的创新突破，成功推进和拓展了中国式现代化。特别是提出建设人与自然和谐共生的现代化，并将其纳入中国式现代化的理论体系，集中体现了党在生态文明建设领域的理论创新和实践创新。

1. 从理论逻辑看，这一论断是马克思主义中国化时代化的智慧结晶

马克思主义关于人与自然关系的思想是这一论断的理论基石。马克思主义认为，人靠自然界生活，人类在同自然的互动中生活、生产、发展。习近平总书记继承和发展了马克思主义关于人与自然关系的思想，结合中国生态文明建设的具体实际，提出建设人与自然和谐共生的现代化，深入揭示了人与自然环境不仅相互依存，更是相互促进的辩证统一关系，是马克思主义在生态文明建设领域的集中体现。中华优秀传统文化中蕴含的生态智慧是这一论断的民族土壤和文化基因。中华民族向来尊重自然、热爱自然，绵延 5000 多年的中华文明孕育着丰富的生态文化。习近平总书记继承和发展了中华优秀传统文化中蕴含的天人合一、道法自然等哲理思想，把马克思主义思想精髓同中华优秀传统文化精华贯通起来，同人民群众日用而不觉的共同价值观念融通起来，赋予现代化理论鲜明的中国特色，赋予中华优秀传统文化崭新的时代内涵。

2. 从历史逻辑看，这一论断是中国共产党探索现代化经验的升华凝练

中华人民共和国成立以后，中国共产党孜孜以求，带领人民对中国的现代化建设进行了艰辛探索，其中就包括对如何处理人与自然关系的思考与探索。毛泽东同志指出，我们的任务"就是要安下心来，使我们可以建设我们国家现代化的工业、现代化的农业、现代化的科学文化和现代化的国防"，同时发出了绿化山川、植树造林的号召。改革开放和社会主义现代化建设新时期，中国共产党提出现代化建设的任务是多方面的，各个方面需要综合平衡，强调走人与自然协调发展的道路，建设资源节约型、环境友好型社会。中国共产党在不同历史时期提出的一系列理论，为在现代化建设中如何处理人与自然关系积累了宝贵经验。进入新时代，以习近平同志为核心的党中央从中华民族永续发展的高度出发，深刻把握生态文明建设在新时代中国特色社会主义事业中的重要地位和战略意义，大力推动生态文明理论创新、实践创新、制度创新，创造性提出一系列新理念新思想新战略，形成了习近平生态文明思想，开辟了生态文明建设的新境界。党的十八大提出"推动形成人与自然和谐发展现代化建设新格局"，党的十九大强调"我们要建设的现代化是人与自然和谐共生的现代化"，党的二十大进一步将"人与自然和谐共生的现代化"明确为中国式现代化的中国特色，将"促进人与自然和谐共生"明确为中国式现代化的本质要求之一，充分体现了中国共产党在领导和实现中华民族伟大复兴历史进程中，深化现代化理论认识、推动现代化实践探索的高度自觉，为新时代生态文明建设提供了理论指引和根本遵循。

3. 从实践逻辑看，这一论断是新时代生态文明建设伟大实践伟大成就的真实写照

党的十八大以来，在习近平生态文明思想指引下，中国共产党从思想、法律、体制、组织、作风上全面发力，开展一系列根本性、开创性、长远性工作，生态文明建设取得历史性成就、发生历史性变革。党中央、国务院组织实施主体功能区战略，印发实施生态文明体制改革总体方案，自然资源资产产权制度、国土空间开发保护制度、空间规划体系、资源总量管理和全面节约制度、资源有偿使用制度和生态补偿制度、环境治理体系、生态保护市场体系、生态文明绩效评价考核和责任追究制度等制度建设取得重大进展，生态文明法律体系更加完善。优化国土空间开发保护格局，统筹划定耕地和永久基本农田保护红线、生态保护红线、城镇开发边界三条控制线。推动建立以国家公园为主体的自然保护地体系，整合设立近 9200 个自然保护地，设立首批 5 个国家公园。统筹推进山水林田湖草沙系统治理，部署实施 44 个山水林田湖草沙一体化保护和修复重大工程，完成修复治理面积 5.37 万平方千米。持续开展大规模国土绿化行动，森林覆盖率由 2012 年的 21.63% 提高到 2021 年的 24.02%，成为世界上森林资源增长最多的国家。实施全面节约战略，2021 年全国单位国内生产总值能耗、水耗（用水量）、地耗（建设用地使用面积）、二氧化碳排放分别比 2012 年下降 26.4%、45%、40.85%、34.4%。着力打赢污染防治攻坚战，实现大气、水、土壤环境持续好转。开展中央生态环境保护督察、国家自然资源督察，坚决查处一批破坏自然生态的重大典型案件，解决了一批人民群众强烈反映的突出问题。积极参与全球自然生态治理，积极稳妥推进碳达峰碳中和，成功举办《联合国防治荒漠化公约》《生物多样性公约》《湿地公约》缔约方大会。塞罕坝林场建设者、浙江省"千村示范、万村整治"工程等获得联合国"地球卫士奖"，"中国山水工程"（山水林田湖草沙一体化保护和修复工程）入选联合国首批十大"世界生态恢复旗舰项目"。"人不负青山，青山定不负人。"良好生态蕴含着无穷的经济价值，能够源源不断创造综合效益，实现经济社会可持续发展。我国进入高质量发展阶段，经济增速在世界主要经济体中处于领先位置，充分证明人与自然和谐共生的现代化道路走得通、行得稳，是强国建设、民族复兴的正确道路。

（二）准确把握人与自然和谐共生现代化的重大要求

党的十八大以来，以习近平同志为核心的党中央以全新的视野深化对共产党执政规律、社会主义建设规律、人类社会发展规律的认识，取得重大理论创新成果。把人与自然和谐共生的现代化纳入中国式现代化理论体系，是中国式现代化道路和人类文明新形态的重要内容。推进新时代生态文明建设，必须立足我国基本国情，准确把握人与自然和谐共生现代化的重大要求，坚定不移走生态优先、节约集约、绿色低碳发展之路。

1. 人与自然和谐共生的中国式现代化，是党全面领导生态文明建设的现代化

党的领导决定中国式现代化的根本性质。习近平总书记指出，党的领导直接关系中国式现代化的根本方向、前途命运、最终成败。进入新时代以来，我们党把生态文明建设摆在全局工作的突出位置，取得了举世瞩目的辉煌业绩。新征程上，仍要毫不动摇坚持党的领导，确保中国式现代化锚定人与自然和谐共生的目标行稳致远，始终保持历史耐心和战略定力，一代一代地接力推进。要坚持最严格的制度、最严密的法治，确保党中央各项决

策部署落地生根。要推动生态文明体制机制不断革新，不断破除各方面弊端，为人与自然和谐共生的现代化注入不竭动力，为中华民族伟大复兴开辟广阔前景。

2. 人与自然和谐共生的中国式现代化，是积极应对资源环境紧约束的现代化

习近平总书记指出，节约资源是保护生态环境的根本之策，要像保护眼睛一样保护自然和生态环境。我国人口规模巨大，超过现有发达国家人口的总和，但人均资源要素占有量远低于世界平均水平，适宜生产生活的空间有限且分布不均衡，生态保护修复历史欠账多，还面临全球气候变化、极端气候事件频发等一系列新挑战；人口达峰以及老龄化、少子化、区域人口增减分化趋势对国土空间治理产生深远影响。要增强问题意识，想问题、做决策、办事情都要从国情出发，充分考虑资源环境承载能力和禀赋特色，不断提出真正解决问题的新理念新思路新办法。

3. 人与自然和谐共生的中国式现代化，是绿色低碳可持续发展的现代化

习近平总书记指出，建立健全绿色低碳循环发展经济体系、促进经济社会发展全面绿色转型是解决我国生态环境问题的基础之策。近代以来，西方国家的现代化大都建立在以牺牲资源环境为代价的基础上，在创造巨大物质财富的同时，往往造成环境污染、资源枯竭等问题，造成人与自然关系紧张，甚至导致了自然界的无情报复。推动人与自然和谐共生的中国式现代化，要着力避免西方资本主义现代化过程中出现的生态环境问题，绝不走"先污染后治理"的老路。要坚持绿色低碳发展，在发展中保护、在保护中发展，在代内与代际间公平合理配置资源，让当代人及子孙后代享有丰富物质财富的同时，也能遥望星空、看见青山、闻到花香。

4. 人与自然和谐共生的中国式现代化，是人民群众共建共享生态福祉的现代化

习近平总书记指出，良好生态环境是最公平的公共产品，是最普惠的民生福祉。发展经济是为了民生，保护生态环境同样是为了民生，建设人与自然和谐共生现代化的根本目的是为了人民、造福人民。要着力实现物质财富与生态财富同步增加，推动生态优势转化为发展优势、生态财富转化为物质财富。要把生态文明建设转化为全体人民自觉行动，使每个人都成为生态环境的保护者、建设者、受益者。

5. 人与自然和谐共生的中国式现代化，是生产、生活、生态和谐共融的现代化

习近平总书记指出，国土是生态文明建设的空间载体，从大的方面统筹谋划、搞好顶层设计，首先要把国土空间开发格局设计好。国土空间具有稀缺性、唯一性，生产、生活、生态都涉及国土空间的利用，必须统筹兼顾多重目标的平衡，实现开发与保护相协调、当前与长远相协调。必须坚持系统观念，坚定不移走生产发展、生活富裕、生态良好的文明发展道路，整体谋划国土空间开发保护，科学布局生产、生活、生态空间，促进生产空间集约高效、生活空间宜居适度、生态空间山清水秀。要强化底线约束，守牢自然生态安全边界底线，把经济活动、人的行为限制在自然资源和生态环境能够承受的限度内，给自然生态留下休养生息的时间和空间。

6. 人与自然和谐共生的中国式现代化，是积极参与全球生态文明建设的现代化

保护自然生态，维护资源安全，是全球面临的共同挑战。习近平总书记指出，生态文

明建设关乎人类未来，建设绿色家园是人类的共同梦想。在建设人与自然和谐共生的现代化的过程中，既要拓展世界眼光，以海纳百川的宽阔胸襟借鉴吸收人类一切优秀文明成果，也要深度参与全球生态治理，积极回应各国人民普遍关切；既要在参与、贡献全球治理中谋求自身发展，又要以自身发展更好促进、引领形成公平合理、合作共赢的全球治理体系，为构建人类命运共同体、地球生命共同体提出中国方案、贡献中国智慧，推动建设更加美好的世界。

（三）积极投身人与自然和谐共生现代化的伟大实践

党的二十大报告指出，未来五年是全面建设社会主义现代化国家开局起步的关键时期，也是推动绿色发展促进人与自然和谐共生的关键时期。当前，全党正在深入开展学习贯彻习近平新时代中国特色社会主义思想主题教育，作为生态文明建设的重要职能部门，自然资源部牢牢把握"学思想、强党性、重实践、建新功"的总要求，全面贯彻落实党的二十大精神，积极践行习近平生态文明思想，按照"严守资源安全底线、优化国土空间格局、促进绿色低碳发展、维护资源资产权益"的自然资源工作定位，坚持可持续发展，坚持节约优先、保护优先、自然恢复为主的方针，更加自觉投身建设人与自然和谐共生现代化的伟大实践。

1. 优化国土空间发展格局

推动形成主体功能约束有效、国土开发保护有序的空间发展格局，是事关生态文明建设全局的战略性举措。要健全主体功能区制度，完善配套政策体系，促进各地区发挥比较优势。全面落实耕地保护"两平衡一冻结"制度，促进优质耕地"南增北稳"，推动耕地"山上换山下"，使农业空间布局更加符合自然地理格局和农业生产规律。加强生态保护红线管理，严格管控人为活动，依法有序在生态保护红线内开展地质调查和战略性矿产资源勘查开采，更好统筹生态保护与能源资源安全。加强陆海统筹，节约集约利用浅海近岸，有序开拓深水远岸空间和资源利用。适应人口总量、结构变化和流动趋势，分类引导城市化地区高效集约发展。严格管控城镇开发边界，打造美丽、宜居、绿色、安全、韧性城乡空间，建设宜居宜业和美乡村。保护自然、历史文化遗产和风景名胜景观资源，彰显我国国土空间的特色魅力。

2. 全面提高资源利用效率

落实全面节约战略，是破解资源瓶颈约束、保护生态环境的首要之策。要推进资源总量管理、科学配置、全面节约、循环利用，不断提高土地、矿产、海洋、林草等各类资源利用效率。加强国土空间用途管制，强化建设用地总量控制，科学把握建设用地安排时序和节奏。激励与约束并举，健全标准体系，推动土地开发用存量换增量，用地下换地上，用资金、技术换空间。推动矿产资源绿色勘查，加快增储上产，促进共伴生矿产资源的综合开发利用。加大海域资源市场化出让比例，推动建立低效用海退出机制。推动森林可持续经营，落实草畜平衡制度，大力发展人工草地。

3. 提升生态系统多样性、稳定性、持续性

生态系统是一个有机生命躯体，必须坚持山水林田湖草沙一体化保护和系统治理。要

加快推进以国家公园为主体的自然保护地体系建设，全面完成全国自然保护地整合优化，高质量建设第一批国家公园，加快推动黄河口、钱江源—百山祖、卡拉麦里等新一批国家公园的设立。持续实施全国重要生态系统保护和修复重大工程总体规划，以国家重点生态功能区、生态保护红线、自然保护地等为重点，以"中国山水工程"为引领，统筹推进历史遗留矿山生态修复工程、海洋生态保护和修复工程等国家重大生态工程进度，筑牢国家生态安全屏障。实施生物多样性保护重大工程，加强外来物种入侵治理。尊重地域分异规律，科学开展大规模国土绿化行动。推行草原森林河流湖泊湿地休养生息，实施好长江十年禁渔。

4. 积极稳妥推进碳达峰碳中和

我国生态文明建设已进入以降碳为重点战略方向、推动减污降碳协同增效、促进经济社会发展全面绿色转型、实现生态环境质量改善由量变到质变的关键时期，要在保障国家能源安全的基础上，有计划分步骤实施碳达峰行动。要积极支持规划建设新型能源体系，优先推动风能、太阳能就地就近开发利用，推进以沙漠、戈壁、荒漠化地区为重点的大型风光电基地建设，推动海洋能规模化、商业化发展，加强地热资源勘查开发与利用。推进生态系统碳汇能力巩固提升行动，注重修复增汇协同。积极发展绿色金融。推动将碳汇交易纳入全国碳排放权交易市场。有序推进规模化碳捕集利用与封存技术研发、示范和产业化应用。

5. 积极推动全球可持续发展

面对生态环境挑战，人类是一荣俱荣、一损俱损的命运共同体。要积极对外宣传习近平生态文明思想，讲好中国生态文明故事。以中国-欧盟等蓝色伙伴关系为基础，拓展生态文明伙伴关系网络，塑造新型全球生态治理体系。认真履行自然资源、生态领域国际公约，积极参与联合国国家管辖范围以外区域海洋生物多样性养护和可持续利用国际协定等国际谈判和磋商进程，主动承担同国情、发展阶段和能力相适应的环境治理义务。推进跨境跨流域自然保护地、生态廊道共建。培育更多生态治理优秀人才，广泛参与相关国际标准和规则制定与实施，加强国际合作平台建设。

6. 深化生态文明体制机制改革

改革只有进行时，没有完成时。新征程上要聚焦重大问题，抓好重大改革任务攻坚克难。要完善自然资源资产管理制度体系，全面推行全民所有自然资源资产所有权委托代理机制。健全资源环境要素市场化配置体系，完善自然资源有偿使用制度。巩固"多规合一"的国土空间规划体系，完善国土空间规划与国家中长期发展规划和重点专项规划对接机制，在"一张图"上统筹协调各类空间需求和矛盾冲突。建立健全覆盖全域全类型、统一衔接的国土空间用途管制制度。深化集体林权制度改革。完善生态保护修复多元化投入机制。加快推进国土空间开发保护法、国土空间规划法、矿产资源法、耕地保护法、国家公园法等重点立法工作。加强国家自然资源督察，以"长牙齿"的硬措施守住耕地和生态保护红线。基于国土空间基础信息平台和国土空间规划"一张图"，构建美丽中国数字化治理体系。

◈ **实践活动**

纪念"世界地球日"主题实践活动方案设计

4月22日是世界地球日，也被称为世界环境保护纪念日。其设立的主要目的是提高公众对当前环境问题的认识，并积极动员公众参与环保运动，以此改善地球的整体环境。这项活动始于1970年，由美国的盖洛德·尼尔森和丹尼斯·海斯发起，现已扩展至全球近200个国家，每年有超过10亿人参与其中。这使它成为世界上规模最大的民间环保节日。自地球日诞生以来，世界范围内的环保工作已经取得了显著的进步。可以看到，"世界地球日"不仅是一个纪念日，它实际上推动了一场全球性的环保运动。现今的环保工作不仅需要政策引导，更需要公众的广泛参与和社会的普遍共识，而这正是"世界地球日"所倡导的。这个节日的持续影响力，以及每年参与活动的全球人数都在不断增加，显示了环保工作在全世界日益增加的重要性。

请围绕宣传主题，以小组为单位，设计一个纪念"世界地球日"主题实践活动的方案并组织开展实践活动。方案包括活动主题、活动目标、活动内容、活动步骤、交流分享等方面。

"人与自然和谐共生"创意作品展征集评选

在2022年12月15日的《生物多样性公约》第十五次缔约方大会第二阶段高级别会议上，国家主席习近平以视频方式发表了演讲。他强调了生物多样性保护在全球范围内的紧迫性和重要性，提出了"凝聚生物多样性保护全球共识""推进生物多样性保护全球进程"和"通过生物多样性保护推动绿色发展"等主张。这些主张为全球生物多样性治理指明了方向，提供了强大推动力。请以"人与自然和谐共生"为主题，以小组为单位，开展创意作品征集评选活动。

一、作品分组

分为摄影组、美术组、短视频组三个组进行作品征集。

1. 以"人与自然和谐共生"为主题的摄影作品征集：旨在通过自然景色、人与自然的交融与共存等景象，展现人与自然之间的和谐关系。参赛作品通过一幅幅精彩绝伦的摄影作品，传达出人类应当善待大自然，共同把握和谐共生之美的理念。

2. 以"人与自然和谐共生"为主题的美术作品征集：通过画笔描绘人与自然之间的和谐共生精神。作品可以从自然和人交互影响的角度进行创作，展示人们如何在自然中受益，以及如何以善待自然的方式体现人与自然的和谐共存的关系。比赛鼓励以大自然的绚烂风光、动物的神奇造化、人类在自然中的活动等作为创作主题，尽可能展现人与自然的和谐共生。

3. 以"人与自然和谐共生"为主题的短视频作品征集：旨在通过多种剪辑手法，呈现大自然的美丽、动物的神奇造化和人类活动的有趣画面，传达人与自然和谐共生的美好意义。参赛作品应充分利用短视频的表现力，真实再现人类尊重自然、保护自然的重要性，充分展现人与自然和谐共生的精神。

二、作品要求

作品须符合大赛主题，立意积极向上，创作方式独特新颖，具有独特的视觉综合表现力。所有作品不得涉及色情、暴力、迷信和种族歧视等内容，不得植入广告。

1. 摄影作品应以彩色照片呈现，电子文件应为 JPEG 格式，单幅照片不小于 5M。为作品附上简短的背景故事（80~100 字）。

2. 美术作品形式多样，包括国画、油画、版画、水彩画、数字美术和艺术设计等。作品尺寸不小于 A3，数字作品像素不小于 300dpi。为作品附上简短的背景故事（80~100 字）。

3. 短视频作品时长不少于 15 秒，不超过 3 分钟。拍摄手法不限，横屏、竖屏均可，视频分辨率不低于 1080P。短视频作品须配有简体中文字幕，画面清晰，不带水印或标识，并附有对应文稿，用简短的文字叙述作品背后的故事（80~100 字）。

◈ 课后评价

评价项目	评价内容	权重
学习过程评价	对学生出勤率、学习态度、提问和回答问题、交流讨论等情况进行评价	50%
实践活动评价	各组之间对参与实践活动情况进行评价；教师对各组上交的图片、资料等进行评价	50%（其中组间评价权重30%，教师评价权重20%）

◈ 学习延伸

坚定不移走好人与自然和谐共生的中国式现代化之路

习近平：以美丽中国建设全面推进人与自然和谐共生的现代化

坚持绿水青山就是金山银山

❖ 学习目标

1. 熟悉"两山"含义，感悟其背后的环保理念。
2. 践行"两山"理念，践行简约适度、绿色低碳的生活方式。
3. 树立"两山"理念，懂得走持续发展之路的重要性。

❖ 学习建议

课前预习相关理论，利用互联网广泛猎取知识，教学过程中深入思考、交流讨论，课后深入进行实践活动。

❖ 项目导入

云南省华坪县去"黑"转"绿"促产业生态化

华坪县位于云南省西北部的金沙江中段北岸，是滇西入川的重要交通枢纽。华坪县曾是全国100个重点产煤县之一，产能单一，资源耗损严重，长期煤矿开采造成区域内水土流失和石漠化现象频发，产业转型迫在眉睫。然而，在绿色发展的引领下，华坪县成功破解了"经济发展带来环境破坏"的悖论，产业从"黑色经济"向"绿色经济"转型，走出了一条"绿水青山就是金山银山"的实践之路。空气质量改善明显；县内金沙江流域年均输沙量大幅降低，水生生物多样性逐步恢复，水质稳定达到功能区划要求；水土流失和石漠化得到有效治理。

华坪县通过探索实践，走出了一条矿业转型、矿山转绿、矿企转行、矿工转岗的"四转"新模式，实现了生态环境修复、环境质量提升和群众增收致富的良性循环。曾经以"煤"为生的重点产煤县转型为依托"生态产业"致富的特色生态县。实施林业生态扶贫、石漠化综合治理及水土保持生态修复等工程，引导群众在荒山、荒坡发展绿色产业，推广石漠化地区光伏滴灌，解决灌溉用水难问题。以有机种植、加工等环节的生态化手段生产有机芒果，并建设"全国绿色有机晚熟芒果示范基地"。发展康养旅游，随着能源结构的调整和绿色产业的壮大，生态环境质量持续改善。酸雨频率已大幅下降，县城环境空气优良率达到100%，昔日的黑水河已变回清水河，旅游业也取得了显著的发展，2019年接待游客量达165.5万人次，旅游收入达14.6亿元。

目前，华坪县内金沙江流域年均输沙量下降，水质达标率100%，水土流失和石漠化现象逐渐减少，森林覆盖率达 72.66%。从事绿色产业的人口大幅增加，仅从事芒果种植、加工、销售的建档立卡户就有 8973 人。生态产业面积大幅增加，农村常住居民人均可支配收入也大幅增加。

　　启示： 华坪县在产业转型及矿区修复方面作出了有益的尝试，实施生态修复工程，发展绿色产业，实现了由"黑色产业"向"绿色产业"的转型。这种模式适用于传统煤矿开采地区的产业转型及矿区修复，以及干热河谷和石漠化地区治理及产业培植相结合的生态修复。

◈ 知识链接

　　习近平生态文明思想是习近平新时代中国特色社会主义思想的重要组成部分，其核心是平衡环境与经济发展之间的关系，即"两山"理念。党的十九大报告强调，生态文明建设是中华民族永续发展的必要条件，必须树立和践行绿水青山就是金山银山的理念。党的十九届五中全会进一步提出，要树立"两山"理念，以建设人与自然和谐共生的现代化为目标。党的二十大报告提出践行"两山"理念，以中国式现代化全面推进中华民族伟大复兴。

一、"两山"理念提出的历史背景与发展

　　2005 年 8 月 15 日，时任浙江省委书记的习近平同志到浙江安吉余村进行调研，首次明确提出"绿水青山就是金山银山"之后，习近平同志在《浙江日报》头版"之江新语"专栏发表《绿水青山也是金山银山》短评，论述了"绿水青山可带来金山银山，但金山银山却买不到绿水青山；绿水青山与金山银山既会产生矛盾，又可辩证统一"的关系。2006 年 3 月 8 日，习近平同志在中国人民大学发表演讲，系统阐释了绿水青山与金山银山关系的三个阶段，即：第一个阶段是用绿水青山去换金山银山，不考虑或者很少考虑环境的承载能力，一味索取资源；第二个阶段是既要金山银山，但是也要保住绿水青山，这时经济发展与资源匮乏、环境恶化之间的矛盾开始凸显，人们意识到环境是我们生存发展的根本，要留得青山在，才能有柴烧；第三个阶段是认识到绿水青山可以源源不断地带来金山银山，绿水青山本身就是金山银山，我们种的常青树就是摇钱树。

　　2013 年 9 月 7 日，习近平总书记在哈萨克斯坦纳扎尔巴耶夫大学演讲时的强调："我们既要绿水青山，也要金山银山。宁要绿水青山，不要金山银山，而且绿水青山就是金山银山。"对生态环境保护与经济发展的辩证关系作出精辟阐释。2016 年 3 月 7 日，习近平总书记在参加十二届全国人大四次会议黑龙江代表团审议时指出，绿水青山是金山银山，黑龙江的冰天雪地也是金山银山，"两山"理念内涵更加清晰和丰富。2015 年 3 月 24 日，习近平总书记主持召开中央政治局会议，通过了《关于加快推进生态文明建设的意见》，正式把坚持绿水青山就是金山银山的重要论断写进中央文件。党的十九大将坚持人与自然和谐共生作为新时代坚持和发展中国特色社会主义的基本方略之一，提出必须树立和践行绿水青山就是金山银山的理念。党的十九大通过的《中国共产党章程（修正案）》，将增强绿水青山就是金山银山的意识写入党章，上升为党的指导思想。2018 年 5 月，全国生态环境保护大会正式确立习近平生态文明思想，坚持绿水青山就是金山银山为其重要原则之一。

2020年3月30日，时隔15年，习近平总书记再次前往浙江安吉余村考察调研。他强调，绿水青山就是金山银山理念已经成为全党全社会的共识和行动，成为新发展理念的重要组成部分。实践证明，经济发展不能以破坏生态为代价，生态本身就是经济，保护生态就是发展生产力。从绿水青山就是金山银山到保护生态就是发展生产力，浙江余村用实践证明和实现了经济发展与生态环境保护的双赢，充分体现了"两山"理念所具有的科学前瞻性和实践指导性。党的二十大报告提出坚持绿水青山就是金山银山的理念，坚持山水林田湖草沙一体化保护和系统治理。

"两山"理念的提出，为处理发展与保护关系开辟了新境界，继承和发展了马克思主义自然观，为建设美丽中国、走向社会主义生态文明新时代指明了实现路径。这一理念具有丰富的哲学意蕴，强调生态环境保护和经济社会的协同发展是不可偏废的，应将生态优美和经济增长视为"双赢"的重要价值导向。

二、"两山"理念是对马克思主义自然观与基本原理的继承和创新

马克思主义自然观以高度的科学性阐明了人与自然的关系，这是推动社会主义生态文明建设的理论基础。同时，"两山"理念要求人们在改造自然的同时，通过完善社会制度、改善人的价值观和思维方式，建设一种人与自然和谐统一的社会文明。这一理念的本质特征在于实现人与自然的双重价值的融通，即人与自然的和谐、发展与保护并进。这可以说是马克思主义自然观在当代的继承与创新。

马克思明确指出，人类生存依赖于自然界。恩格斯也曾指出，自然界为人类提供生产和生活资料，而人类也必须遵循自然规律以服从一种真正的专制。自然界为人类提供赖以生存的生产资料和生活资料，这是一种共生关系。而自然价值则是社会价值实现的基础和前提。如果不加以重视，"绿水青山"可能只是一种自在的自然生态系统，尚未转化为社会价值。但如果以损害"绿水青山"为代价去追求"金山银山"，那么"金山银山"也难以持久。基于对人与自然这对矛盾关系的深刻把握，党的十九大报告指出："人与自然是生命共同体，人类必须尊重自然、顺应自然、保护自然。人类只有遵循自然规律才能有效防止在开发利用自然上走弯路，人类对大自然的伤害最终会伤及人类自身，这是无法抗拒的规律。""两山"理念可以说是指导中国实现绿色崛起的重要思想理论法宝，是绿色发展导向的价值观和发展理念。

"两山"理念集中体现了辩证唯物主义和历史唯物主义的基本思想。首先，"两山"理念的三阶段论体现了否定之否定的哲学规律，实现了自然观和历史观的紧密结合。其次，"两山"理念关于生态环境保护与经济发展关系的论述充分体现了马克思主义唯物辩证法"两点论"和"重点论"相统一的观点。这种认识是对我国发展所处历史阶段和人类社会发展趋势的深刻把握，深入诠释了马克思主义关于人与自然关系的时代变迁，传承了马克思主义社会发展理论中社会全面发展的思想。

三、"两山"理念是习近平生态文明思想的核心理念

党的二十大报告指出，中国式现代化是人与自然和谐共生的现代化。他强调了树立和践行绿水青山就是金山银山理念的重要性，并呼吁我们站在人与自然和谐共生的高度来

谋划发展。这需要我们正确处理经济发展与生态环境保护的关系，即绿水青山和金山银山的关系。环境问题产生于经济社会发展过程之中，解决环境问题必须从经济发展处着手，这是认识论和方法论的统一。"两山"理念强调经济发展与生态环境保护的辩证统一关系，它画龙点睛地指出了这一关系，回答了发展与保护的本质关系问题，并指明了实现发展和保护协调共生的新路径。这一理念是绿色发展的生动实践，是对发展思路、发展方向、发展着力点的认识飞跃和重大变革，也是发展观创新的最新成果和显著标志。

"两山"理念强调发展必须是绿色发展，并将绿水青山视为生态财富、自然财富、社会财富、经济财富。生态环境保护本身就能创造经济和社会财富，提供生态产品本身就是高质量发展的有机内涵，这是更高境界的发展观。这种理念和绿色发展理念在本质上是贯通的，既是推进绿色发展的核心理念，也为推进绿色发展提供了方法路径。社会主义社会是全面发展、全面进步的社会，保护生态环境、建设生态文明是社会主义的本质要求。将美丽作为社会主义现代化强国建设的重要目标，进一步明确了生态文明建设在实现中华民族伟大复兴中的重要地位。从社会主义生态文明建设的角度来看，绿水青山就是金山银山理念极大地丰富和提升了社会主义生态文明观，提出了现代化建设和美丽中国建设的基本原则和目标，即实现绿水青山和金山银山的双赢。实现"两山"理念在更高层次的平衡，是更积极主动地大力推进生态文明建设的思维和战略，是我们对未来的生态认知和发展认知。坚持"两山"理念，重在彰显人与自然是生命共同体，倡导牢固树立社会主义生态文明观，推动形成人与自然和谐发展的现代化建设新格局。

"两山"理念具有原创性、系统性、实践性三个特性，它形成了一整套问题筛选、分析方法、实施原则及解决路径，具有突出的系统性辩证思维特性。这种理念具有很强现实指导性，已经在全党全社会形成广泛共识，全国各地出现了践行"两山"理念的不同类型的典范。

四、"两山"理念体现了习近平生态文明思想的经济价值论思想

"两山"理念是对生态文明新时代基于自然资源资本的新经济的提炼和阐述，是对马克思经济理论的继承和发展，体现出习近平生态文明思想中的经济价值论，为正确处理快速发展与环境保护之间的关系提供了方法论。

(一)保护生态环境就是保护生产力，改善生态环境就是发展生产力的新生产力经济学

习近平总书记指出，绿水青山不仅具有重要的自然财富和生态财富的属性，同时也具有社会财富和经济财富的价值。这一观点科学地阐述了自然价值可以转化为经济价值，自然资本可以转化为物质资本，以及自然财富和生态财富能够与社会财富和经济财富相统一的关系。

作为良好的自然生态系统，绿水青山为人类提供了直接的自然服务功能，体现了其作为自然财富和生态财富的存在。根据马克思的观点，生产力包括自然的生产力和人的生产力，这表明了自然界本身的生产力在人类社会发展中的重要性。在任何社会水平上，物质生产过程不仅包括人的生产活动，也包括自然界的生产力。自然界提供了两类自然富源，

即生活资料的自然富源和劳动资料的自然富源。商品体是自然物质和劳动这两种要素的结合，这进一步强调了自然界在物质生产过程中的重要性。此外，生态环境是关系社会和经济持续发展的复合生态系统，其重要性不容忽视。

生产力是一种物质的力量，是社会发展和进步的决定性力量。保护生态环境就是保护生产力，改善生态环境就是发展生产力。这一观点为我们理解和把握新时代生产力的科学内涵提供了理性考量，也为扭转传统发展模式下不顾环境容量而片面追求国内生产总值（GDP）的方式提供了理论依据。毛泽东、邓小平等老一辈党和国家领导人提出的解放和发展生产力思想，以及科学技术是第一生产力论断，丰富和发展了马克思主义生产力学说，为指导中国当代经济发展绿色转型提供了新的理论基础。这些观念强调了生态环境在生产力中的地位，将其视为一种物质力量，是社会发展和进步的决定性因素。

（二）绿水青山就是金山银山的新经济发展观

绿水青山就是金山银山理念自 2005 年首次提出以来，已获得全党全社会的广泛共识，并成为新时代中国高质量发展的一种新经济发展观。它正在深刻地影响着中国现代化进程，强调了绿水青山本身就是人类财富的重要组成部分，并阐明了自然生态价值和经济社会价值之间的转化和统一关系。

习近平总书记指出："我们追求人与自然的和谐、经济与社会的和谐，通俗地讲就是要'两座山'：既要金山银山，又要绿水青山，绿水青山就是金山银山。"在实践中，绿水青山所蕴含的自然生态财富与经济社会财富是相互依存、共同发展的。传统财富认识往往只把社会经济活动创造的经济财富视为财富，而绿水青山就是金山银山这一观念的转变，强调了绿水青山的重要性。这种观念也揭示了，如果只强调经济价值而忽视生态价值，甚至以牺牲生态价值换取经济价值，最终会导致经济发展与生态环境之间的严重失衡。然而，自然生态价值和经济社会价值在实践中是相互依存、共同发展的，它们协调了经济发展与生态环境保护的关系，协调了人与自然的关系，以达到和谐的状态。

习近平总书记指出，生态环境是生存和发展的根本。"留得青山在才能有柴烧"，如果没有绿水青山，一切人类财富都将失去基础。在自然资源遭到极大破坏的今天，人们对于自然资源在人类生存和发展中的重要意义的认识和体会更为深刻和深切。清新的空气、干净的水、天然的草地、天然的森林等自然资源为人类的生产生活提供了必要条件。

绿水青山指的是包括森林、草地、大气、土地、水和动植物在内的生态资源以及由基本生态要素组成的生态系统。它为人类的生存和实践提供了基础。保护生态环境就是保护自然价值和增值自然资本，从而保护经济社会发展的潜力和后劲。任何一种资源只要参与了价值的形成和增值，都可称为价值。绿水青山经过人类实践活动能够为人类生存和发展提供必需品，即经济财富和社会财富之源。这表明了良好的生态环境本身就是社会生产力的一种，并能够促进社会生产力的进步。除了为人类提供物质和精神财富，绿水青山在当今生态危机日益严重的背景下，越来越成为稀缺资源，是人类生存和发展的基本需要。

党的十九大报告提出了新的现代化理念，即人与自然和谐共生的现代化。在这样的现代化中，我们不仅要满足人民日益增长的美好生活需要，还要提供更多优质生态产品以满足人民日益增长的优美生态环境需要。这一理念体现了显著的治理环境的经济价值导向。

五、"两山"理念实践转化和发展

绿水青山就是金山银山理念需要通过"保护生态环境就是保护生产力，改善生态环境就是发展生产力"来体现。坚持和贯彻绿色发展理念，推动形成绿色发展方式和生活方式，不仅是"保护生态环境就是保护生产力"的具体实践，更是将生态优势转化为经济优势，探索生态产品价值实现的创新路径的重要手段。党的二十大报告提出以中国式现代化实现中华民族伟大复兴，我们要在绿水青山向金山银山转化上实现新的飞跃。

（一）牢固树立和践行绿水青山就是金山银山的理念

树立绿水青山就是金山银山的强烈意识，是处理好发展和保护关系的关键。这需要我们坚持绿色发展理念，以及节约资源和保护环境的基本国策，并在此基础上坚持可持续发展，寻找经济发展和生态环境保护之间的最优均衡点，坚定不移地走绿色、低碳、循环发展之路。

1. 推动形成绿色发展方式和生活方式的新文明实践观

人类与自然共生，尊重自然、顺应自然、保护自然是必须遵循的客观规律。习近平总书记指出，推动形成绿色发展方式和生活方式，是发展观的一场深刻革命。作为当代共产党人，我们有责任让中华大地天更蓝、山更绿、水更清、环境更优美。推动形成绿色发展方式和生活方式，就是要坚持节约资源和保护环境的基本国策，形成节约资源和保护环境的空间格局、产业结构、生产方式、生活方式，以实现良好的生态环境质量。同时，我们还应促进生产空间集约高效、生活空间宜居适度、生态空间山清水秀。倡导绿色消费，反对铺张浪费，实施垃圾分类，形成绿色低碳消费生活方式，以满足人民对望得见山、看得见水、记得住乡愁、留得住味道的生态需求。

2. 推动形成绿色发展的自觉性

在探讨经济发展与生态环境保护的关系时，必须深刻理解自然观、世界观和政绩观的内在联系。绿色发展理念的坚持，需要防止和克服对新兴理念流于表面、浅尝辄止的简单理解。不能只强调收益而忽视投入，不能只追求发展而忽视保护，不能只利用资源而不进行修复。为了更好地推动绿色发展，需要利用考核的"指挥棒"作用，提高绿色指标在规划指标中的权重，并把保障人民健康和改善生态环境质量作为更具约束性的指标。同时，需要加大党政干部在政绩考核中的"生态政绩"权重，以推动从"要我保护"向"我要保护"的转变，使绿色发展理念真正成为硬约束。

3. 加快经济社会发展全面绿色转型

为了加快经济社会发展全面绿色转型，必须从根本上改变以往过度依赖物质资源、粗放式扩张、高能耗高排放产业的发展模式，转向更多依赖于创新驱动和先发优势的引领型发展。当前，既要坚持供给侧结构性改革的主线，逐步解决历史遗留的环境问题，也要贯彻创新、协调、绿色、开放、共享的新发展理念，积极构筑现代生态经济体系。为了提升资源利用效率，需要全面促进资源节约集约利用，推动结构优化和转型升级，逐步减少、淘汰"三高"行业，并大力发展绿色低碳产业和各种生态产业。

4. 增强绿色发展内生动力

为了增强绿色发展内生动力，需要推进一些绿色发展重点领域的改革，如产权制度改革、垄断行业改革、绿色投融资体制机制改革、土地制度改革等，以提高经济运行的效率。还需要稳步推进农业、工业、服务业等重点领域的绿色转型，强化绿色创新驱动，推进全面绿色创新和全过程绿色创新，以创新驱动发展，提高资源利用效率，减少对资源环境的依赖和损害。同时，需要加大绿色发展的正向激励，鼓励各地开展绿色竞争，对绿色发展成效明显的地区给予正向奖励。此外，还应加快绿色财税制度改革，支持绿色产业发展。

（二）两山理念实践转化的方式

将生态环境优势转化为经济社会发展的优势，并以此培育经济社会发展潜力和后劲，需要综合施策，寻找生态产品与产业发展的结合点、融汇点。通过市场化经营生态资源产品和服务，产业化开发优质生态功能，强化品牌建设，形成核心竞争力，并因地制宜地找到体现优势和特色的转化路径。

1. 加大生态修复力度，厚植绿水青山

保护和恢复绿水青山是关键，这有助于将绿水青山转化为金山银山。为此，需要持续推动区域环境质量提升与生态系统保护，解决突出的环境问题，以保护绿水青山累积生态资源资产。应以改善生态环境质量为核心，以解决人民群众反映强烈的突出生态环境问题为重点，以防控生态环境风险为底线，坚决打赢打好污染防治攻坚战，从紧从快补齐生态环境短板，切实增强人民群众获得感、幸福感、安全感。

2. 壮大"美丽经济"，铸就金山银山

需要将生态环境优势和资源优势转化为生态农业、生态工业、生态旅游等生态经济的优势，以此寻找经济发展的内生动力，做大金山银山。

3. 创新体制机制，长效保障"两山"转化

需要构建产权清晰、多元参与、激励约束并重、系统完整的生态文明制度体系，利用市场机制，引导绿水青山自身价值的回归。政府应提高对绿水青山恢复和保护的补偿水平，健全生态考核奖励机制，逐步建立体现"两山"理念要求的目标体系、考核办法、奖惩机制。

（三）建立健全生态产品价值实现机制

习近平总书记指出："要积极探索推广绿水青山转化为金山银山的路径，选择具备条件的地区开展生态产品价值实现机制试点，探索政府主导、企业和社会各界参与、市场化运作、可持续的生态产品价值实现路径。"

1. 生态产品生产与生态环境保护相协调

生态产品是指在生态系统稳定性和完整性不受损害的前提下，为人类生产生活提供的物质和服务产品，主要包括物质产品供给、生态调节服务和生态文化服务等。生产生态产品的同时，必须坚守生态环境的安全边界，为生态系统留下休养生息的时间和空间，对自

然进行"反哺"。

2. 有为政府与有效市场相协同

推动生态产品价值实现是一项系统工程，需要政府主导和市场运作双轮驱动，充分调动全社会的积极性。政府在财政支持、政策引导、制度安排、平台搭建、市场监管和社会氛围营造等方面积极作为，为生态产品价值实现提供良好的条件与环境。

3. 遵循顶层设计与勇于探索创新相结合

中共中央办公厅、国务院办公厅印发的《关于建立健全生态产品价值实现机制的意见》，为各地推动生态产品价值实现提供了遵循。然而，不同地区有着不一样的资源禀赋、环境容量、生态状况等，各地应在遵循顶层设计的前提下，积极主动探索创新，因地制宜地对生态产品进行开发与利用，激发"两山"转化活力，打通"两山"转化通道。

4. 经营性生态产品与公共性生态产品统筹

生态产品可分为经营性生态产品和公共性生态产品两种类型。经营性生态产品易于交易，其供给主体一般是企业，消费主体是部分人群；公共性生态产品则主要由政府供给，消费主体是广大人民群众。为了满足人民群众对优美生态环境的需要，经营性生态产品生产与公共性生态产品生产缺一不可，需要统筹好二者的关系。

（四）建立绿色供应链体系

绿色供应链体系是一种创新模式，体现了"两山"理念在实践转化中的体现。这一体系以绿色发展为引领，强调经济活动与环境保护的协调一致。通过打造供应端、物流端、数据端和消费端的闭合环链，实现了种植、采购、运输、销售、回收再利用的绿色化、智能化、便捷化、精准化。这一体系不仅使生产、服务企业获得最佳效益，还让消费者第一时间享用到安全、优质、放心的优质生态产品。

绿色供应链体系是在国家整体部署的决策下，秉承绿色发展理念构建的全域绿色循环体系。它涵盖供应端、物流端、数据端和消费端，是实现供需精准匹配的桥梁。它集合了绿色供应链各个环节之间协调优化、产业融合、协同创新的优势，同时确保产品销路畅通，市场有序竞争。

党的二十大明确了中国式现代化在全面推进中华民族伟大复兴进程中的重要地位，并以此为契机，强调了人与自然和谐共生的重要性。中国式现代化，作为中国特色社会主义的一项重要内容，其核心内涵和本质特征在于人与自然和谐共生。我们要深入领会和学习习近平生态文明思想，树立和践行绿水青山就是金山银山的理念，坚持保护优先、绿色发展，着力化解保护与发展的矛盾，扎实推进人与自然和谐共生的中国式现代化，早日实现美丽中国目标。

◈ 实践活动

将学生分组，每组4~5名学生。学生结合学习生活实际，利用课后时间，以校园为重点，进行"两山"实践活动策划并实施。在课后一周内，上交实践活动的策划方案、实施心得，并将活动过程以图片、视频等形式展示。

✛ 课后评价

评价项目	评价内容	权重
学习过程评价	对学生出勤率、学习态度、提问和回答问题、交流讨论等情况进行评价	50%
实践活动评价	各组之间对参与实践活动情况进行评价；教师对各组上交的图片、资料等进行评价	50%（其中组间评价权重30%，教师评价权重20%）

✛ 学习延伸

中国式现代化面
对面：绿水青山
就是金山银山

发展新质生产力
促进人与自然和
谐共生

项目三

推进绿色低碳发展

⬥ 学习目标

1. 通过学习充分认清发展与生态保护之间的辩证关系。

2. 从政策层面理解新发展理念的深刻内涵，理解坚定不移走绿色、低碳、可持续发展道路的必然性、必要性，深入理解建设人与自然和谐共生的现代化的重大意义。

3. 学习了解我国实现碳达峰碳中和目标的部署、举措。

4. 增强个人助力"双碳"目标早日实现的思想自觉与行动自觉。

⬥ 学习建议

充分利用互联网等资源，广泛收集有关绿色低碳的资料，教学中注重案例分析、交流研讨，课后深入进行实践活动。

⬥ 项目导入

全球气候变化是全人类要共同应对的问题

工业革命以来的人类活动，特别是发达国家大量消费化石能源所产生的二氧化碳累积排放，导致大气中温室气体浓度显著增加，加剧了以变暖为主要特征的全球气候变化。世界气象组织（WMO）关于 2023 年全球气候状况报告显示，2023 年全球平均气温（1~9 月）较 1850—1900 年高出约 $1.45℃±0.12℃$，是有观测记录以来最暖的一年。

全球变暖导致一些地区洪涝、干旱、寒潮等极端气候事件频繁发生，而且强度增大。如美国的飓风、澳大利亚的山火、印度尼西亚的洪水等，过去用"百年一遇"描述的极端天气事件，现在变得越来越常见。

温度升高、海平面上升、极端气候事件频发给人类生存和发展带来严峻挑战，对全球粮食、水、生态、能源、基础设施及民众生命财产安全构成长期重大威胁。报告显示，2023 年，长期干旱的"非洲之角"地区遭受了严重的洪灾，洪水造成埃塞俄比亚等国 180 万人流离失所，此外，肯尼亚、吉布提等国连续五季的干旱，造成 300 万人流离失所。

联合国秘书长古特雷斯指出，气候变化是当今时代的根本性问题，各国都应该积极参与到应对这场挑战的行动中来。

启示： 全球气候变化是全人类共同应对的问题，作为全世界最大的发展中国家，中国在发展经济的同时必须要兼顾生态环境保护，走一条绿色低碳发展之路。

◈ **知识链接**

一、新发展理念是我国进入新发展阶段、构建新发展格局的战略指引

发展是解决我国一切问题的基础和关键。发展理念是管全局、管根本、管方向、管长远的行动先导，是发展思路、发展方向、发展着力点的集中体现。发展理念是否正确，从根本上决定着发展成效乃至成败。习近平总书记指出："新时代抓发展，必须更加突出发展理念，坚定不移贯彻创新、协调、绿色、开放、共享的新发展理念。"

新发展理念是一个系统的理论体系，科学回答了新时代实现什么样的发展、怎样实现发展的重大问题。创新是引领发展的第一动力，创新发展注重的是解决发展动力问题。协调是持续健康发展的内在要求，协调发展注重的是解决发展不平衡问题。绿色是永续发展的必要条件和人民对美好生活追求的重要体现，绿色发展注重的是解决人与自然和谐共生问题。开放是国家繁荣发展的必由之路，开放发展注重的是解决发展内外联动问题。共享是中国特色社会主义的本质要求，共享发展注重的是解决社会公平正义问题。

二、绿色发展是新发展理念的重要组成部分

绿色发展，就其要义来讲，是要解决好人与自然和谐共生问题。绿色是生命的象征、大自然的底色，更是美好生活的基础、人民群众的期盼。绿色发展与创新发展、协调发展、开放发展、共享发展相辅相成、相互作用，是全方位变革，是构建高质量现代化经济体系的必然要求，目的是改变传统的大量生产、大量消耗、大量排放的生产模式和消费模式，使资源、生产、消费等要素相匹配相适应，实现经济社会发展和生态环境保护协调统一、人与自然和谐共生。

坚持绿色发展是对生产方式、生活方式、思维方式和价值观念的全方位、革命性变革，突破了旧有发展思维、发展理念和发展模式，是对自然规律和经济社会可持续发展一般规律的深刻把握。生态环境保护和经济发展是辩证统一、相辅相成的，建设生态文明、推动绿色低碳循环发展，不仅可以满足人民日益增长的优美生态环境需要，而且可以推动实现更高质量、更有效率、更加公平、更可持续、更为安全的发展，走出一条生产发展、生活富裕、生态良好的文明发展道路。

绿色发展是生态文明建设的必然要求，是解决污染问题的根本之策。回顾历史，几百年来工业化进程创造了前所未有的物质财富，也带来了触目惊心的生态破坏，产生了难以弥补的生态创伤。我国多年形成的产业结构具有高能耗、高碳排放特征，高能耗工业特别是重化工业比重偏高。

习近平总书记指出："杀鸡取卵、竭泽而渔的发展方式走到了尽头，顺应自然、保护生态的绿色发展昭示着未来。"推动绿色低碳发展是国际潮流所向、大势所趋，绿色经济已经成为全球产业竞争制高点。推动形成绿色发展方式，就是要彻底改变过去以牺牲生态环境为代价换取一时经济发展的做法。要从根本上缓解经济发展与资源环境之间的矛盾，解决生态环境问题，必须改变过多依赖增加物质资源消耗、过多依赖规模粗放扩张、过多依

赖高能耗高排放产业的发展模式，必须构建科技含量高、资源消耗低、环境污染少的产业结构，大幅提高经济绿色化程度，有效降低发展的资源环境代价。只有从源头上使污染物排放大幅降下来，生态环境质量才能明显好上去。

加快形成绿色发展方式，重点是调结构、优布局、强产业、全链条。调整经济结构和能源结构，既提升经济发展水平，又降低污染排放负荷。对重大经济政策和产业布局开展规划环评，优化国土空间开发布局，调整区域流域产业布局。培育壮大节能环保产业、清洁生产产业、清洁能源产业，发展高效农业、先进制造业、现代服务业。推进资源全面节约和循环利用，实现生产系统和生活系统循环链接。

三、走绿色低碳发展之路是中国式现代化的内在要求

人与自然和谐共生，是中国式现代化的鲜明特点。尊重自然、顺应自然、保护自然，坚持绿色发展是中国式现代化的内在要求。

历史上，西方发达国家普遍走过一条高资源消耗型的先污染后治理道路，在创造巨大物质财富的同时，也造成人与自然的矛盾日益加深。在 200 多年的人类社会现代化进程中，实现工业化的国家不超过 30 个、人口不超过 10 亿，但给人类带来的生态环境危机是前所未有的。中国式现代化致力于实现让 14 亿多人口整体实现现代化的目标，就需要摒弃先污染后治理的老路，走一条人与自然和谐共生、绿色发展的可持续新路。

四、促进经济社会发展全面绿色转型是解决生态环境问题的基础之策

建立健全绿色低碳循环发展经济体系、促进经济社会发展全面绿色转型是解决我国生态环境问题的基础之策。把实现减污降碳协同增效作为促进经济社会发展全面绿色转型的总抓手，加快推动产业结构、能源结构、交通运输结构、用地结构调整。强化国土空间规划和用途管控，落实生态保护、基本农田、城镇开发等空间管控边界，实施主体功能区战略，划定并严守生态保护红线。抓住资源利用这个源头，推进资源总量管理、科学配置、全面节约、循环利用，全面提高资源利用效率。

（一）坚持源头防治，调整"四个结构"

要抓住产业结构调整这个关键，减少过剩和落后产业，增加新的增长动能，推动战略性新兴产业、高技术产业、现代服务业加快发展，推进达标排放，降低重点行业污染物排放，持续降低碳排放强度。调整能源结构，加快发展非化石能源，建设一批多能互补的清洁能源基地，实施可再生能源替代行动，着力提高利用效率；调整运输结构，减少公路运输量，增加铁路运输量，提高沿海港口集装箱铁路集疏港比例，鼓励使用新能源汽车；调整用地结构，坚持最严格的节约用地制度；调整建设用地结构，降低工业用地比例，推进城镇低效用地再开发和工矿废弃地复垦，严格控制农村集体建设用地规模。

（二）优化国土空间格局

国土是生态文明建设的空间载体。要按照人口资源环境相均衡、经济社会生态效益相统一的原则，整体谋划国土空间开发，统筹人口分布、经济布局、国土利用、生态环境保护，科学布局生产空间、生活空间、生态空间，逐步形成城市化地区、农产品主产区、生

态功能区三大空间格局。

（三）全面促进资源节约集约利用

资源开发利用既要支撑当代人过上幸福生活，也要为子孙后代留下生存根基，必须转变资源利用方式，提高资源利用效率。要树立节约集约循环利用的资源观，实行最严格的耕地保护、水资源管理制度，强化能源和水资源、建设用地总量和强度双控管理，更加重视资源利用的系统效率，更加重视在资源开发利用过程中减少对生态环境的损害，更加重视资源的再生循环利用，用最少的资源环境代价取得最大的经济社会效益。

（四）加快推进农业绿色发展

习近平总书记指出："良好生态环境是农村最大优势和宝贵财富。"要健全以绿色生态为导向的农业政策支持体系，建立绿色低碳循环的农业产业体系，加快构建科学适度有序的农业空间布局体系，切实改变农业过度依赖资源消耗的发展模式。加强农业面源污染防治，实现投入品减量化、生产清洁化、废弃物资源化、产业模式生态化。强化土壤污染管控和修复，扩大轮作休耕试点，对东北黑土地实行战略性保护，扩大华北地区地下水超采治理范围，在长江流域水生生物保护区实施全面禁捕，加大近海滩涂养殖污染治理力度，分类有序退出超垦超载的边际产能。继续实施重要生态系统保护和修复工程，完善天然林保护制度，健全耕地草原森林河流湖泊休养生息制度。在建立市场化、多元化生态补偿机制上取得新突破，让保护生态环境的不吃亏并得到实实在在的利益，让农民成为绿色空间的守护人。

五、努力实现碳达峰碳中和是推动高质量发展的内在要求

我国力争 2030 年前实现碳达峰，2060 年前实现碳中和，是党中央经过深思熟虑作出的重大战略决策，是我们对国际社会的庄严承诺，也是推动高质量发展的内在要求。习近平总书记强调，实现碳达峰碳中和目标，不是别人让我们做，而是我们自己必须做。我国已进入新发展阶段，推进"双碳"工作是破解资源环境约束突出问题、实现可持续发展的迫切需要，是顺应技术进步趋势、推动经济结构转型升级的迫切需要，是满足人民群众日益增长的优美生态环境需要、促进人与自然和谐共生的迫切需要，是主动担当大国责任、推动构建人类命运共同体的迫切需要。

"双碳"工作要坚定不移推进，但不可能毕其功于一役，等不得，也急不得，必须坚持稳中求进，逐步实现。要提高战略思维能力，把系统观念贯穿"双碳"工作全过程，注重处理好以下四组关系。

（一）发展和减排的关系

减排不是减生产力，也不是不排放，而是要走生态优先、绿色低碳发展道路，在经济发展中促进绿色转型、在绿色转型中实现更大发展。要坚持统筹谋划，在降碳的同时确保能源安全、产业链供应链安全、粮食安全，确保群众正常生活。

（二）整体和局部的关系

既要增强全国一盘棋意识，加强政策措施的衔接协调，确保形成合力；又要充分考虑

区域资源分布和产业分工的客观现实，研究确定各地产业结构调整方向和"双碳"行动方案，不搞"齐步走""一刀切"。

（三）长远目标和短期目标的关系

既要立足当下，一步一个脚印解决具体问题，积小胜为大胜；又要放眼长远，克服急功近利、急于求成的思想，把握好降碳的节奏和力度，实事求是、循序渐进、持续发力。

（四）政府和市场的关系

要坚持两手发力，推动有为政府和有效市场更好结合，建立健全"双碳"工作激励约束机制。

实现"双碳"目标是一个复杂的系统工程，要把"双碳"工作纳入生态文明建设整体布局和经济社会发展全局，坚持全国统筹、节约优先、双轮驱动、内外畅通、防范风险的原则，更好发挥我国制度优势、资源条件、技术潜力、市场活力，加快形成节约资源和保护环境的产业结构、生产方式、生活方式、空间格局。

1. 加强统筹协调

坚持降碳、减污、扩绿、增长协同推进，加快制定出台相关规划、实施方案和保障措施，组织实施好"碳达峰十大行动"，加强政策衔接。各地区各部门要有全局观念，科学把握碳达峰节奏，明确责任主体、工作任务、完成时间，稳妥有序推进。支持有条件的地方和重点行业、重点企业率先达峰。

2. 推动能源革命

要加快构建清洁低碳安全高效的能源体系，立足我国能源资源禀赋，坚持先立后破、通盘谋划，传统能源逐步退出必须建立在新能源安全可靠的替代基础上。加大力度规划建设以大型风光电基地为基础、以其周边清洁高效先进节能的煤电为支撑、以稳定安全可靠的特高压输变电线路为载体的新能源供给消纳体系。把促进新能源和清洁能源发展放在更加突出的位置，积极有序发展光能源、硅能源、氢能源、可再生能源。推动能源技术与现代信息、新材料和先进制造技术深度融合，探索能源生产和消费新模式。加快发展有规模、有效益的风能、太阳能、生物质能、地热能、海洋能等新能源，统筹水电开发和生态保护，积极安全有序发展核电。

3. 推进产业优化升级

要紧紧抓住新一轮科技革命和产业变革的机遇，推动互联网、大数据、人工智能、第五代移动通信（5G）等新兴技术与绿色低碳产业深度融合，建设绿色制造体系和服务体系，提高绿色低碳产业在经济总量中的比重。统筹推进低碳交通体系建设，提升城乡建设绿色低碳发展质量。推进山水林田湖草沙一体化保护和系统治理，巩固和提升生态系统碳汇能力。倡导简约适度、绿色低碳、文明健康的生活方式，增强全民节约意识、生态环保意识。

4. 加快绿色低碳科技革命

科技创新是实现碳达峰碳中和的关键，要解决好推进绿色低碳发展的科技支撑不足问题，集中资源攻克绿色低碳关键核心技术，加快先进适用技术研发和推广应用。加强创新能力建设，建立完善绿色低碳技术评估、交易体系，加快创新成果转化。

5. 巩固提升生态系统碳汇能力

以森林、草原、湿地、红树林、海草等为主体的生物固碳措施，能够不断提升生态碳汇能力，对减缓全球气候变化具有重要作用。我国坚持多措并举，推进重大生态保护和修复工程，大规模推进国土绿化，有效发挥生态系统的固碳作用，持续巩固提升生态系统碳汇能力。

（1）森林面积和森林蓄积量保持双增长

根据联合国粮农组织（FAO）2020年全球森林资源评估结果，全球森林的碳储量约占全球植被碳储量的77%，森林土壤的碳储量约占全球土壤碳储量的39%。森林成为陆地生态系统的最大碳库。多年来，我国坚持不懈开展造林绿化，实施三北防护林、天然林保护、退耕还林还草等一系列重大生态工程，国土绿化加速推进，全国森林面积和森林蓄积量连续30多年保持双增长。美国宇航局（NASA）的资料显示，2000—2017年，全球新增绿化面积中约1/4来自中国，中国的贡献比例居世界首位。

（2）湿地保护与修复水平全面提升

湿地被誉为"地球之肾"，具有涵养水源、蓄洪防旱、调节气候等重要的生态功能。在湿地的众多生态功能中，湿地的碳汇能力尚不为人熟知。例如，泥炭湿地中储存的碳是同等面积森林的2倍，一些地区的红树林湿地固碳速率比同纬度的热带雨林还高。我国多地统筹推进湿地保护与修复，增强湿地生态功能，维护湿地生物多样性，有力的保护让湿地显现出更多活力。在四川，邛海国家湿地公园加大恢复工程建设，使邛海水域面积恢复至34平方千米。在云南，抚仙湖国家湿地公园投入资金300亿元进行湿地生态保护修复，使得水质常年保持在Ⅰ类。"十三五"期间，我国新增湿地面积300多万亩*，湿地保护率达50%以上，湿地生态系统功能得到有效恢复。

6. 提高对外开放绿色低碳发展水平

在新发展理念的引领下，我国积极推动新一轮高水平对外开放。2024年9月，国务院办公厅印发的《关于以高水平开放推动服务贸易高质量发展的意见》指出，将大力发展绿色技术和绿色服务贸易，研究制定绿色服务进出口指导目录。鼓励国内急需的节能降碳、环境保护、生态治理等技术和服务进口，扩大绿色节能技术和服务出口。加强绿色技术国际合作，搭建企业间合作平台。

（1）推进绿色"一带一路"建设

作为新时代中国与世界各国加强国际合作的重要平台，"一带一路"建设已经到了深耕厚植、精雕细琢的关键阶段，要在勾画谋篇布局"大写意"的基础上，推动"一带一路"高质量发展。深化与各国在绿色技术、绿色装备、绿色服务、绿色基础设施建设等方面的交流与合作，积极推动我国新能源等绿色低碳技术和产品走出去，让绿色成为共建"一带一路"的底色。

---

* 1亩≈666.67平方米。

（2）强化国际交流与合作

气候危机已经超越环境问题的范畴，对经济、社会、安全等相关领域都产生影响，成为亟待解决的国际性问题。加强国际合作对实现《巴黎协定》和可持续发展目标至关重要。从推动达成和加快落实《巴黎协定》，到作出实现"双碳"目标的庄严承诺，再到宣布大力支持发展中国家能源绿色低碳发展，中国不是用口号，而是用行动参与国际社会应对气候变化的努力。未来，中国将积极参与国际规则和标准制定，加强应对气候变化国际交流合作，主动参与全球气候和环境治理，推动建立公平合理、合作共赢的全球气候治理体系。

7. 推进绿色低碳生活成为新风尚

从"用绿水青山去换金山银山"，到"既要金山银山，也要绿水青山"，再到"绿水青山就是金山银山"，对"两山"的认识变迁彰显着绿色发展理念的不断深入，也见证了绿色生产生活方式正在成为全社会共建美丽中国的自觉行动。我国长期开展"全国节能宣传周""全国低碳日""世界环境日"等活动，向社会公众普及气候变化知识，积极在国民教育体系中突出包括气候变化和绿色发展在内的生态文明教育，组织开展面向社会的应对气候变化培训。"美丽中国，我是行动者"活动在全国城乡广泛展开。以公交车、地铁为主的城市公共交通日出行量超过2亿人次，骑行、步行等城市慢行系统建设稳步推进，绿色、低碳出行理念深入人心。从反对餐饮浪费、节水节纸、节电节能，到环保装修、拒绝过度包装、告别一次性用品，"绿色低碳节俭风"吹进千家万户，简约适度、绿色低碳、文明健康的生活方式成为社会新风尚。在城市，人均公园绿地面积增至14.8平方米，让老百姓"开窗就能赏景"；在农村，"垃圾靠风刮、污水靠蒸发"的问题得到根本扭转，全国农村生活垃圾收运处置体系已覆盖90%以上的行政村，每个人都成为生态环境的保护者、建设者、受益者。

✤ 实践活动

分组讨论：自己的家乡近年来新建了哪些清洁能源项目？在现阶段的学习生活中，每位同学能参与哪些节能减碳的行动？讨论后，每组派代表进行汇报。

✤ 课后评价

评价项目	评价内容	权重
学习过程评价	对学生出勤率、学习态度、提问和回答问题、交流讨论等情况进行评价	50%
实践活动评价	各组之间对参与实践活动情况进行评价；教师对各组上交的图片、资料等进行评价	50%（其中组间评价权重30%，教师评价权重20%）

◈ **学习延伸**

金沙江白鹤滩水电站正式投产发电

亚运会史上首次！杭州亚运会实现碳中和及全部场馆绿电供应

项目四

统筹山水林田湖草沙系统治理

◈ 学习目标

1. 充分认识山水林田湖草沙是不可分割的生态系统。
2. 了解我国开展生态保护的顶层设计和生态修复工程的具体措施。
3. 提升个人投身于维护国家生态系统质量和稳定性的思想自觉。

◈ 学习建议

通过案例分析，充分认识山水林田湖草沙是不可分割的生态系统，在课程学习过程中深入讨论，参与实践活动。

◈ 项目导入

盘龙江复航　滇池流域水环境治理成效明显

"终于可以体验舟行碧波、海鸥相伴、人在画中的感觉了。"2019 年 12 月，昆明市民期待已久的盘龙江航运恢复运营，吸引了不少人前往体验。

盘龙江是昆明的"母亲河"，也是入滇池河道中最长的一条河流。千百年来，养育了一代又一代昆明人，也赋予这座城市独特的河流文化和人文气息。20 世纪 70 年代，随着城市发展，工业废水、生活污水的排放，盘龙江水量下降、水质变差，停止航运，其污染也间接导致了滇池污染加剧。

习近平总书记强调，"经济要发展，但不能以破坏生态环境为代价"。云南省牢记习近平总书记的嘱托，按照山水林田湖草沙是一个生命共同体的理念，采用综合治理、系统治理、源头治理多管齐下方式，下大力气开展滇池流域水环境治理，实施截污纳管，将河道两侧的工厂、企事业单位内部的污水转输至污水处理厂进行集中处理。在滇池周边建成捞鱼河、斗南等多个湿地公园，依靠生态系统持续开展水质净化，逐步恢复滇池流域周边生态环境。启动牛栏江-滇池补水工程，从牛栏江引入水质标准为 Ⅲ 类以上的优质清水，经盘龙江汇入滇池，实现水质改善。

数据显示，近年来，盘龙江中上游水质保持 Ⅱ ~ Ⅲ 类水标准。滇池全湖水质保持 Ⅳ 类，为近 30 年来的最好水质。随着滇池流域水环境综合治理的全速推进，滇池和盘龙江水质逐年向好，昆明市民再次重拾泛舟盘龙江的美好记忆。

启示： 良好生态环境是最公平的公共产品，是最普惠的民生福祉。推动绿色发展一定要坚决摒弃先污染后治理、先发展后保护的错误思想。在开展治理方面也需要坚持系统思维，实施综合治理。

✦ 知识链接

一、山水林田湖草沙是不可分割的生态系统

自然是生命之母，人与自然是生命共同体，人类想要发展，必须顺应自然。绵延5000多年的中华文明孕育了丰富的生态理念，中华民族历来高度重视在顺应自然中实现人与自然和谐共生。《老子》说："人法地，地法天，天法道，道法自然。"《孟子》载："不违农时，谷不可胜食也；数罟不入洿池，鱼鳖不可胜食也；斧斤以时入山林，材木不可胜用也。"《荀子》写道："草木荣华滋硕之时，则斧斤不入山林，不夭其生，不绝其长也。"这些先哲的思想均蕴含着按照自然规律活动的生态智慧。实践表明，人与自然相处的最好方式就是顺应自然规律，在利用自然资源方面秉持科学、合理、可持续的态度，而不能肆意破坏，过度取用。

山水林田湖草沙是生命共同体。习近平总书记指出："生态是统一的自然系统，是相互依存、紧密联系的有机链条。人的命脉在田，田的命脉在水，水的命脉在山，山的命脉在土，土的命脉在林和草，这个生命共同体是人类生存发展的物质基础。"

坚持系统观念，保护生态环境。系统观念是具有基础性的思想和工作方法。唯物辩证法认为，事物是普遍联系的，事物及事物各要素相互影响、相互制约，整个世界是相互联系的整体，也是相互作用的系统，要从客观事物的内在联系去把握事物，去认识问题、处理问题。要从系统论出发，增强全局观念，在多重目标中寻求动态平衡。从系统观念来看，生态文明建设好比我们在治理一种生态病。这种病是一种综合征，病源很复杂，有的来自不合理的经济结构，有的来自传统的生产方式，有的来自不良的生活习惯等，其表现形式也多种多样，既有环境污染带来的"外伤"，又有生态系统被破坏造成的"神经性症状"，还有资源过度开发带来的"体力透支"。必须统筹兼顾、整体施策、多措并举，全方位、全地域、全过程开展生态文明建设。

推进生态文明建设，要更加注重综合治理、系统治理、源头治理，按照生态系统的整体性、系统性及其内在规律，统筹考虑自然生态各要素、山上山下、地上地下、岸上水里、城市农村、陆地海洋以及流域上下游，进行整体保护、系统修复、综合治理，增强生态系统循环能力，维护生态平衡。要坚持正确的生态观、发展观，敬畏自然、顺应自然、保护自然，上下同心、齐抓共管，把保持自然生态系统的原真性和完整性作为一项重要工作，深入推进生态修复和环境污染治理。生态保护和污染防治密不可分、相互作用，污染防治好比是分子，生态保护好比是分母，要对分子做好减法降低污染物排放量，对分母做好加法扩大环境容量，协同发力。

二、生态保护和修复是一个系统工程

统筹山水林田湖草沙系统治理，必须坚持保护优先、自然恢复为主，深入推进生态保护和修复。要科学布局全国重要生态系统保护和修复重大工程，从自然生态系统演替规律

和内在机理出发，统筹兼顾、整体实施，着力提高生态系统自我修复能力，增强生态系统稳定性，促进自然生态系统质量的整体改善和生态产品供给能力的全面增强。重点实施青藏高原、黄土高原、云贵高原、秦巴山脉、祁连山脉、大小兴安岭和长白山、南岭山地地区、京津冀水源涵养区、内蒙古高原、河西走廊、塔里木河流域、滇桂黔喀斯特地区等关系国家生态安全区域的生态修复工程，筑牢国家生态安全屏障。开展大规模国土绿化行动，推进天然林保护、防护林体系建设、京津风沙源治理、退耕还林还草、湿地保护恢复等重大生态工程，加强城市绿化，加快水土流失和荒漠化石漠化综合治理。

（一）守住青藏高原生态底线

青藏高原是世界屋脊、地球第三极，是世界上高海拔地区生物多样性、物种多样性、基因多样性、遗传多样性最集中的地区，是高寒生物自然物种资源库，生态地位十分重要，无法替代。同时，青藏高原也被誉为"中华水塔"，是长江、黄河、澜沧江的发源地，是我国重要的生态战略资源储备基地。源头的生态破坏了，将会对我国整体生态系统造成毁灭性打击。我们要从"国之大者"的高度认识源头保护的重要性，以对历史负责、对人民负责、对世界负责的态度，把青藏高原打造成为全国乃至国际生态文明高地，守护好高原的生灵草木、万水千山，确保"一江清水向东流"。

（二）筑牢国家生态安全屏障

生态屏障在涵养水源、保持水土、改善生存环境、抵御自然灾害方面具有不可替代的作用，对维护区域生态平衡和国土安全产生重要影响。筑牢国家生态安全屏障是国家战略，是生态环境保护和生态文明建设最为重要的基础。我国幅员辽阔，在不同区域有多个生态屏障。三北防护林体系建设工程是同我国改革开放一起实施的重大生态工程，秦岭是和中华文化的重要象征，祁连山对推动河西走廊可持续发展具有十分重要的战略意义，贺兰山是我国重要自然地理分界线，横断山脉区域的"三江并流"是世界自然遗产。这些区域的生态系统都肩负着生态屏障的作用，关系全国生态安全。我们要牢固树立生态优先、绿色发展的导向，开发资源一定要注意惠及当地、保护生态，绝不能为一时发展而牺牲生态环境。

（三）确保永久基本农田面积不减、质量提升、布局稳定

耕地是粮食生产的基础，是不可或缺的生态资源。要想将14亿人的饭碗牢牢端在手里，必须采取"长牙齿"的硬措施，落实最严格的耕地保护制度，全面划定永久基本农田，严守18亿亩耕地红线，实行特殊保护。依据耕地现状分布，根据耕地质量、粮食作物种植情况、土壤污染状况，按照一定比例将达到质量要求的耕地依法划入永久基本农田，依法划定后，任何单位和个人不得擅自占用或者改变其用途。

（四）开展大规模国土绿化行动

开展国土绿化行动，要加强重点林业工程和草原保护修复工程建设，实施退耕还林还草；要着力提高森林质量，坚持封山育林、人工造林并举；要完善天然林保护制度，实施森林质量精准提升工程，宜封则封、宜造则造，宜林则林、宜灌则灌、宜草则草；要着力开展森林城市建设，充分利用不适宜耕作的土地开展绿化造林，扩大城市之间的生态空间；要持之以恒开展植树造林，开展全民义务植树，发扬前人栽树、后人乘凉精神。多种

树、种好树、管好树，让大地山川绿起来，让人民群众生活环境美起来。

（五）加强荒漠化防治和湿地保护

土地荒漠化是影响人类生存环境和空间的全球重大生态问题。我国是世界上荒漠化面积较大、危害较为严重的国家之一。在持之以恒的努力下，我国的荒漠化防治工作取得了一定成效，荒漠化区域持续减少，为推进美丽中国建设作出了积极贡献，为国际社会治理生态环境提供了中国经验。但也要看到我国荒漠化治理面临的形势依然严峻。必须坚持生态优先、预防为主的原则，利用生物措施和工程措施构筑防护体系，探索以水治沙、抽沙治沙、草方格固沙等措施，调节农、林、牧用地之间的关系持续推进荒漠生态系统治理。

湿地是"地球之肾"，占全球陆地面积6%~8.6%的湿地蕴藏着全球约40%的已知物种，具有不可替代的生态功能。我国湿地面积占世界湿地的10%，位居亚洲第一位，世界第四位。湿地保护好了，生态保护就成功了大半。保护湿地要实行湿地面积总量管理，严格监管湿地用途，推进退化湿地修复，增强湿地生态功能，维护湿地生物多样性。同时，要从严控制围填海项目，进一步制止继续围垦占用湖泊湿地的行为，对有条件恢复的湖泊湿地要退耕还湖还湿。

三、提升生态系统质量和稳定性是增加优质生态产品供给的必然要求

提升生态系统的质量和稳定性，既是增加优质生态产品供给的必然要求，也是减缓和适应气候变化带来不利影响的重要手段。在多年持续快速发展中，越来越多的人类活动不断触及自然生态的边界和底线。要为自然守住安全边界和底线（既包括有形的边界，也包括无形的边界），全面提升自然生态系统稳定性和生态服务功能，形成人与自然和谐共生的格局。

（一）牢固树立生态保护红线观念

生态保护红线的划定和严格保护是提高生态产品供给能力和生态系统服务功能、构建国家生态安全格局的有效手段。要优先将具有重要水源涵养、生物多样性维护、水土保持、防风固沙、海岸防护等功能的生态功能极重要区域，以及生态极敏感脆弱的水土流失、沙漠化、石漠化、海岸侵蚀等区域划入生态保护红线。生态保护红线内，自然保护地核心保护区原则上禁止人为活动，其他区域严格禁止开发性、生产性建设活动，在符合现行法律法规前提下，除国家重大战略项目外，仅允许开展对生态功能不造成破坏的有限人为活动。已划入自然保护地核心保护区的永久基本农田、镇村、矿业权逐步有序退出。

（二）按照集约适度、绿色发展要求划定城镇开发边界

要树立"精明增长""紧凑城市"理念，推动城镇化发展由外延扩张式向内涵提升式转变。城镇开发边界划定要以城镇开发建设现状为基础，综合考虑资源承载能力、人口分布、经济布局、城乡统筹、城镇发展阶段和发展潜力，框定总量，限定容量，防止城镇无序蔓延。科学预留一定比例的留白区，为城镇未来发展留下开发空间。城镇开发边界要避让重要生态功能，不占或少占永久基本农田。永久基本农田要保证适度合理的规模和稳定性，确保数量不减少、质量不降低。

（三）加强生物多样性保护

习近平总书记指出："生物多样性关系人类福祉，是人类赖以生存和发展的重要基

础。"生物多样性使地球充满生机，保护生物多样性有助于维护地球家园，促进人类可持续发展。中国幅员辽阔，陆海兼备，地貌和气候复杂多样，孕育了丰富而又独特的生态系统、物种和遗传多样性，是世界上生物多样性最丰富的国家之一。中国的传统文化积淀了丰富的保护和利用生物多样性智慧。我们要站在对人类文明负责的高度，尊重自然、顺应自然、保护自然，探索人与自然和谐共生之路，促进经济发展与生态保护协调统一。

（四）构建以国家公园为主体的自然保护地体系

自然保护地是生态建设的核心载体、中华民族的宝贵财富、美丽中国的重要象征，在维护国家生态安全中居于首要地位。我国已建立类型丰富、功能多样的各级各类自然保护地，正式设立三江源、大熊猫、东北虎豹、海南热带雨林、武夷山第一批国家公园。自然保护地在保护生物多样性、保存自然遗产、改善生态环境质量和维护国家生态安全方面发挥了重要作用，但仍然存在重叠设置、多头管理、边界不清、权责不明、保护与发展矛盾突出等问题。要创新自然保护地管理体制机制，实施自然保护地统一设置、分级管理、分区管控，把具有国家代表性的重要自然生态系统纳入国家公园体系，实行严格保护，形成以国家公园为主体、自然保护区为基础、各类自然公园为补充的自然保护地管理体系。

✧ 实践活动

结合学习资料，通过抽签分组，查找我国现有五个国家公园的基本信息并制作演示文稿，以组为单位展示汇报这些国家公园的地理区位、特有动植物信息及相应保护措施。

✧ 课后评价

评价项目	评价内容	权重
学习过程评价	对学生出勤率、学习态度、提问和回答问题、交流讨论等情况进行评价	50%
实践活动评价	各组之间对参与实践活动情况进行评价；教师对各组展示的讨论结果、上交的图片及资料等进行评价	50%（其中组间评价权重30%，教师评价权重20%）

✧ 学习延伸

努力建设人与自然和谐共生的现代化——习近平总书记引领生态文明建设纪实

实行最严格的生态环境保护制度

✦ 学习目标

1. 理解建设美丽中国要实行最严格的生态环境保护制度的重要性与必要性。

2. 牢固掌握中国生态文明法制建设的内容，在社会实践与个人生活中践行生态文明理念和法治思想。

3. 理解生态文明理念，培养生态文明意识，做到知行合一。

✦ 学习建议

课前预习相关理论，利用互联网等广泛收集相关知识，教学过程中深入思考、讨论交流，课后深入进行实践活动。

✦ 项目导入

最高人民法院、最高人民检察院联合发布
《关于办理环境污染刑事案件适用法律若干问题的解释》

2023 年 8 月 9 日，最高人民法院、最高人民检察院联合发布《关于办理环境污染刑事案件适用法律若干问题的解释》(以下简称《解释》)。《解释》根据刑法修改情况，针对司法实践中的新问题，依法惩治环境污染犯罪，为全面推进美丽中国建设提供有力司法保障。

1. 重新设定污染环境罪定罪量刑标准。

2. 一些污染环境犯罪可判刑七年以上。

3. 将依法惩治环境领域数据造假行为。

4. 明确办理环境污染案件宽严相济规则。

最高人民法院会同最高人民检察院，于 2016 年 12 月联合发布了《关于办理环境污染刑事案件适用法律若干问题的解释》(以下简称 2016 年《解释》)。2016 年《解释》施行以来，各级公检法机关和环保部门准确认定事实，正确适用法律，依法惩处环境污染犯罪，取得了良好的社会效果。近 5 年来(2018—2022 年)，全国法院审结相关环境污染刑事案件 11 880 件，生效判决人数 24 756 人。其中，污染环境刑事案件 11 860 件，生效判决人数 24 724 人。为进一步加大对污染环境犯罪的惩处力度，2021 年 3 月 1 日起施行的《中华人民共和国刑法修正案(十一)》将污染环境罪的法定刑由过去的两档增至三档，并明确对承担环境

影响评价、环境监测等职责的中介组织的人员可以适用提供虚假证明文件罪。在《中华人民共和国刑法修正案(十一)》施行后，有必要根据修改后的第三百三十八条的规定，对2016年《解释》及时作出调整，以确保法律统一、有效实施。在此背景下，最高人民法院会同最高人民检察院，在公安部、生态环境部、水利部、海关总署、国家林业和草原局等有关部门的大力支持下，深入调查研究，广泛征求意见，反复论证完善，制定了《解释》。

　　启示：《解释》的出台，是自1997年《中华人民共和国刑法》施行以来最高司法机关第四次就环境污染犯罪出台专门司法解释，用最严格制度、最严密法治保护生态环境、维护人民群众环境权益。充分体现了"两高"依法严惩环境污染犯罪，助力生态文明建设的坚定立场。对于扎实推进生态文明建设、加快建设美丽中国，必将发挥重要作用。

◈ 知识链接

一、全面理解最严格的生态环境保护制度

　　"毋坏室，毋填井，毋伐树木，毋动六畜。有不如令者，死无赦。"周文王颁布的这条《伐崇令》，被誉为世界上最早的环境保护法令。我国古代很早就有尊重自然、保护生态的观念，并把这种观念上升为国家管理制度，专门设立掌管山林川泽的机构，制定政策法令，这就是虞衡制度。即通过设立专门的机构、官职，颁布有关保护山林川泽的政策法令，规范社会生产活动、约束人们的行为，保护自然生态环境。

(一)最严格的生态环境保护制度的内涵

　　最严格的生态环境保护制度是党的十九大提出的，对其内涵的理解需要注意以下三个方面：

　　(1)最严格的生态环境保护制度并非单纯的科学概念，而是从政治角度提出国家在环境保护与治理方面的政治目标

　　实行最严格的生态环境保护制度，既需要政治活动的适当参与，也需要具有良好的科学支持。整体而言，最严格一词的说法是综合了对环境问题的科学态度以及政府对环境形势的客观判断。

　　(2)最严格的生态环境保护制度具有相对性

　　过去我国生态环境保护方面的工作做得不足，环境保护相关政策、法律及标准缺失。而现在国家相关工作取得很大进展，所以在开展环境保护活动时实行的环境保护制度也相对严格。

　　(3)最严格的生态环境保护制度是原有环境保护制度的升级，是为了解决当前全球急剧恶化的生存环境

　　面对日益加大的环境压力，我国以更具刚性和约束性的环境保护制度参与到环境改善工作中，防止环境底线被各类破坏活动冲破。

(二)最严格的生态环境保护制度的特征

1. 动态性

　　"最严格"的程度不是一个墨守成规、不知变通的固定值。在时间维度上讲，由于环境

质量状态和环境管理需求是不断变化着的，最严格的环境保护制度也应该根据实际情况，及时作出与之相适应的调整。在空间维度上讲，我国各个地区的环境状况和环境承载能力等各有特点，需要因地制宜。将时间维度和空间维度结合起来，才能制定出符合时空现状的动态制度体系。

2. 科学性

制度的科学性体现在能否有效执行及能否实现预期。科学性是任何制度本身都必须具备的内在要求和紧要条件，任何制度都需要建立在科学的基础之上。它涉及整个制度的设计、内容、执行等多个方面。最严格的环境保护制度要遵循客观规律，建立在科学性原则的指导下，以及对环境形势进行全面科学分析的基础上。

3. 可行性

最严格的环境保护制度在建立时应充分进行调查分析，对各个制度的可操作性与科学性进行综合评价，并对其实施效果进行预测，以确定制度的可操作性。不能将"最严格"停留在口号或者纸面上，最终成为一纸空谈。此外，还要注重结合实际，在社会发展和技术条件所能达到的最高标准基础上进行建立，既不能超前也不能落后，超前则无法实施，落后则不能达到最严格的效果。

4. 有效性

有效性是指制度的执行结果可以达到预期。最严格的环境保护制度必须具备有效性，才能保证制度目标得以如期实现，真正发挥制度的作用。不仅要保障制度的内部有效性，还要保障制度的外部有效性。也就是说制度的建立不仅要保证其本身符合法律，是一部有效的制度，还要保证其作用于客观实践后能收到正面的效果。只有内部有效性和外部有效性同时具备，才能经得起实践的检验。

二、充分认识实行最严格的生态环境保护制度的重要意义

（一）实行最严格的生态环境保护制度有着深刻的历史逻辑

改革开放以来，我国用短短几十年，就走过了西方发达国家几百年所经历的工业发展路程。我国在经济和社会快速发展的同时，也面临严重的生态破坏和环境污染问题。为此，在党中央的坚强领导下，党和国家稳中求进，不断强化生态环境治理措施。

2014 年 3 月，在第十二届全国人民代表大会第二次会议上，政府工作报告针对严重的雾霾污染问题，提出坚决向污染宣战，出重拳强化污染防治工作。2015 年 3 月，在第十二届全国人民代表大会第三次会议上，政府工作报告针对严重的大气、水、土壤污染问题，指出环境污染是民生之患、民心之痛，要铁腕治理。2016 年 3 月，在第十二届全国人民代表大会第四次会议上，政府工作报告指出，要加大环境治理力度，重拳治理大气雾霾和水污染，强化环境保护督察，严格执行《中华人民共和国环境保护法》（以下简称《环境保护法》），对违法者依法予以严厉打击，对失职渎职者依法严肃追究责任。在制度建设方面，基于大气雾霾污染、流域水体污染、自然保护区生态破坏等严峻的生态环境形势，党的十八大以来，党中央高度重视生态环境法治建设，针对生态环保法律作用需增强、生态破坏与环境污染追责效果不明显等问题，采取了法制上的系列阻击措施。党的十八大和党的十

九大基于新形势、新判断和新任务，两次修改党章，对生态文明建设作出改革和建设部署，要求建立严格的生态环境保护法律制度。

纵观发达国家治理环境污染的历史进程，它们也是在环境污染和生态破坏最严重的工业化时期，制定并实施严格的法律制度的。如针对大气污染、水污染、土壤污染防治，美国于1969年制定并实施了《环境政策法》，于20世纪70年代实施了《清洁空气法》《清洁水法》《有毒物质控制法》，于20世纪80年代实施了《综合环境反应补偿与责任法》。德国自20世纪70年代以来，实施了《垃圾处理法》《控制大气排放法》《控制水污染防治法》，于20世纪80年代实施了《控制燃烧污染法》等环保法律法规。英国自20世纪60年代以来，实施了《清洁河流法》《清洁大气法》《噪声控制法》《核设施安装法》《油污染控制法》《天然气法》《海洋倾废法》《污染控制法》等法律法规。这些国家的环境污染防治和生态保护法律法规有一个共同的特点，即通过提高违法的成本和降低守法的成本，增强法律实施的有效性。如美国的《清洁空气法》《清洁水法》提高了罚款的标准和幅度，对违法行为设置了按日计罚的处罚方式，对侵害公众权益的行为设立了公民诉讼制度。党的十八大以来，我国处于高质量工业化的关键时期，要解决严重的生态环境问题，参考发达国家的立法经验制定最严格制度并实施最严密法治，是非常必要的。基于此，党的二十大报告指出，要坚持山水林田湖草沙一体化保护和系统治理，全方位、全地域、全过程加强生态环境保护。在具体措施和方法方面，坚持对违法犯罪行为严惩重罚。

（二）实行最严格的生态环境保护制度是发展的必然要求

实行最严格的生态环境保护制度符合我国当前亟须解决环境问题的现状需求。党的二十大报告指出，中国特色社会主义进入新时代，我国完成脱贫攻坚、全面建成小康社会的历史任务，实现第一个百年奋斗目标，将开启全面建设社会主义现代化国家新征程，向第二个百年奋斗目标进军。可以预见，我国未来的百年依然会经济高速发展，带来的环境压力也会与日俱增。实行最严格的生态环境保护制度，可以降低环境风险，有利于经济的持续发展。

实行最严格的生态环境保护制度是我国进行环境保护过程中的创新模式。自改革开放以来，我国颁布了《环境保护法》《中华人民共和国水污染防治法》《中华人民共和国大气污染防治法》等多部法律，对于多年来的环境保护以及经济发展起着非常重要的促进作用。然而，我国工业化进程中面临很多新的环境问题，非常有必要对原有的环境保护制度进行创新。

（三）严密法治观是习近平生态文明思想的重要内容

党的十八大以来，以习近平同志为核心的党中央从中华民族永续发展的高度出发，深刻把握生态文明建设在新时代中国特色社会主义事业中的重要地位和战略意义，大力推动生态文明理论创新、实践创新、制度创新，创造性提出一系列新理念新思想新战略，形成了习近平生态文明思想。习近平生态文明思想是习近平新时代中国特色社会主义思想的重要组成部分，是以习近平同志为核心的党中央治国理政实践创新和理论创新在生态文明建设领域的集中体现，是新时代我国生态文明建设的根本遵循和行动指南。

1. 习近平生态文明思想内涵丰富、博大精深，集中体现为"十个坚持"

坚持党对生态文明建设的全面领导，坚持生态兴则文明兴，坚持人与自然和谐共生，坚持绿水青山就是金山银山，坚持良好生态环境是最普惠的民生福祉，坚持绿色发展是发展观的深刻革命，坚持统筹山水林田湖草沙系统治理，坚持用最严格制度最严密法治保护生态环境，坚持把建设美丽中国转化为全体人民自觉行动，坚持共谋全球生态文明建设之路。

2. 坚持用最严格制度最严密法治保护生态环境的严密法治观，是习近平生态文明思想的重要组成部分

习近平总书记指出，我国生态环境保护中存在的突出问题大多同体制不健全、制度不严格、法治不严密、执行不到位、惩处不得力有关；保护生态环境必须依靠制度、依靠法治；只有实行最严格的制度、最严密的法治，才能为生态文明建设提供可靠保障；要完善法律体系，以法治理念、法治方式推动生态文明建设，推动美丽中国建设进入法治化轨道；要落实领导干部生态文明建设责任制，严格考核问责；对不顾生态环境盲目决策、造成严重后果的人，必须追究其责任，而且应该终身追责。

3. 严密法治观体现了法治建设与生态文明建设的统筹推进

全面依法治国与生态文明建设在"五位一体"总体布局中均有着特殊地位和作用。法治建设渗透于、贯穿在生态文明建设之中，两者相辅相成、不容分割。人与自然和谐共生需要良好的法律法规规范引领，绿水青山需要严密法治保护，绿色发展需要严格制度保障，探索大国环境治理新路更需要法治顶层设计。

（四）法治是生态文明建设的助推器

践行严密法治观，就是要运用法治思维和法治方法，将生态文明建设纳入法治轨道，加强生态立法，不断完善生态文明相关的法律制度，保证其有效实施，对破坏生态的违法犯罪行为依法严惩，提高政府和社会的生态法律意识，引导和督促全社会共同参与、共同治理。法治是生态文明建设的可靠保障，要用最严密的法治来约束行为主体的行为，明确政府、社会组织和个人在生态文明建设中的法律责任，创造有法可依、执法有据、公正司法、人人守法的法治环境，为经济发展模式、生活方式的转变提供法治保障。

三、新时代中国实行最严格的生态环境保护制度的现状

党的十八大以来，以生态文明理念为指引，我国生态环境保护法律法规制度体系在查漏补缺的同时，开始全面升级，完善体制机制，细化法律义务，落实法律监管，强化法律责任，促进资源节约、生态保护、污染防治、节能减碳，体现国家法律制度建设的严密性和责任的严格性。

（一）根本大法层面

《中华人民共和国宪法》（以下简称《宪法》）第五条规定"一切违反宪法和法律的行为，必须予以追究"，为国家实施最严格生态环境保护法律制度奠定了宪法基础。在具体规定方面，《宪法》第九条规定了自然资源资产的所有权。关于保护与自然资源资产

有关的权益，该条规定"禁止任何组织或者个人用任何手段侵占或者破坏自然资源"。关于如何开展污染防治和生态建设，《宪法》第二十六条作出了规定。《宪法》于 2018 年 3 月修正时：一是将"健全社会主义法制"修改为"健全社会主义法治"，为国家建设最严格生态环境保护法律制度和依法行政、公正司法奠定了制度基础。二是增写"贯彻新发展理念"，与党章的修改相呼应。作为"五位一体"总体布局之一的生态文明被写入宪法，为生态环境保护各项工作的统筹协调及生态环境保护与经济社会发展的协调开展奠定了宪法基础。

（二）基本法律层面

我国刑事基本法律《中华人民共和国刑法》（以下简称《刑法》）专门设立第六章第六节"破坏环境资源保护罪"，对各领域犯罪的单位和个人具体规定了刑事处罚情形。最高人民法院还针对相关生态环境刑事犯罪案件审理中的法律适用问题作出了司法解释。我国民事基本法律《中华人民共和国民法典》第九条规定，民事主体从事民事活动，应当有利于节约资源、保护生态环境，该规定被认为是民事活动的绿色原则。该法在第七编"侵权责任"中设立第七章"环境污染和生态破坏责任"，规定了包括生态环境损害赔偿责任在内的环境侵权民事责任；针对故意污染环境、破坏生态的行为，如产生严重后果，规定了惩罚性赔偿制度。对于破坏生态环境损害社会公共利益的民事行为，《中华人民共和国民事诉讼法》（2023）第五十八条规定，人民检察院、符合条件的社会组织等机关和组织可依法提起民事公益诉讼。严格的民事责任及其责任追究规定旨在克服违法成本低、守法成本高的难题。对于行政监管部门未尽职履责，甚至违法行使职权从而侵害国家利益或者社会公共利益的，《中华人民共和国行政诉讼法》（2017）第二十五条规定了检察建议制度，以督促监管部门依法履行法定职责；对于行政监管部门不及时纠正的，规定了检察公益诉讼制度。这些措施可以倒逼行政监管部门依法尽职履责。

（三）一般法律层面

党的十八大以前，全国人大常委会制定了生态环境保护的综合性基础法律《环境保护法》，在大气污染防治、水污染防治、固体废物污染防治、放射性污染防治、噪声污染防治、循环经济、清洁生产、海洋环境保护等方面制定了法律，在自然资源和生态保护方面制定了水、煤炭、矿产资源、生物安全、野生动物保护、水土保持、防沙治沙、海岛保护、森林、草原、农业等法律，在能源和低碳发展方面制定了清洁能源、节约能源等法律。党的十八大以后，全国人大常委会为了提高环境法律法规的实施效果，于 2014 年 4 月修订了《环境保护法》。自此，中国的生态环保法律体系建设进入以生态文明理念为指导的全面升级时期。以《环境保护法》为指引，全国人大常委会制定了环境保护税、资源税、核安全、土壤污染防治、生物安全、湿地保护等方面的专门法律，通过了禁止滥食野生动物的法案，弥补了立法空白；修改了大气污染防治、水污染防治、固体废物污染环境防治、海洋环境保护、野生动物保护、防沙治沙、环境影响评价、森林、噪声污染防治等方面的法律，体现了法律规范适用的与时俱进。上述综合性和专门性生态环境保护法律对于保护和改善环境发挥了较大作用，但是对于特定流域和区域的特殊生态环境问题作用有限，有必要以问题为导向，以法律规范的设计组合或者实施协同为指引，对体制、制度和机制进行创新，使之更具针对性和有效性。为此，全国人大常委会在 2020 年后制定了长江保护、黄河保护、青藏高原生态保护方面的专门法律。

（四）行政法规层面

党的十八大以后，国务院制定了《畜禽规模养殖污染防治条例》《环境保护税法实施条例》《排污许可管理条例》等行政法规，修改了《危险化学品安全管理条例》《城镇排水与污水处理条例》《气象设施和气象探测环境保护条例》《气象灾害防御条例》《防止拆船污染环境管理条例》《城市市容和环境卫生管理条例》《防治海岸工程建设项目污染损害海洋环境管理条例》《防止船舶污染海洋环境管理条例》《自然灾害救助条例》《内河交通安全管理条例》《废弃电器电子产品回收处理管理条例》《全国污染源普查条例》等行政法规。这些行政法规在环境法律的指导下，在各自的适用范围内规范相关的开发、利用、保护、管理和监督行为。

此外，国务院各部门结合各自的职责还制定、修改了一些生态环境保护部门规章，民族自治地方的人大及其常务委员会制定、修改了一些生态环境保护单行条例，具有地方立法权的地方人大及其常务委员会制定、修改了一些生态环境保护地方性法规，具有地方规章制定权的地方人民政府制定、修改了一些生态环境保护地方规章。国务院相关部委、地方人民政府制定、修改了一些生态环境保护标准和规范。这些立法和标准、规范都是我国最严格生态环境保护制度的组成部分。

四、实行最严格的生态环境保护制度成效显著

目前，我国最严格的生态环境保护制度体系基本覆盖了生态环境保护的主要领域，形成了门类齐全、功能完备、内部协调统一的格局，在我国全面保护生态环境、打好环境污染防治攻坚战、推进碳达峰碳中和等行动中发挥了重要的作用。

（一）生态保护方面

党的十八大以来，我国结合国情开创性地设立了生态保护红线制度，把超过 25% 的疆域纳入生态保护红线予以严格保护。森林资源增长面积超过 7000 万公顷，居全球首位；为了防止生态碎片化和整体退化，我国建立了以国家公园为主体的自然保护地体系，设立了海南热带雨林等相关类型的国家公园，90% 的陆地生态系统类型和 74% 的国家重点保护野生动植物种群得到国家和地方的有效保护；由于有效保护修复湿地，我国生物遗传资源收集保藏量位居世界前列，如在黄河湿地自然保护区，良好的生态环境保护了 59 科484 种野生植物；通过采取长江十年禁渔等措施，一些非法捕捞行为受到法律的制裁，江豚等流域内水生生物物种得到初步恢复，如洞庭湖 2021 年监测到的水生生物物种比2018 年增加了 30 种。联合国《生物多样性公约》缔约方大会第十五次会议第一阶段会议于 2021 年 10 月在昆明召开，《关于特别是作为水禽栖息地的国际重要湿地公约》第十四届缔约方大会于 2022 年 11 月在武汉召开，这充分说明我国的生态保护成就得到世界各国的共同认可。在湿地公约缔约国大会召开期间，我国安徽省合肥市、山东省济宁市、

重庆市梁平区、江西省南昌市、辽宁省盘锦市、湖北省武汉市、江苏省盐城市入选"国际湿地城市"，加上 2018 年入选首批"国际湿地城市"的黑龙江省哈尔滨市、海南省海口市、宁夏回族自治区银川市、湖南省常德市、江苏省常熟市、山东省东营市，我国共有 13 个城市入选"国际湿地城市"，在全球 43 个"国际湿地城市"中，我国数量居全球第一位。

（二）大气污染防治方面

细颗粒物（$PM_{2.5}$）于 2012 年 2 月被纳入国家空气质量标准。2022 年 9 月 15 日，中共中央宣传部举行"中国这十年"系列主题新闻发布会，生态环境部介绍，党的十八大以来，全国 74 个重点城市 $PM_{2.5}$ 年均浓度下降了 56%，重污染天数减少了 87%。以北京市为例，2013 年 $PM_{2.5}$ 年均浓度是 89.5 微克/立方米，2021 年减少至 33 微克/立方米，降低了 63.1%。我国是第一个治理 $PM_{2.5}$ 的发展中国家，也是世界上空气质量改善最快的国家。在打赢污染防治攻坚战的路上，产业结构的绿色低碳循环化转型升级取得实质成效，以钢铁行业为例，2013—2021 年全国粗钢产量增加 27%，而企业数量减少 20%，这说明企业的集约化、规范化经营水平得到明显提升。在转型中，中国探索建立了全世界最先进的钢铁全流程超低排放技术体系，探索开展了氢能替代焦炭的短流程炼钢方法。作为一个发展中大国，这些工作和成绩来之不易。社会公众由以前的晒雾霾、晒吐槽变成了现在的晒蓝天、晒快乐、晒惊喜，体现了满满的幸福感。2019 年 6 月 5 日，联合国环境规划署举办第 48 个联合国世界环境日，全球主场活动在杭州博览中心启动，这是联合国和世界各国对中国污染防治工作特别是打赢蓝天保卫战工作成效的高度认可。

（三）水体污染防治方面

《中国环境状况公报》的数据显示，2012 年，长江、黄河等十大流域的国控断面中，劣Ⅴ类、Ⅳ~Ⅴ类、Ⅰ~Ⅲ类水质断面比例分别为 10.2%、20.9%、68.9%。其中，淮河、松花江、黄河、辽河、流域水质为轻度污染，海河流域为中度污染。而到了 2022 年年底，《中国生态环境状况公报》的数据显示，全国Ⅰ~Ⅲ类水质断面的比例历史性地达到 87.9%，劣Ⅴ类水质断面仅为 0.7%。其中，黄河、淮河、辽河的水质升级为良。可见，各流域水质普遍得到明显改善。

（四）土壤污染防治方面

党的十八大以来，我国开展了工业用地、建设用地和农业用地重金属污染防治行动，将 1.8 万多家企业纳入农业用地土壤污染重点监管单位。在建设用地的土壤污染状况调查评估方面，已完成全国的 4 万多个地块。此外，还完成了全国土壤污染状况详查，建成覆盖 8 万个点位的国家土壤环境监测网络，该网络覆盖了我国所有的县级行政区域。经过各方面的参与和持续努力，有效地遏制了全国范围内土壤污染加重的趋势，基本管控住了我国土壤污染的风险，为以后土壤污染的深度治理奠定了基础。

（五）能源转型方面

从化石能源的绿色低碳转型来看，党的十八大以来的十年，我国单位 GDP 二氧化碳排放强度累计下降 34.4%，能耗强度累计下降 26.2%。在一次能源消费中，煤炭的消费占比下降了 12.5%。为了促进减碳减污协同增效，开展了煤炭清洁高效利用工作，成效也很显著，如新建或者实施超低排放改造的煤电机组，规模已超过 10 亿千瓦，无论是排放还是能效都进入全球领先水平。水电、风电、太阳能发电、生物质发电等可再生能源发电装机容量居世界第一位，可再生能源装机规模已突破 10 亿千瓦。在消费方面，清洁能源消费在全部能源消费中的占比提升至 25.5%，以后还有很大的提升空间。新能源汽车产销量也升至全球首位。可见，节能减排成效显著。2022 年 11 月，在《联合国气候变化框架公约》第二十七次缔约方大会上，公约秘书处执行秘书西蒙·斯蒂尔对中国始终积极应对气候变化的坚定立场、将气候承诺转化为实际行动的精神表示高度赞赏。

总的来看，党的十八大以来，党领导国家用最严格制度开展生态环境治理，遏制了环境质量不断恶化的趋势。习近平总书记在 2018 年 4 月深入推动长江经济带发展座谈会上指出，"党的十八大以来……污染治理力度之大、制度出台频度之密、监管执法尺度之严、环境质量改善速度之快前所未有"。正因为基础打得好，我国生态环境保护质量的改善目前正朝着根本性转变的方向前进。这充分表明，依靠最严格制度最严密法治保护生态环境是正确的。

五、如何实行最严格制度保护生态环境

令在必信，法在必行。习近平总书记指出，"制度的生命力在于执行，关键在真抓，靠的是严管"，对于盲目决策且造成严重后果的违法违规者不能手软，必须依法严格追究党纪国法责任甚至终身追责。坚持用最严格制度最严密法治保护生态环境既是历史的启示，也是现实证明必需且有效的措施。今后，我国要立足不断发展的新形势，不断完善和加强生态环境保护法制建设、执法、司法、守法、监督工作，持续用与时代相匹配的最严格制度最严密法治保护生态环境，促进绿色、循环、低碳高质量发展和美丽中国建设。

（一）不断完善生态环境保护制度体系

在 2035 年美丽中国基本建成前，经济社会和生态环保形势不断变化，生态文明法治也需不断发展和完善。首先，面向 2030 年前碳达峰、2035 年美丽中国基本实现的任务，需要在降碳、减污、扩绿、增长的协同方面不断创新和完善绿色循环低碳制度体系，健全国土空间规划与管控、国家公园保护、生态保护补偿、生态环境损害赔偿、化学品环境安全管理、动物保护、应对气候变化、生态环境保护宣传教育等方面的法律法规，让制度建设契合党和国家生态文明建设的现实需要。其次，参考《中华人民共和国黄河保护法》《中华人民共和国长江保护法》《中华人民共和国青藏高原生态保护法》的立法经验，针对其他大江大河或者大区域的生态环境治理开展立法创新，制定流域性和区域性法律法规，建立健全统一规划、协调立法、协调标准、协调监管、协调执法、协调监督、协调信用监管等综合性调整机制，解决区域和流域特殊的生态环境问题。最后，不断明确中央与地方、上下级地方政府之间的生态环境保护职

责，开展行政合作，实现硬性执法监管和弹性协议监管的有机结合。

（二）严格做好生态环境保护执法、司法和责任追究工作

严格制度的有效实施是发挥法制作用的前提，为此须做好执法、司法和责任追究工作。首先，在执法方面，不断衔接各部门的生态环境保护职责和职责实施机制，提升生态环境保护的整体绩效。完善生态环境保护监管权力清单，实施尽职照单免责、失职照单追责制度，为监管机关和监管人员创造依法严格监管的良好法治氛围。其次，在司法方面，强化环境资源审判工作对美丽中国建设的护航作用，健全生态环境保护司法联动机制，促进生态环境保护行政处罚和刑事制裁的有效衔接，在案件移送、证据收集与使用、信息共享、法律监督等方面加强协调与配合，按照比例原则打击违法犯罪行为。最后，在责任追究方面，坚决禁止"一刀切"式执法，执法工作要将整治措施与整治目标相结合，依法依规地统筹推进。对于失职失责人员，实施生态环境执法责任追究和损害赔偿制度。

（三）不断培育全社会生态文明法治意识，促进社会参与和监督

首先，进一步丰富宣传途径，通过电视、报纸、杂志、宣传画、新媒体等手段，开展习近平法治思想和习近平生态文明思想宣传教育，加强生态环境保护法律知识的普及，进一步加强全社会各类群体的生态文明法治意识。其次，在推进生态环境保护基础设施建设、垃圾分类、农村污水处理、国家公园建设、乡村环境整治等工作时，同步开展生态环境保护宣传与法治教育，让生态文明法治意识与生态环境保护实践相结合。最后，开展野生动物保护、环境污染、生态破坏等生态环境违法犯罪典型案件的警示教育。此外，全面、系统、深入构建生态环境共治的体制、制度和机制，鼓励信息公开，拓宽公众参与的渠道，扶持生态环境保护社会组织的规范化建设，鼓励政府购买环境保护技术；鼓励公众和社会组织参与生态环境保护违法犯罪行为的监督，畅通举报、诉讼途径。

◈ **实践活动**

环保案件模拟法庭

按班级分为不同的学习小组，在教师的指导下每组由学生扮演法官、检察官、律师、案件的当事人、其他诉讼参与人等，以司法审判中的法庭审判为参照，模拟审判某一环保类案件。

◈ **课后评价**

评价项目	评价内容	权重
学习过程评价	对学生出勤率、学习态度、提问和回答问题、交流讨论等情况进行评价	50%

（续）

评价项目	评价内容	权重
实践活动评价	各组之间对参与实践活动情况进行评价；教师对各组上交的图片、资料等进行评价。关注学生在实践活动中的参与度、团队合作能力、问题解决能力及活动成果质量，同时结合教师评价，对各位同学扮演的角色进行点评	50%（其中组间评价权重30%，教师评价权重20%）

✿ 学习延伸

环境保护方法过程中的重要节点

"1+N+4"资源环境法律制度体系

项目六

共建地球生命共同体

✧ 学习目标

1. 深入理解地球生命共同体的概念和内涵，通过学习地球生态系统的结构和功能，了解生物多样性及其重要性。

2. 认识到人类活动对地球生态系统的影响，掌握可持续发展理念和实践，了解绿色经济、循环经济和低碳发展等共建地球命运共同体的路径和策略。

3. 培养学生分析和解决生态环境问题的能力，学会运用生态文明理念指导实践活动；提升参与生态环境保护行动的意识和主动性，能够向他人传播生态文明知识和理念。

4. 在日常生活中践行生态文明理念，养成尊重自然、顺应自然、保护自然的良好行为习惯。

✧ 学习建议

借助参考资料理解地球生命共同体的概念和内涵，通过参与各种环保活动和实践项目，将所学理论知识转化为实际行动。

✧ 项目导入

云南，"象"往的地方

大象要去哪儿？大象到哪儿了？《生物多样性公约》缔约方大会第十五次会议开幕式上的一段纪录短片《"象"往云南》，回顾了2020年3月野生亚洲象群离开栖息地北上的历程：从一路"象"北到"全民追象"再到象群南归。2020年3月，16头野生亚洲象离开原栖息地——云南西双版纳国家级自然保护区，一路向北迁移。2021年4月16日，象群从云南省普洱市墨江县进入了云南省玉溪市元江县。一段"北漂"历程后，象群翻过山，走过弯，跨过谷，开始南返。同年9月10日，象群安全回到原始栖息地。从春到秋，从冬到夏，历经17个月，跨越大半个云南，北渡南归，数万人一路守护，人和象在相处中探寻彼此的世界，在陪伴中收获相互的信任。

象群在迁徙过程中不仅吃村民种的庄稼，还踩坏了好几户村民的庄稼地，但在采访中，一位村民却说："庄稼吃掉了明年还可以再种，大象不保护就没有了，何况政府还有补偿。"为了保障象群安全迁移，维护沿途民众生命财产安全，云南省及时成立北移亚洲象群安全防范省级指挥部，启动安全防范专项工作。其间，云南省共出动警力和工作人员

2.5 万余人次，无人机 973 架次，布控应急车辆 1.5 万余台次，疏散转移群众 15 万余人次，投放象食近 180 吨。

启示：象群报道牵动了世界的目光，象群的旅程和去向扣人心弦，北漂象群成为国际社会了解中国的一个窗口，也成为中国为生物多样性保护付出努力的见证，诠释着生物多样性之于中国的意义。亚洲象的一路北迁，不仅让它们成了云南生态文明建设的宣传员，也成了最可爱的云南旅游文化大使，向世人展示了"象"往的云南，同时引发人们对如何构建地球生命共同体的讨论和思考。

✿ 知识链接

一、地球生命共同体概述

（一）地球生命共同体提出的时代背景

自 1992 年联合国《生物多样性公约》签订以来，便开启了生物多样性的全球化治理过程。全球生物多样性保护取得了很大的成就，但仍然面临着严峻的全球生态环境治理问题。2005 年联合国《千年生态系统评估》指出，全球生态系统正在不断退化中，生态系统退化将严重影响人类福祉。2010 年《生物多样性公约》第十次缔约方大会报告指出，生物多样性对人类具有重要的经济价值，然而当前生物多样性保护的进展不尽如人意，大部分地区的环境污染状况仍在不断恶化之中。2020 年联合国第五版《全球生物多样性展望》指出，全球只部分完成了在 2010 年确定的 20 个"爱知生物多样性目标"中的 6 个，自然状况日益恶化，开展生物多样性保护的治理道路还很漫长，这无一不在警示我们全球治理亟须进行必要性的改革。

作为中国特色社会主义生态文明建设的重要内容，习近平在联合国生物多样性大会上指出了生物多样性保护的目标、路线和实践路径，深刻阐述地球生命共同体的理念，强调要"秉持生态文明理念，站在为子孙后代负责的高度，共同构建地球生命共同体，共同建设清洁美丽的世界"，为推动全球生态环境治理注入了新的动力。

习近平总书记在《生物多样性公约》第十五次缔约方大会上的讲话

（二）地球生命共同体的概念

"地球生命共同体"的概念指明了地球空间内所有生命的共同体存在状态，强调了全球发展要和地球生态共同体整体和谐有机结合起来，具有人与自然、人与人关系的两个构建维度。地球上的人类与其他生物都是地球生命的一部分，各种生命都有其独特的存在意义与价值。人类只有意识到地球生命共同体的真正价值与权利，才能真正地以整个地球为中心，平等地看待所有生命的价值。维护地球生命共同体的健康和稳定其实就是维护地球生态系统的平衡与稳定。

（三）生态平衡

在一个生态系统里，由于各种生物因素和非生物因素相互联系、相互依赖、相互制约，构成了生态系统的相对平衡。

例如，在森林里，食叶昆虫增加，林木生长就会受到损害。但是，食叶昆虫的增加给食虫鸟类的繁殖创造了条件，而食虫鸟类的繁殖又会抑制食叶昆虫的增长，从而使林木生长恢复正常。由于食叶昆虫的数量受食虫鸟类和其他动物捕食而得到控制，其繁殖程度通常会维持在一定的水平上，不会对林木造成危害，所以整个森林的生态系统是相当稳定的。

1. 从人与自然关系维度来看

人类的生存发展与自然状况密不可分。"生态兴则文明兴，生态衰则文明衰"是亘古不变的定律。世界自然基金会发布的《地球生命力报告 2022》指出，野生动物种群数量在近五十年来平均下降 69%，其中，自 1970 年到 2018 年，地球上生物多样性最丰富的区域之一拉丁美洲和加勒比地区监测范围内的野生动物种群数量平均下降了 94% 之多。而造成生物多样性严重丧失和诸多环境问题的主要因素都与人类活动有关：栖息地的开发、污染、气候变化等。非理性的人类活动在破坏自然的同时也为人类自身带来了灾难。《2022 年亚洲及太平洋区域粮食安全与营养状况》指出，过度城市化和气候变化等因素影响下，粮食、饲料、燃料、肥料、资金短缺的危机接踵而至。

2. 从人与人的关系来看

生态环境问题是全体人类共同面临的挑战，地球是所有人类的共有家园。从气候变化危机到重大传染病的防治，从生物多样性保护到资源节约利用，构建地球生命共同体所面临的诸多挑战相互交织、相互影响，已经成为摆在人类面前的共同难题。以气候变化问题为例，世界气象组织发布的报告显示，2015 年至 2019 年间，气候变化愈演愈烈，全球温室气体排放增加 20%，比前工业时期全球平均气温升高了 1.1℃。《澳大利亚森林烧毁面积的数十年增长与气候变化有关》一文也有力证实了 20 多年之前科学界提出的气候变化会增加极端火灾天气的警示。无论是中国拉尼娜等极端天气频发，还是澳大利亚森林大火、美洲北部风暴严重、欧洲日照时间反常，都是气候变化影响下全球命运与共的例证。因此，要解决共同的环境问题，需要从生命共同体的组织形态和伦理高度出发，采取共同行动。

消失的鸟类

二、共建地球生命共同体的思想渊源

地球生命共同体所内蕴的人与自然关系思考和追求人与自然和谐共生的理念，一方面吸收了中国传统文化中蕴含的生态文明智慧，同我国"天人合一""道法自然"等优秀传统文化的生态内核相契合，是"人与自然生命共同体"理念延伸；另一方面汲取了西方生态哲学的积极成果，是人类生态文明智慧的有机融合，在当代全球可持续发展理念的大背景下，它具备世界基础和全球指向。

（一）中国传统文化中的生态智慧

1. 天人合一，道法自然

中国传统文化是以儒家学说为主导、道家与佛家思想为补充的多元文化综合体，儒、道、释三家从不同的视角阐释了人与自然和谐共处的理念，对于人与自然生命共同体理念的形成有着重大的启示价值。

儒家以人类实际需求为根据，倡导"天人合一""民胞物与"，强调自然与社会发展的共通共荣；道家在实践层次上倡导"道法自然""自然无为"，强调了顺应自然的必要性，以求达到人与万物一致的境界；佛教在文化精神层面对习近平生态文明思想形成了重要的影响，其倡导"佛性统一""慈悲为怀"，在净化人的灵魂方面发挥着十分重要的作用。总体来看，儒家、道家、佛家为生态文明建设提供了很多有价值的观点，也成为人与自然生命共同体理念，共建地球生命共同体的重要理论源泉。

2. 取之有度，用之有节

"取之有度，用之有节"，出自唐代著名政治家陆贽的奏议《均书赋税恤百姓六条》。这句话的大意是，对于自然和社会产出的各种资源，要有限度地索取、有节制地使用，不能只顾眼前利益，而不做长远的规划和打算。

实际上，早在春秋战国时期，先贤们就已经提出了一系列类似的理论主张，如孔子提出的"子钓而不纲，弋不射宿"（意思是，不用大网捕鱼，不射夜宿之鸟），孟子提出的"不违农时，谷不可胜食也；数罟不入洿池，鱼鳖不可胜食也；斧斤以时入山林，材木不可胜用也"（意思是，不违背农作的时节，收获的粮食就吃不完；不用细密的网在池塘里捕捞，鱼鳖就吃不完；按照时令采伐林木，木材就用不完），荀子提出的"春耕、夏耘、秋收、冬藏，四者不失时，故五谷不绝，而百姓有余食也"（意思是，春天耕种、夏天锄草、秋天收获、冬天储藏，这四件事都不丧失时机，所以五谷不断地生长，老百姓有多余的粮食），等等。这些思想表明，对于自然资源的开发与利用，既不能违背自然界的运行规律，又必须有所节制，不能突破大自然的承载能力。

3. 以民为本，生态为民

以民为本是中华民族几千年来所秉持的重要政治思想。孟子的"民为贵，社稷次之，君为轻"，荀子的"利足以生民"，《礼记·大学》中"民之所好好之，民之所恶恶之"等，都是"以民为本"思想的体现。就生态环境而言，以民为本，党的思想体现为坚持以人民为中心，不断满足人民日益增长的优美生态环境需要，着力解决人民群众最关心的生态环境问题，让人民群众呼吸上新鲜的空气、喝上干净的水、吃上绿色的食物，生活在优美安全的自然环境中，从而提升人民群众对美好生态环境的获得感、幸福感、安全感。

(二)现代生态文明思想中的哲思

1. 人与自然和谐共生

人与自然和谐共生的思想具有厚重的哲学意蕴，儒家生态哲学中"天人合一"的原则，形成了人与自然是生命共同体的全新思维。

"人与自然是生命共同体""共建地球生命共同体"的全新思维，汲取了中国传统生态智慧，借鉴了人类文明有益成果，是对马克思主义关于人与自然关系思想的继承和发展。将人与自然看作生命共同体，是从更高的层次将人与自然所构成的世界看作一个有机生命躯体，并重在强调人与自然的辩证统一关系。

马克思在《1844年经济学哲学手稿》中提到，人的肉体生活和精神生活都离不开自然，自然是人的无机的身体。恩格斯在《自然辩证法》中也指出，"我们连同我们的肉、血和头脑都是属于自然界和存在于自然界之中的"，必须"认识到自身和自然界的一体性"。习近平总书记也认为"人类归根结底是自然的一部分"，并特别强调自然之于人类的"生命意义"。他指出，大自然是包括人在内一切生物的摇篮，是人类赖以生存发展的基本条件。大自然孕育抚养了人类，人类应该以自然为根，尊重自然、顺应自然、保护自然。在人类出现之后，虽然通过劳动实践带来了人与自然关系的巨大变化，但人类始终需要依赖自然。自然物构成人类生存的自然条件，人类在同自然的互动中生产、生活、发展，形成一种共生共存关系。

2. 绿水青山就是金山银山

绿水青山就是金山银山的理念继承了天人合一的中华民族智慧，体现着人与自然和谐共生的本质内涵。绿水青山是"人的无机的身体"，只有留得绿水青山在，才能保护人类自身，破坏了绿水青山，最终会殃及人类自身；而只有坚持人与自然和谐共生，守望好绿水青山，才能永恒拥有绿水青山。

绿水青山既是自然财富、生态财富，又是社会财富、经济财富。"草木植成，国之富也。"巍巍高山、茫茫草原、茂密森林、碧海蓝天、洁净沙滩、湖泊湿地、冰天雪地等都是大自然的慷慨馈赠，也是人类永续发展的最大本钱。绿水青山还是更加基础性和本源性的财富，离开了绿水青山，人类社会的一切财富都将成为无源之水、无本之木。

绿水青山是人民幸福生活的重要内容，树立和践行绿水青山就是金山银山的理念，一定要从思想认识和具体行动上作出根本转变。守好这方碧绿、这片蔚蓝、这份纯净，把绿水青山建得更美，把金山银山做得更大，方能让人民群众在绿水青山中共享自然之美、生命之美、生活之美。

三、大学生如何助力共建地球生命共同体

（一）增强生态文明意识与责任感

共建地球生命共同体需要全社会的共同努力，而大学生作为未来社会发展的主力军，在生态文明建设中担负着重要的责任。只有大学生树立了生态文明意识，并将其转化为自身的行为规范，同时，争做生态文明理念的宣传者、生态文明建设的参与者和生态文明行动的示范者，生态文明建设才能更好地实现。

1. 培养生态文明科学意识

培养大学生的生态文明科学意识，最关键的是培养大学生对生态文明和环境问题的科学认知，使其了解基本的生态文明知识。具备基本的生态文明知识是大学生参与生态文明建设的最基本前提，只有这样，大学生才能认清什么样的问题能称之为生态环境问题，才能辨别其行为是否有益于生态文明建设。

（1）明确人与自然是生命共同体

大学生要认识到人是自然的一部分，人类无法脱离自然。虽然人们能通过行动来改造自然，但是却不能超越自然，奴役自然必然会遭到自然的报复。生态文明是促进人、自然、社会全面发展的文化形态，其目的是要实现人与自然的协同进化。

（2）了解资源的有限性

我国虽然幅员辽阔，物产丰富，但是人口数量多、基数大、人均资源少，而且存在一

定的环境污染现象，这些现实问题对我国自然资源和生态环境造成了巨大压力。对此，大学生必须有清醒的认识，必须增强环境资源忧患意识，强化生态文明观念，珍惜有限的自然资源，并学会合理利用。

（3）重视科技的力量

科学技术的进步使人类认识和改造自然的领域不断扩大，能够利用的资源和能源不断增多，如现在已被广泛利用的太阳能、风能、潮汐能等。大学生应该在学校努力学习科学文化知识，关注前沿科技，学会利用科技手段处理人与自然的关系，从而更好地建设生态文明社会。

2. 树立生态道德意识

在人类社会发展过程中，人与自然存在着各种各样的联系，也会产生各种各样的矛盾，这就需要生态道德规范进行调节。《新时代公民道德建设实施纲要》指出："绿色发展、生态道德是现代文明的重要标志，是美好生活的基础、人民群众的期盼。"要做到时刻遵守生态道德规范，就要将生态道德意识内化于心。

对大学生来说，培养生态道德意识就是培养较高的生态文明道德修养，能够自觉地按照生态文明建设的规则来规范和约束自己的行为，开展积极的生态文明行动。

①要认识到人类的生存和发展离不开良好的生态环境。良好的生态环境既是人类生存之本，也是人类保持身心健康，获得高质量生活的重要条件。

②要主动维护生态平衡，珍惜与善待生命，特别是要保护珍稀濒危动植物。

③要向各行各业的生态文明道德榜样模范学习，争做新时代守护绿水、青山的生态卫士。

3. 培养生态文明法治意识

当前，虽然生态文明观念已经逐渐深入人心，但在日常生活中，滥食野生动物等现象还时有发生，这暴露出部分公众法治意识不强、守法意识薄弱的问题。因此，共建地球生命体要进一步加强生态文明法治建设，为生态文明建设提供法律保障。培养大学生生态文明法治意识要从以下两个方面着手。

（1）开展基本的生态文明法律知识普及教育

大学生通常能够意识到环境法律法规在生态文明建设中的重要性，但对相关的具体措施却知之甚少。大部分学生认为企业生产过程中产生的废水、废气和固体废弃物是破坏生态环境的罪魁祸首，而对个体在生活中因为缺乏环境法律知识导致的环境破坏并不太了解。

（2）开展基本的生态文明维权意识教育

公民既享有个人居住的生态环境不受污染和破坏的权利，又有保护生态环境的义务。当人们追求良好生态环境的权利受到侵犯时，就应该运用法律武器来维护自己的合法权益。而要想维护这种合法权益，就必须知晓和理解环境法律知识。但是在现实中，人们往往忽视了自己具有享受良好生态环境的权利，不知道自己的合法权益已经或者正在遭受侵害，有些人即便知道，也没有依法保护自身权益的法律维权意识。作为大学生，应当具备生态文明维权意识，勇于同破坏生态文明的行为说"不"，并能够运用法律武器捍卫自身的合法权益。

4. 规范生态文明行为

共建地球生命共同体不仅要根植在意识里，更要落实到行动中，每一位公民都不能置身事外。特别是对大学生来说，作为国家未来的栋梁，大学生在学校已经学习了大量的生态文明知识，但更重要的是要用生态文明相关知识武装头脑、充实思想，将其转化为实际行动，成为其他人的表率。"知行合一"对大学生来说具有积极的指导意义和现实价值。

（二）保护生态环境

生态问题是一个全球问题。近代以来，人们曾轻率地把大自然当作满足人类自身需要的资源库。于是，气候变暖、空气和水资源污染、土地退化、森林削减、物种多样性减少等生态问题便日益凸显，对人类文明的延续构成了严重威胁。因此，建设生态文明、保护生态环境是实现人类文明可持续发展的必然选择。大学生是祖国的未来、民族的希望，建设和保护绿色家园，要从小事做起，从自身做起。

1. 从小事做起——节约水电

节约能源资源，大力促进能源资源的高效利用和循环利用，是缓解能源资源约束矛盾的根本出路。

当前高新科技的进步和发展，使人们的物质生活极大丰富，但与之同时生活中铺张浪费的不良现象与日俱增。卫生间、洗衣间、走廊的灯彻夜长明，洗衣服、刷牙、洗脸时全程开着水龙头，计算机 24 小时开机等现象在大学中可以说是屡见不鲜。对此，大学生应该增强环保和节约意识，从身边小事做起，从我做起，让节约用水用电成为一种习惯。

要做到节约用水，就应在洗漱、洗衣服、洗浴的过程中，控制用水量；随手关紧水龙头；积极倡导循环用水、一水多用。要做到节约用电，就不应在寝室使用违规电器、大功率电器，尽量减少计算机、手机等电子产品的待机能耗；充分利用自然光照，减少照明用电。通过上述小事，逐步养成随手关灯、随手关水、人走关机、人走灯灭的良好习惯。这些举手之劳的小事，不仅可以节约大量的金钱和资源，还能从源头上减少污染，改善生态环境。

2. 从自身做起——节约粮食

民以食为天。中国是一个人口大国，经过全体中国人民的艰苦努力，我国以占世界9%的耕地、6%的淡水资源，养育了世界近 1/5 的人口。但随着人民生活水平的日益提高，食物浪费问题越发凸显，"反对浪费粮食"必须成为国民的共识与行动。2020 年 8 月 11 日，习近平总书记作出重要指示强调，坚决制止餐饮浪费行为，切实培养节约习惯，在全社会营造浪费可耻、节约为荣的氛围。

2021 年 4 月 29 日，十三届全国人大常委会第二十八次会议表决通过《中华人民共和国反食品浪费法》，自公布之日起施行。弘扬传统美德、保障粮食安全、防止食品浪费从此有法可依。2021 年 12 月，国家发展和改革委员会办公厅发布《反食品浪费工作方案》，部署推进粮食节约减损、遏制餐饮业食品浪费、加强公共机构餐饮节约、促进食品合理利用等反食品浪费工作。具体内容包括：禁止广播电台、电视台、网络音视频服务提供者制作、发布、传播宣扬量大多吃、暴饮暴食等浪费食品的节目或者音视频信息；督促餐饮外卖平台、餐饮服务经营者以显著方式提醒消费者按需适量点餐；对诱导、误导消费者超量点餐造成明显浪费的餐饮服务经营者，给予警告或处以罚款，等等。

"取之有度，用之有节，则长足；取之无度，用之无节，则常不足。"节约粮食看起来只是个人的点滴小事，但乘以14多亿人口的庞大基数，就是天大的国事。"一粥一饭，当思来之不易"，粮食浪费是不可逆的损失，我们每个人都没有挥霍粮食的权利。

大学生要身体力行，做"光盘行动"践行者，从每一人做起、从每一天做起、从每一餐做起，积极开展"浪费粮食可耻、节约粮食光荣"行动：牢固树立浪费可耻、节约光荣的价值观；适量点餐，提倡半份菜、小份菜，不剩饭、不剩菜，做到碗清、盘光；自觉抵制铺张浪费行为，勇于监督、制止身边的铺张浪费行为。

3. 从现在做起——垃圾分类

"垃圾是放错了地方的资源。"垃圾分类就是将垃圾分门别类地投放，并通过分类清运和回收使之重新变成资源。习近平总书记于2018年11月6~7日在上海市考察时指出"垃圾分类工作就是新时尚"，并勉励大家把这项工作抓实做好。

2019年11月15日，住房和城乡建设部发布了《生活垃圾分类标志》（GB/T 19095—2019），同年12月1日起正式实施。与2008版标准相比，新标准将生活垃圾分别调整为可回收物、有害垃圾、厨余垃圾和其他垃圾四大类，生活垃圾分类标志由四大类标志和11个小类标志组成。

作为新时代的大学生，学会垃圾分类是一种新时尚，更是践行习近平生态文明思想的实践与担当。垃圾分类不仅体现了当代大学生的精神文明风貌，更是大学生校园文明行为的体现。"垃圾分类，让校园更美"，绝不是一句口号，而是实实在在的一种文明校园精神、一种文明校园行为，是校园最靓丽的名片。

具体来说，大学生应该加强参与垃圾分类的自主意识，不仅自己做好垃圾分类，还可以参与到垃圾分类相关知识的宣传、推广中。例如，通过科普讲座等形式让更多人了解垃圾分类的过程、意义及影响；平时多观察、多思考，发现问题后及时反馈给相关的职能部门，从而促进垃圾分类系统的建设和运营。

进行垃圾分类，关键要掌握分类原则：可回收物材料包括玻璃、金属、塑料、纸类和织物；有害垃圾主要是废电池、废灯管、废药品、废油漆及其容器；判断厨余垃圾主要看是否容易腐烂、容易粉碎；剩余的就都是其他垃圾了。当发现有混淆模糊、不能准确判断类别的垃圾时，也可以把它归为其他垃圾。

（三）践行绿色生活方式

践行绿色生活方式，要从消费环节做起。大学生作为国家的未来和希望，其消费观念的塑造和培养突出而直接地影响其世界观的形成与发展，进而对他们一生的思想、品德和行为等产生重要影响。因此，大学生应主动培养绿色消费观，积极践行低碳生活。同时，积极参加学校组织的生态文明活动。

1. 培养绿色消费观

当前盛行的消费主义文化总是不断刺激人们的消费欲望，从而使人们产生很多不必要的消费。例如，盲目追求名牌与款式，存在攀比现象，手机、计算机等电子产品频繁更换，衣服、鞋子穿一次便"束之高阁"等。

人类购买各种商品来满足自己对健康、便利、时尚生活的追求无可厚非，但过度消费则不可取，其背后是以大气污染、水污染、生物多样性的破坏等生态问题为代价的，而且反过来又对人类的健康、便利和时尚产生全面影响。

"疯狂"的快递

2. 践行绿色低碳生活

在培养绿色消费观的基础上，大学生还要学习如何践行绿色低碳生活。绿色低碳生活不仅要靠制造业、建筑业中节能技术的改进，更要靠人们日常生活习惯中的细节。大量生产、大量消费、大量废弃的生活方式，严重制约了可持续发展战略的实施，不但污染了生态环境，而且污染了人们的心灵。而人类无限膨胀的消费欲望也加剧了世界能源、资源的紧缺。

2024年1月，《中共中央 国务院关于全面推进美丽中国建设的意见》（以下简称《意见》）发布，提出建设美丽中国是全面建设社会主义现代化国家的重要目标，是实现中华民族伟大复兴中国梦的重要内容。《意见》强调践行绿色低碳生活方式；倡导简约适度、绿色低碳、文明健康的生活方式和消费模式；持续推进"光盘行动"，坚决制止餐饮浪费；鼓励绿色出行，推进城市绿道网络建设，深入实施城市公共交通优先发展战略；深入开展爱国卫生运动；提升垃圾分类管理水平，推进地级及以上城市居民小区垃圾分类全覆盖；构建绿色低碳产品标准、认证、标识体系，探索建立"碳普惠"等公众参与机制。

低碳文化或低碳生活模式，并不是现代才兴起的新风尚，在我国早已有深厚的文化基础，与中华民族的优秀传统美德异曲同工。从某种意义上讲，低碳生活模式就是中华民族历来倡导的勤俭节约等美德在新时代的具体表现。低碳简约的生活，本来就是许多中国家庭生活的准则：煮鸡蛋早关一分钟燃气、用洗衣服的水冲马桶、随手关灯、双面打印、减少使用一次性餐具等。这些习惯早已深入现代人的日常生活中。

践行绿色低碳生活，每个人都要从现在开始，学会把生活过得简约而不简单、从容而不失品位。

3. 参与校园低碳活动

大学生除了要在日常生活中践行绿色低碳生活，还要在学校积极参与低碳活动，如组建或加入生态环保社团、参加低碳环保社会实践等。

在高校，社团是具有共同理想、爱好的大学生集聚而成的团体组织，用以开展各类大学生活动。开展以生态环保为主要内容的社团活动，让大学生积极主动地投入保护环境的实践中，可以提升他们的生态意识、生态道德及生态保护技术和经验。

社团活动的开展可有效弥补课堂教学和学校统一组织学生参加社会实践的局限性和不足。因此，对学校来说，应该积极鼓励与支持大学生成立以生态环保为主题的社团，并给予相应的帮助；对大学生来说，应踊跃加入与环保相关的社团，为社团活动出谋划策，在实践中为生态文明建设贡献力量。

目前，各大高校已经开始大量组织生态文明相关的社会实践，旨在让大学生走出校园，走进自然，在与自然的直接接触中吸收、深化生态文明的思想和理念，激发保护生态的自觉意识。社会实践是提高生态文明教育的重要途径，其形式丰富多样。例如，可以组织相关专业的教师、学生和志愿者利用专业知识，围绕环境污染、水资源保护、绿色农业、节能减排和垃圾分类等内容，以环保知识普及、节水宣传、问卷调查等形式，开展环保公益类社会实践活动。

◈ **实践活动**

环保主题作品制作

4~8人为一组，每组围绕"共建地球生命共同体"活动主题，通过收集资料、实践体验等方式，撰写一条宣传标语，利用绿色环保材料制作一件主题作品，进行展示。

◈ **课后评价**

评价项目	评价内容	权重
学习过程评价	对学生出勤率、学习态度、提问和回答问题、交流讨论等情况进行评价	50%
实践活动评价	各组之间对参与实践活动情况进行评价；教师对各组撰写的宣传标语、完成的作品等进行评价。关注的是学生在实践活动中的参与度、团队合作能力、问题解决能力及活动成果质量，同时结合教师评价，对各组汇报结果进行评价	50%（其中组间评价权重30%，教师评价权重20%）

◈ **学习延伸**

清洁能源发展的
中国动力

交易闲置物品也
可以减碳

模块二

擦亮眼睛，认清形势

——我国面临的生态问题

地球是人类生存的家园，自古以来，地球上的所有事物均处于平衡状态且可持续地发展。随着人类文明水平的逐渐提高，人类的干扰对地球生态环境造成了巨大影响，如今我们赖以生存的地球环境污染十分严重。在此呼吁同学们保护地球，保护生态环境。

项目一

环境污染严重

◆ 学习目标

1. 了解雾与霾的区别。
2. 掌握雾霾的概念与形成原因。
3. 掌握雾霾防治措施。
4. 熟悉水污染的概念与形成原因。
5. 了解水体富营养化与海洋污染现状。
6. 熟悉土壤污染的概念与形成原因。
7. 熟悉土壤污染的特点。
8. 了解食品污染的概念与种类。
9. 掌握垃圾污染的概念与处理方法。
10. 掌握垃圾分类方法。

◆ 学习建议

在理解当前地球生态环境存在的问题和实践活动基础上，独立阐述不同环境污染出现的原因，小组合作给出一定的解决对策，同时利用所学内容宣传生态环境保护相关知识。

◆ 项目导入

环境公害事件

随着工业文明的发展，人类对自然资源无节制地开采及工业"三废"(工业污染源产生的废水、废气和固体废弃物)的肆意排放，造成了严重的环境污染，对人类自身也产生了巨大影响。20 世纪 30~60 年代，陆续发生了八起震惊世界的公害事件，造成短期内大量发病或死亡。

比利时马斯河谷烟雾事件，一周内致 60 余人死亡，数千人患病，成为 20 世纪最早记录的大气污染惨案；美国多诺拉镇烟雾事件，仅 5 天之内，5000 余人患病，17 人死亡；伦敦烟雾事件，在大雾持续的 5 天时间里，丧生者逾 5000 人；美国洛杉矶光化学烟雾事件，导致洛杉矶市 400 多名 65 岁以上老人死亡，1955 年 9 月，短短两天之内，65 岁以上老人又因此死亡 400 余人；20 世纪日本水俣病事件，含汞的工业废水污染水体造成 60 余人死亡，283 人严重受害而致残；日本富山骨痛病事件，由于稻米和饮用水被锌、铅冶炼厂等排放的镉污水污染，居民出现腰、背、手、脚等关节疼痛现象，随后遍及全身，数年后骨骼严重畸形，骨脆易折，衰弱疼痛而死；日本四日市哮喘事件，1955 年，由于石油冶炼废气导致大量居民患上严重的呼吸系统疾病；日本米糠油事件，1968 年，日本爱知县因污染了多氯联苯（PCBs）米糠油导致数十万只鸡死亡，进而使数百人中毒。

启示：环境公害事件远远不止上述这八起，随着人类文明的不断发展，人类索取自然、干预环境的能力越来越强，引起的环境污染也越来越严重，博帕尔毒物泄漏事故、切尔诺贝利核事故、核污水排海事件等对人类生命安全与社会发展都产生了严重危害。人类发展离不开环境，健康良好的生态环境是人类生存的前提。地球只有一个，如果不能够保护地球生态环境，人类将不复存在。

◈ **知识链接**

一、雾霾

氮、氧、二氧化碳和不到 0.04% 比例的微量气体，混合成了人们所说的空气。就干燥空气而言，在标准状态下按体积计算，氮气占 78.08%，氧气占 20.94%，稀有气体占 0.93%，二氧化碳占 0.03%，而其他气体及杂质体积大约占 0.02%。空气组分并不是一成不变，当大气中出现新的物质或是空气中某种成分的含量超出或少于其自然状态下的平均值，达到

雾霾

有害的程度，影响了地球生物的正常发育和生长，给人类造成危害，就是人们所说的大气污染。大气污染现象最早可追溯到人类学会用火的原始文明时期，由于当时人口基数较小，虽然用火燃烧，但对环境尚未造成过大影响。真正意义上的大气污染现象出现在工业革命之后，由于化石燃料燃烧造成的大气污染日益加剧，严重的大气污染事件接连发生，人类开始意识到保护大气环境的重要性。

（一）雾霾概念

雾霾，实际上是雾和霾的组合词，是特定气候条件与人类活动相互作用的结果。雾是由大量悬浮在近地面空气中的微小水滴或冰晶组成的气溶胶系统，是近地面空气中水汽凝结（或凝华）的产物。《霾的观测识别》（GB/T 36542—2018）中指出，霾是大量粒径为几微米以下的大气气溶胶粒子使水平能见度小于 10.0 千米、空气普遍浑浊的大气现象。据此可以看出，霾是由空气中的灰尘、二氧化硫、氮氧化物以及可吸入颗粒物等组成的气溶胶系统。大气湿度达到一定程度时，霾粒子还是可以互相转化的，因为在霾颗粒表面常附着小液滴，而雾滴也需要一个固态凝结核，所以雾与霾往往混合在一起，也因此合称为雾霾。

雾霾中污染物的组成，按照形态可分为气相污染物和固相污染物，前者主要来自人为排放的废气，如一氧化碳、氮氧化物、二氧化硫等，后者主要是各种颗粒物，如沙尘、有机颗粒物、工业扬尘等，其中最为人所熟悉的是 $PM_{2.5}$ 和 PM_{10}，分别指空气动力学直径小于或等于 2.5 微米的气溶胶粒子和空气动力学直径小于或等于 10 微米的气溶胶粒子，二者是表征环境空气质量的两个主要污染物指标。

雾霾天气对人类生活危害很大。PM_{10}、$PM_{2.5}$均可被吸入人体气管，直径越小，在呼吸道中沉淀的部位越深，甚至达到肺部，极易导致呼吸道疾病、脑血管疾病、鼻腔炎症等。同时，雾霾天气往往空气流动性差，有害细菌和病毒扩散速度减慢，从而导致其浓度增高，提高疾病传播风险。此外，当大气中悬浮颗粒物浓度较高时，由于对光线的散射和吸收，致使大部分光线不能到达地面，大气能见度较低，地面的光照时间少，对植物光合作用、儿童生长与交通出行等都会造成干扰。

(二) 雾霾原因

雾霾是特定气候条件与人类活动相互作用的结果。在过去，人类对自然的干扰并不多，空气不流通、火山喷发等自然条件下雾霾也会发生，但当人类活动对大气环境影响越来越大后，特别是人类直接排放到大气中的污染物经过化学反应形成的二次细颗粒物成为雾霾现象的主要元凶后，雾霾已从一种自然现象变成了人为环境污染现象。

雾霾天气出现的原因多种多样，主要原因包括自然原因和人为原因两种。

1. 自然原因

自然原因中主要影响因素是气象。极端的气象条件是导致雾霾天气产生的原因之一。当大气垂直方向上出现逆温时，空气中悬浮颗粒物难以向高空飘散而被阻滞在低空和近地面。在持续低温的情况下，空气基本处于静止状态中，不利于大气中悬浮颗粒物的扩散稀释，从而不断累积。如果空气湿度较大，污染物会和水作用产生化学反应，形成液体颗粒物并在空气中再次产生化学反应，引起雾霾天气。地形条件也影响着很多地区的雾霾情况。一些地区依山而建，污染物需要垂直输送或依赖于风的环流单方向水平输送才能离开，一旦出现逆温，环流被破坏，污染物很难逸出，例如西安。此外，沿海城市的海陆热力性质差异、城市的热岛效应都会影响污染物的散出，导致空气污染的加剧。

2. 人为原因

除了气象和地形条件，由于高密度人口的经济及社会活动排放出的大量细颗粒物也是雾霾天气出现的重要因素。2017 年《城市蓝皮书：中国城市发展报告 No. 10》中指出造成我国雾霾现象的主要原因如下。

(1) 能源生产、消费结构及污染物排放不合理

中国是全球第一大能源生产和消费国、第一大煤炭消费国，也是全球第一大环境污染物和温室气体排放国，生产和生活高度依赖煤、石油等化石燃料，煤炭占能源消耗的比重远远高于发达国家。机动车尾气排放、工业生产废气排放、冬季取暖烧煤、建筑工地和道路交通产生的扬尘、秸秆及垃圾焚烧等，导致多种有害气体，如二氧化碳、一氧化碳、氮氧化物和挥发性有机物等被排放到空气中，在大气中产生臭氧和细颗粒物等污染物，在不利气象条件下极容易形成严重雾霾。不合理的能源生产和消费结构是形成雾霾天气的重要原因。特别是我国使用的煤炭大多是高硫煤，在燃烧过程中会产生大量的二氧化硫排放到大气中，进一步促成了雾霾的形成。

(2) 雾霾重污染地区经济结构转型滞后

我国的雾霾天气形成和分布与工业污染物排放有很大的关联性。大多数雾霾污染的重

灾区，也是高污染和高排放产业占比较大、产业结构偏重、经济结构转型相对滞后的工业发达城市或老工业基地。以河北省为例，2013年河北省生铁和粗钢产量分别是16 358.54万吨和18 048.4万吨，分别占全国的22.99%和22.19%，产能均居全国之首，其消耗煤炭31 663.3万吨，占全国的7.5%，而煤炭、钢铁企业排放的大气污染物正是形成雾霾天气的重要原因。

（3）部分地区环保责任不强

环境执法是加强环境管理和环境保护的重要手段之一。但目前尚存在"重发展、轻环保""先污染、后治理"的思想，部分地区环保措施不到位、环保责任不落实，对于企业排污、环境违法等行为采取"睁一只眼、闭一只眼"的态度，有法不依、执法不严、违法不究，导致环境保护和治理效果大打折扣。

（4）区域协调治理机制有待深化

从雾霾构成来源看，上海市来自外地输送的污染源约占20%，北京市来自外地输送的污染源则超过30%，浙江省自身的大气环境质量状况相对良好，但是受到外地大气环境污染的影响，雾霾天气仍然时有出现。这说明加强联防联控对于区域雾霾治理具有重要作用。但是，目前我国部分区域如京津冀、长三角等地区虽然已经形成了协调治理机制，但缺乏强有力的组织保障和财力支持，致使涉及跨行政区域的环境规划、生态保护等难以落实。

（5）部分污染源控制工作缺乏配套技术支撑

近年来，环保部门在重点生产企业、各类施工工地、燃煤供热站以及拆迁现场分批安装了在线实时监控设备，对向大气中超标偷排污染物以及违规扬尘污染行为实行全天候24小时环保监察，取得一定成效，但部分污染源控制工作由于缺乏配套实施技术，会产生新的问题。例如，由于缺乏合理有效的秸秆处理处置技术，秸秆焚烧的监控治理工作仍然难以完全禁止，且大量废弃未烧的秸秆也成为新的环境问题。

（6）不科学的城市规划建设导致自然生态功能下降

目前对雾霾治理的关注主要集中在化石燃料和污染物减排方面，实际上，当自然生态环境系统相对完整、生态环境容纳能力和自净功能较强时，很多大气污染物都会被自然生态系统吸收。但随着工业化和城镇化发展，大量森林、水体、林地、草地等被开发占用，导致各类生态用地减少，自然生态环境系统遭到破坏。此外，中国城市普遍存在过度建设与过度硬化的问题，城市集中连片大面积硬化建设，使自然降水不能渗入地下，水土交换功能丧失，大量污染物无处消纳，只能悬浮于大气中，遇有局部静稳天气就会形成雾霾。

（三）雾霾防治建议

雾霾现象是多种因素长年累月导致的，治理雾霾无法一蹴而就，需要以科学技术手段多维度进行防治。2014年年初，习近平总书记在北京视察时指出，"治理雾霾天气要多管齐下""要坚持本地治污和区域协调相互促进，多措并举，多地联动，全社会共同行动""应对雾霾污染、改善空气质量的首要任务是控制$PM_{2.5}$，要从压减燃煤、严格控车、调整产业、强化管理、联防联控、依法治理等方面采取重大举措，聚焦重点领域，严格指标考核，加强环境执法监管，认真进行责任追究"。为应对雾霾天气，我国一直在行动：《大气污染防治行动计划》《"十三五"节能减排综合工作方案》等方案的提出，为雾霾治理指明了方向。同时，我国也积极采取多种措施来控制雾霾，包括改善能源消费结构，减少化石燃料尤其是煤的燃烧，大力发展新能源和清洁能源，减少煤炭消费比重；优化产业结构，积极发展高新技术产业和第三产业；建立更加完善的污染气体排放标准，加大空气质量监测和执法力度治理排污企业，减少污染物排放，改革废气处理技术，发展燃煤烟气脱硫脱硝脱除尘技术；加大环保宣传力度，提倡公民绿色出行；植树种草，扩大城市绿地面积……在我们的不懈努力下，《2023 年大气环境气象公报》显示，全国平均霾日数为 20.5 天，较 2018—2022 年平均减少 1.7 天。中国环境监测总站数据显示，2023 年全国重点城市 $PM_{2.5}$ 平均浓度为 30 微克/立方米，比十年前下降了 54%，比 2019 年下降了 16.7%。

二、水污染

（一）水污染概述

水与人类的关系非常密切，生活生产各项活动都离不开水。首先，水是大气的重要成分，大气和水之间相互作用便形成了地球的水循环运动，对气候调节有着重要作用；水也是形成土壤的关键因素，在岩石的物理风化中起着重要作用；水是生命之源，是细胞中原生质的组成部分，可以输送多种原材料和营养物质，参与细胞的新陈代谢，促进各种生理

水污染

活动和生化反应的进行。没有水，人类各项生理活动无法进行。尽管地球被称为"蓝色星球"，约有 72% 的面积被水覆盖，储有大量水资源。但实际上，大部分为土壤中的水分或是深层地下水，不能被人类利用，即地球上只有不到 1% 的水可为人类直接利用，人类的淡水资源并不充裕。随着人口的迅速增长和经济活动的加剧，人类对水资源的消耗越来越多，工业、农业的生产发展对水体的污染也越来越严重，再加上森林植被等被破坏，水分蒸发和径流方向也发生了改变，地球水资源现状不容乐观。

当进入水体的污染物质超过了水体的环境容量或水体的自净能力时，便会破坏水体的原有价值和作用，也就形成了水污染。即水体因某种物质的介入，而导致其化学、物理、生物或者放射性等方面特征的改变，从而影响水的有效利用，危害人体健康或者破坏生态环境，造成水质恶化的现象称为水污染。

（二）水污染原因

水体污染的原因有两类，一是自然造成的污染，例如，特殊地质条件富集大量化学元素，天然植物在腐烂时产生某些有害物质等都属于自然污染，水体可进行自净；二是人为造成的污染，即人类生活生产中所排放的各种污染物对水质造成影响。人类生产活动造成的水体污染主要有工业、农业及生活三个污染源。

工业水污染是指工业生产过程中产生的废水、污水和废液，其中含有随水流失的工业生产用料、中间产物和产品以及生产过程中产生的污染物，是目前对水体产生污染危害的最大污染源。根据污染物的性质，工业废水可分为：①含有机物废水，如造纸、制糖、食

品加工、染织工业等废水；②含无机物废水，如火力发电厂的水力冲灰废水、采矿工业的尾矿水以及采煤炼焦工业的洗煤水等；③含有毒的化学性物质废水，如化工、电镀、冶炼等工业废水；④含有病原体工业废水，如生物制品、制革、屠宰厂废水；⑤含有放射性物质废水，如原子能发电厂、放射性矿、核燃料加工厂废水；⑥生产用冷却水，如热电厂、钢厂废水。随着工业的迅速发展，废水的种类和数量迅猛增加，对水体的污染也日趋广泛和严重，处理比较困难，威胁人类的健康和安全。

农业水污染形成的原因主要是农业生产过程中，农药、化肥、塑料薄膜、养殖动物粪便、秸秆焚烧以及农村生活垃圾的排放。我国是农业生产大国，每年农业生产过程中使用的大量农药和化肥等，只有少量被吸收，多数残留在水体、空气和土壤中，最终随着降水和灌溉等转移到周围的河流、湖泊等地表水或者渗透到地下水中从而形成污染，威胁人们用水安全。此外，养殖业包括畜禽和渔业等存在着粪便、污水处理能力不足的问题，在养殖过程中产生了大量动物粪便和其他废弃物，直接排入水体中使水体富营养化，引起大量水生生物死亡。

生活污水是指在居民的日常生活中所排放的废水，生活污水的污染主要是源自一些老旧城区以及污水处理设施不完善的地区，在居民的日常生活中所产生的污水没有经过处理直接排放到城市的河流中，渗入地下从而造成水污染。生活污水中主要包含蛋白质、碳水化合物、含氮及含磷无机盐等有机物与无机物，这些物质在水体中具有不稳定性，容易在水体中腐化产生臭味。这些污染物所携带的病原体会在水体中大量繁殖，从而造成水体富营养化。

(三) 水体富营养化与海洋污染

水体富营养化是不容小觑的水体污染现象。水体富营养化指的是在水体中，由于氮、磷等植物营养成分含量过多，使水生生物，特别是藻类，过分繁殖从而引起的水质污染现象，其实质是单一物种疯长，破坏了水体生态系统的平衡。自然条件下，湖泊会非常缓慢地从贫营养状态过渡到富营养状态，一般水中总磷达到每升 0.02 毫克、无机氮达到每升 0.3 毫克的水体已处于富营养化，而人为造成的水体富营养化则可以在短时间内出现，致使浮游藻类大量繁殖从而形成水华。因藻类颜色不同，水面呈现蓝色、红色等。

水体富营养化主要是排放含营养物质的工业废水和生活污水所引起的，这些水中含有大量的氮、磷及其他无机盐类，能够促使自养型生物旺盛生长，特别是蓝藻和红藻，蓝藻的大量出现是富营养化的征兆。富营养化会影响水体水质，水体中的藻类繁殖迅速，不断消耗水中的溶解氧，或被厌氧微生物分解，不断产生硫化氢等气体，使水质恶化。同时，水体表面生长着的蓝藻、绿藻等会形成一层"绿色浮渣"，造成水体透明度降低，阳光难以穿透，从而影响水中植物的光合作用，氧气减少，鱼类大量死亡。而这些鱼类在腐烂过程中，又把大量的氮、磷等营养物质释放入水中，供藻类利用。因此，富营养化了的水体很难自净和恢复到正常状态。因富营养化水中含有硝酸盐和亚硝酸盐，人畜长期饮用这些物质含量超过一定标准的水，也会中毒致病。2007 年，我国江苏太湖发生蓝藻污染事件，水源地附近蓝藻大量堆积，厌氧分解过程中产生了大量硫醇、硫醚以及硫化氢等异味物质，造成无锡全城自来水污染，生活用水和饮用水严重短缺。富营养化的防治是水污染治理中最为复杂和困难的问题。由于氨、氮的富集是造成水体富营养化的主要原因之一，因此，快速消减水体中的氨、氮，是今后治理水体富营养化问题的重要方向。

长期以来，海洋是地球上最稳定的生态系统，由陆地流入海洋的各种物质被海洋接纳、吸收、分解，海洋并没有发生显著的变化。然而近几十年，随着世界工业的发展，海洋生态系统遭到人类破坏。海洋污染通常是指有害物质进入海洋环境而造成的污染。海洋污染物主要包括石油、汞等重金属、磷等非金属、放射性物质、农药、生活污水等。海洋污染的污染源广泛，人类在海洋中的直接活动可以污染海洋，在陆地所产生的污染物也将通过江河径流、雨雪等形式污染海水。海洋是地球上地势最低的区域，污染物进入海洋，不易分解，越积越多，持续性非常强。同时由于全球海洋相互连通，一个海域被污染，往往会扩散到周边，影响范围非常广。因此海洋污染有很长的积累过程，不易及时发现，一旦形成污染，防治较困难。

2010年4月20日，在距美国路易斯安那州不远的墨西哥湾上，一个钻井平台发生爆炸，导致石油大面积泄漏，此次泄漏入海的油污需要5年时间才能清理干净。而这并不是个例，据统计，仅1970—1990年，发生的油轮事故便多达1000起，每年排入海洋的石油有1000万~1500万吨。原油中含有苯、甲苯等有毒有害物质，与海水混合后，改变了海水的理化参数，也意味着改变海洋生物原有的生长环境。同时，大面积的油膜减少了太阳辐射投入海水的能量，造成海水缺氧，影响海洋生物食物链循环，严重破坏了海洋环境中正常的生态平衡。除此之外，污染中存活下来的生物将有毒物质遗传给后代，经生物富集，通过食物链进入人体，会危害人类健康。

（四）水污染现状

水污染的严重程度主要取决于人口密度、工农业发展的类型和数量及"三废"处理系统的数量和效率。2023年，联合国发布《2023年联合国世界水资源发展报告》，报告显示：未经处理的废水是最大的污染源。全球范围内，平均有80%的废水没有做任何处理就被排放至生态环境中，而在一些发展中国家，该比例甚至高达98%。2024年世界自然基金会报告显示，水污染每年导致全球约140万人过早死亡。在欧洲，只有44%的地表水处于良好或非常良好的生态状态。

中国是一个水污染严重的国家，海河、辽河、淮河、黄河、松花江、长江和珠江七大江河水系，均受到不同程度的污染。1994年，淮河上游因暴雨开闸泄洪，将积蓄的2亿立方米水放出，水经之处河水泛油，泡沫密布，有居民饮用了虽经处理但仍未能达标的河水后，出现恶心、腹泻、呕吐等症状；2004年，川化股份公司排放含大量氨氮的工艺冷凝液流进沱江，四川5个市区近百万居民顿时陷入了无水可用的困境，直接经济损失高达2.19亿元；2005年，由于韶关冶炼厂在设备检修期间超标排放含镉废水，北江韶关段出现严重镉污染；同年，中石油吉林石化公司双苯厂苯胺车间发生爆炸事故，约100吨苯、苯胺和硝基苯等有机污染物流入松花江。水利部曾经对全国 700 余条河流，约 10 万千米河长的水资源质量进行了评价，调查显示 46.5% 的河水受到污染，水质只达到Ⅳ、Ⅴ类，10.6% 的河长严重污染，水质为超Ⅴ类，水体已丧失使用价值，90% 以上的城市水域污染严重。需要注意的是，我国的城市污水处理水平相对落后，被处理后的污水中仍然存在着污染物，直接排放后还会对水体造成二次污染。

随着我国对环境治理的重视，目前我国水体环境正在逐年好转。根据 2021 年中国生态环境状况公报显示，全国地级及以上城市集中式生活饮用水水源中，监测的 876 个地级及以上城市在用集中式生活饮用水水源断面（点位）中，825 个全年均达标，占 94.2%。其中地表水水源监测断面（点位）587 个，564 个全年均达标，占 96.1%，主要超标指标为总磷、高锰酸盐指数和铁；地下水水源监测点位 289 个，261 个全年均达标，占 90.3%，主要超标指标为锰、铁和氟化物。农村千吨万人集中式饮用水水源中，监测的 10 345 个农村千吨万人集中式饮用水水源断面（点位）中 8072 个全年均达标，占 78%。其中地表水水源监测断面 5612 个，5165 个全年均达标，占 92.0%，主要超标指标为总磷、高锰酸盐指数和锰；地下水水源监测点位 4733 个，2907 个全年均达标，占 61.4%，主要超标指标为氟化物、钠和锰。

三、土壤污染

（一）土壤污染概述

地球上早期的生命体利用太阳能制造出大量的有机质，在海滩上不断积累并混入矿物质成分，逐渐形成了最早的真正的土壤。土壤是指地球表面的一层疏松的物质，由各种颗粒状矿物质、有机物质、水分、空气、微生物等组成，能生长植物。土壤并非生来就具有肥力特征并能够生长绿色植物，与生物发育一样，土壤发育也有一系列的过程，其中母

土壤污染

质、气候、生物、地形、时间是五大关键成土因素，地球表面形成 1 厘米厚的土壤，至少需要上百年时间。完整的土壤剖面分层通常包括枯枝落叶层（O）、淋溶层（A）、淀积层（B）、母质层（C）、基岩层（R）。土壤为地球上的植物提供了必需的营养和水分，也是土壤动物赖以生存的栖息场所，如细菌、真菌、蚯蚓等和少数高等动物（如鼹鼠）等终生都生活在土壤中。因此土壤是生物和非生物环境复合体，生物的活动促进了土壤的形成，而生物又生活在土壤之中，可以说，地球上所有的陆生生物和一部分海洋生物都直接或间接地被土壤所影响着。

正常情况下，土壤对进入其中的污染物具有一定的自净能力，能够使污染物浓度降低、毒性减轻或者消失，主要通过三种净化方法来实现，包括物理自净、化学自净及微生物自净。但是土壤自净能力是有限的，当土壤中含有害物质过多，就会导致土壤自净能力的衰竭甚至丧失。由于人口急剧增长，工业迅猛发展，有害物质不断向土壤表面倾倒，有害废水不断向土壤中渗透，有害气体及飘尘也不断降落在土壤中，有害物质或其分解产物在土壤中逐渐积累，最终形成日益严重的土壤污染。

土壤污染对人类健康与社会经济造成了严重损失。我国大多数城市近郊土壤都受到了

不同程度的污染，例如，2023年，江西金溪县千亩耕地被重金属污染，影响食物的卫生品质，污染物在植(作)物体中积累，并通过食物链富集到人体和动物体中，危害人畜健康；土壤被病原体、有毒物质、放射性物质污染后，极易传播疾病；土壤污染后，含重金属浓度较高的污染表土容易淋溶或随渗水进入地下水，形成浅层地下水污染。

(二)土壤污染原因

我国的土壤污染是在经济社会发展过程中长期累积形成的。尾矿渣、危险废物等各类固体废物堆放等，导致其周边土壤污染；汽车尾气排放导致交通干线两侧土壤铅、锌等重金属和多环芳烃污染；农业生产活动是造成耕地土壤污染的重要原因。污水灌溉，化肥、农药、农膜等农业投入品的不合理使用和畜禽养殖等，导致耕地土壤污染；生活垃圾、废旧家用电器、废旧电池等随意丢弃，以及日常生活污水排放，造成土壤污染；另外，一些自然背景值高的区域和流域，土壤重金属也会超标。

凡是妨碍土壤正常功能，引起土壤组成、结构和功能发生变化，降低作物产量和质量，甚至间接影响人体健康的物质，都属于土壤污染物。土壤污染的来源十分广泛，主要包括工业污染源(工业"三废"物质排放)、农业污染源(化肥、农药、畜禽粪便等)、生活污染源(城乡生活废水、农家肥等)和其他污染源(废弃物焚烧等)等。土壤污染物的种类也非常多，主要分为无机污染物和有机污染物两大类。无机污染物主要包括酸、碱、重金属等，此类污染物主要来源于冶炼、电镀、染料等工业排放的废水、污泥和废气。放射性污染物也属于无机污染物，包括铯、锶的化合物等，主要来源为核工业的废水、废气、废渣排放，一旦发生即引发毁灭性的打击。有机污染物主要包括有机农药、酚类、氰化物、石油及由城市污水、污泥等带来的有害微生物等。我国是农业大国，根据联合国粮食及农业组织(FAO)的数据统计，1990—2014年，我国农药用量呈稳步上升的趋势，在2010年前位居世界第二。2015—2020年，我国实行了农药和化肥的"双减"政策，农药使用量逐年减少，使用量位居世界第三。我国曾经生产和广泛使用过的杀虫剂类持久性有机污染物(POPs)主要有滴滴涕、六氯苯、氯丹及灭蚁灵等，有些农药尽管已经禁用多年，但土壤中仍有残留。近年来，塑料地膜地面覆盖栽培技术发展很快，由于管理不善，部分膜弃于田间，也成为一种新的有机污染物。此外，污水灌溉对农田土壤造成了大面积污染，如沈阳张士灌区用污水灌溉20多年后，污染耕地2500多公顷，造成了严重的镉污染，每千克稻田含镉5~7毫克；天津近郊因污水灌溉导致2.3万公顷农田受到污染；广州近郊因为污水灌溉而污染农田2700公顷，因施用含污染物的底泥造成1333公顷的土壤被污染，污染面积占郊区耕地面积的46%。

除了上述理化因素的影响，土壤中还存在着生物污染现象。土壤生物污染是指一个或几个有害生物种群，从外界侵入土壤，大量繁殖，破坏原来的动态平衡，对人类健康与土壤生态系统造成不良影响。造成土壤生物污染的主要物质来源是未经处理的粪便、垃圾、城市生活污水、饲养场与屠宰场的污物等。其中危害最大的是传染病医院未经消毒处理的污水与污物。土壤生物不仅可能危害人体健康，有些长期在土壤中存活的植物病原体还能严重地危害植物，造成农业减产。

（三）土壤污染特点

土壤污染不同于大气污染和水污染，具有一定的特殊性。大气污染和水污染一般都比较直观，通过感官就能察觉。而土壤污染具有很强的隐蔽性，往往要通过土壤样品分析、农作物检测，甚至人畜健康的影响研究才能确定。因此，土壤污染从产生到发现问题通常需要较长时间，容易被忽视，具有滞后性。由于土壤的理化性质，污染物在土壤中并不像在大气和水体中那样容易扩散和稀释，因此极易不断积累而超标，具有累积性，同时也使土壤污染具有很强的地域性。加上由于土壤性质差异较大，而且污染物在土壤中迁移慢，导致土壤中污染物分布不均匀，空间变异性较大，具有不均匀性。土壤污染一旦发生，很多污染物需要很长时间才能降解，某些重金属对土壤的污染基本上是一个不可逆转的过程。因此，土壤污染很难靠稀释、自净作用来消除，治理成本较高，周期较长，难度大，具有难可逆性。

（四）土壤污染现状

2005 年 4 月至 2013 年 12 月，我国首次开展全国土壤污染状况调查，结果显示，全国土壤环境状况总体不容乐观，部分地区土壤污染较重，耕地土壤环境质量堪忧，工矿业废弃地土壤环境问题突出。工矿业、农业等人为活动以及土壤环境背景值高是造成土壤污染或超标的主要原因。全国土壤总的超标率为 16.1%，其中轻微、轻度、中度和重度污染点位比例分别为 11.2%、2.3%、1.5% 和 1.1%。污染类型以无机型为主，有机型次之，复合型污染比重较小。从污染分布情况看，南方土壤污染重于北方；长江三角洲、珠江三角洲、东北老工业基地等部分区域土壤污染问题较为突出，西南、中南地区土壤重金属超标范围较大；镉、汞、砷、铅四种无机污染物含量分布呈现从西北到东南、从东北到西南方向逐渐升高的态势。《2022 中国生态环境状况公报》显示，全国土壤环境风险得到基本管控，土壤污染加重趋势得到初步遏制，全国农用地安全利用率保持在 90% 以上，农用地土壤环境状况总体稳定，影响农用地土壤环境质量的主要污染物是重金属。现阶段，我国的土壤污染问题不容乐观，防治土壤污染，保障农产品质量安全是我国乡村振兴和生态文明建设的重大战略需求。

四、食品污染

（一）食品污染概述

食品是指可供人类食用或饮用的物质，包括加工食品、半成品和未加工食品，以及按照传统既是食品又是药品的物品，但是不包括以治疗为目的的物品。食品生产时，在种植或饲养、生长、收割或宰杀、加工、贮存、运输、销售到食用前的各个环节中，由于环境或人为因素的作用，可能使食品受到有毒有害物质的侵袭而造成污染，或者食品中存在天然有害物质，使食品的营养价值和卫生质量降低，对人类产生危害，这个过程就是食品污染。

食品污染

（二）食品污染种类

根据污染物性质，食品污染可分为生物性污染、化学性污染、物理性污染三类。

1. 生物性污染

生物性食品污染主要是由有害微生物、寄生虫及其虫卵和昆虫等引起。其中，微生物主要包括细菌与细菌毒素、霉菌与霉菌毒素、病毒（如肝炎病毒、脊髓灰质炎病毒、口蹄疫病毒）等；寄生虫包括寄生虫本身及其虫卵；昆虫种类较多，甲虫、蛾、蝇等都有可能造成食品污染问题。

（1）微生物食品污染

日常生活中常见的蔬菜水果腐烂、鸡蛋变臭等现象，主要是微生物活动造成的。微生物中含有可分解各种有机物的多种酶类，污染食品后在适宜条件下大量生长繁殖，将食品中的蛋白质、脂肪和糖类分解，使食品感官性状恶化，营养价值降低，甚至腐败变质。微生物可以直接污染食品原料，也可通过污染食品加工过程中的工具、容器、洗涤水等使食品腐败变质，还会在食品贮存、运输、销售中对食品造成污染，污染程度因不同的食品品种和来源及微生物种类而异。肉、鱼、蛋和奶等动物性食品易被微生物及其毒素污染，导致食用者发生微生物食物中毒和人畜共患的传染病。

细菌污染是最常见的食品污染之一，全世界所有食源性疾病暴发案例中，有60%以上为细菌性致病菌污染食物所致。沙门氏菌、大肠埃希菌、金黄色葡萄球菌、致病性链球菌、副溶血性弧菌、志贺菌、李斯特菌等都是常见的食品污染细菌。被这些致病菌及其毒素污染的食品，特别是动物性食品，如果食用前没有及时加热处理，极易引起感染性腹泻、细菌性痢疾、布鲁氏菌病（波状热）等疾病。食品细菌污染主要从两个方面进行评价，一是细菌总数，即1克或1毫升食品中所含的细菌数目，一般认为每克细菌总数达到100万~1000万个的食品可能引起食物中毒；二是大肠菌群，即食品的粪便污染指标，其高低表明食品受粪便污染的程度。需要注意的是，大肠菌群试验并不适用于所有食品的卫生检验，如对冷冻的热处理蔬菜、肉类及鱼贝类食品的卫生检验等。

真菌的种类很多，其中与食品关系较为密切的是霉菌。霉菌广泛分布于自然界，部分霉菌菌株在适宜条件下，能产生有毒代谢产物，即霉菌毒素，如黄曲霉毒素、单端孢霉菌毒素等，对人畜都有很强的毒性，一次性大量摄入被霉菌及其毒素污染的食品，会造成食物中毒，长期摄入小量受污染食品也会引起慢性病或癌症。据调查，食物中黄曲霉毒素较高的地区，肝癌发病率比其他地区高几十倍。霉菌及其产生的毒素对食品的污染多见于南方多雨地区，表现为明显的地方性和季节性。我国华东、中南地区气候温湿，黄曲霉毒素的污染比较普遍，主要污染花生、玉米，其次是大米等食品。为了确保食品安全，各国针对食品霉菌污染制定了一系列的标准，包括食品霉菌限量标准和毒素限量标准。霉菌限量标准规定了食品中霉菌的最大容许限量，各国的限量标准不同，通常根据食品类型和使用目的进行区分；毒素限量标准主要根据具体毒素和食品类型进行规定，如黄曲霉毒素在谷类制品中的限量为每千克10微克。

除细菌、真菌污染外，由病毒污染食品而带来的潜在危害也急剧增加。通常来说，病毒在食品中不能繁殖，但食品却是病毒存留的良好生态环境。病毒有许多机会以不同的方式污染食品，如水产品、禽、奶乳、肉类、蔬菜和水果等，在其加工制作前已被病毒污染者为原发性病毒污染，在食品的收获、贮存、加工、运输和销售过程中被病毒污染为继发性病毒污染，污染源可能是污水、携带病毒的食品从业人员和生物媒介（苍蝇、蚂蚁、蟑螂、老鼠等）。1988年年初，上海市区居民因食受甲型肝炎病毒污染的毛蚶而发生甲型肝炎暴发流行，发病人数超过30万；1991年在印度坎普尔地区因水源被粪便污染，曾引起戊型肝炎大流行；在美国、意大利和澳大利亚也曾有因食牡蛎、蛤和贻贝而导致甲型肝炎暴发。目前，以食物为载体，导致人类患病的病毒，如脊髓灰质炎病毒、轮状病毒、冠状病毒、环状病毒和戊型肝炎病毒，以及以畜产品为载体传播的病毒，如禽流感病毒、朊病毒和口蹄疫病毒，已引起国内外学者的广泛注意。

（2）寄生虫食品污染

寄生虫食品污染是指寄生虫存在于食品内部或寄生虫附着于食品中。前者是指寄生虫幼虫，而后者多为寄生虫的卵和囊虫。污染食品的寄生虫主要有蛔虫、绦虫、华支睾吸虫和旋毛虫等，污染源主要是病人、病畜和水生物。这些寄生虫一般是通过病人或病畜的粪便污染水源、土壤，然后感染畜、鱼类、水果和蔬菜等，人一旦食用便会生病。因生食或半生食含有感染期寄生虫的食品而感染的疾病被称为食源性寄生虫病，如华支睾吸虫病（肝吸虫病）、并殖吸虫病（肺吸虫病）、带绦虫病等。人们常因食用未经充分煮熟的含有肝吸虫囊蚴的淡水鱼或淡水虾而感染肝吸虫病，生食或半生食含有囊蚴的溪蟹、蝲蛄导致肺吸虫病，生食或半生食含有囊尾蚴的猪肉（俗称"米猪肉"）导致猪带绦虫病。我国地域辽阔、人口众多，食源性寄生虫病种类多，多数流行寄生虫病具有一定地域性。为了解和分析我国人体重要寄生虫病流行现状和态势，卫生部于2001—2004年在31个省、自治区、直辖市组织开展了人体重要寄生虫病现状调查。调查发现，因华支睾吸虫感染而引起的肝吸虫病为代表的食源性寄生虫病较为严重，估计感染者有1200多万。随着人民生活水平的提高，饮食来源和方式的多样化，由食源性寄生虫病造成的食品安全问题将越加突出。

（3）昆虫食品污染

粮食和各种食品的贮存条件不良，容易滋生各种仓储害虫，如粮食中的甲虫类和蛾类，鱼、肉、酱或咸菜中的蝇蛆以及咸鱼中的皮蠹（dù）幼虫等。昆虫污染可使大量食品遭到破坏，但尚未发现受昆虫污染的食品对人体健康造成显著的危害。

2. 化学性污染

化学性污染是指由有害有毒的化学物质引起的食品污染。2015年，"史上最严"《中华人民共和国食品安全法》中建立了覆盖食品生产、流通、餐饮服务、食用农产品销售等环节的全过程监管制度。大量使用化学农药是造成食品化学性污染的重要原因。农药污染食品的主要途径是通过喷洒在作物上而造成直接污染，还有部分农药会在土壤中被植物根部吸收，或通过食物链富集在其他生物体内。常见的容易对食品造成污染的农药包括有机氯农药、有机磷农药、有机汞农药等。此外，食品添加剂、食品包装容器的不合理使用及工业"三废"的排放也是引起食品化学性污染的重要因素。在食品的运输、储存和加工过程中，人们常常往食品中添加一些化学成分，如防腐剂、抗氧化剂、甜味剂、调味剂、着色剂等，其中不少添加剂具有一定的毒性；不符合卫生要求的包装容器，如废报纸、旧杂志、塑料等，可能含有苯并(a)芘、多氯联苯、氯乙烯等化学有害物质，可在接触食品时转移进入食品；工业"三废"的不合理排放所造成的环境污染也会通过食物链危害人体健康。

3. 物理性污染

食品的物理性污染通常指食品生产加工过程中的杂质超过规定的含量，或食品吸附、吸收外来的放射性核素所引起的食品质量安全问题，其污染物主要来源于多种非化学性的杂物，如在食品生产、运输过程中不小心混入的草籽、杂物、灰尘等，还有一些食品的掺假现象，如肉中注入的水等。虽然可能并不直接威胁人类健康，但也严重影响了食品的感官性状及营养价值。还有一类物理性污染为放射性污染。放射性物质的污染主要是通过水及土壤污染农作物、水产品、饲料等，经过生物圈进入食品，并且可通过食物链转移。这些放射性物质有的是天然存在的，广泛存在于矿石、土壤等自然环境中。还有一部分来源于核试验降沉物、核电站和核工业废物排放、意外事故泄漏等。一些生物，特别是水生生物对某些放射性核素有很强的富集作用，如某些鱼类能富集铯137和锶90，软体动物能富集锶90，牡蛎能富集大量锌65，某些鱼类能富集铁55等，对人体造成不良影响。

（三）食品污染危害

随着当今社会的高速发展，食品污染物的来源越来越广泛，既有来自食品原材料、加工制作过程的污染物，也有来自食品贮存、运输、销售等环节的污染物。无论何种类型的食品污染物，均会对人们的身体健康构成严重危害。若一次大量摄入受污染的食品，可引起急性食物中毒，出现恶心、呕吐、腹痛、腹泻等胃肠道症状，严重者还可出现肢体无力、神经麻木，甚至休克昏迷等。长期少量摄入受污染的食品，可引起慢性中毒。例如，摄入残留有机汞农药的粮食数月后，会出现周身乏力、尿汞含量增高等症状；长期摄入微量黄曲霉毒素污染的粮食能引起肝细胞变性、坏死、脂肪浸润和胆管上皮细胞增生，甚至发生癌变。由于慢性中毒发现时往往病症已达到一定程度，且原因较难追查，所以应格外重视。

食品安全和营养关系到每个家庭、每个人的健康。2009年，《中华人民共和国食品安全法》于十一届全国人大常委会第七次会议通过，在我国食品安全领域具有重要意义。2015年，十二届全国人大常委会第十四次会议修订的《中华人民共和国食品安全法》在当时被称为"史上最严"，建立了覆盖食品生产、流通、餐饮服务、食用农产品销售等环节的全过程监管制度。目前，我国建立了国家、省、市、县四级食品污染和有害因素监测、食源性疾病监测两大监测网络以及国家食品安全风险评估体系。食品污染和有害因素监测已覆盖99%的县区，食源性疾病监测已覆盖7万余家各级医疗机构；已发布食品安全国家标准1419项，包含2万余项指标；在风险监测评估方面，食品污染物和有害因素监测食品类别涵盖我国居民日常消费的粮油、蔬果、蛋奶、肉禽、水产等全部32个大类食品。

同时食品安全检测技术不断创新，包括气相色谱技术、液相色谱技术、酶联免疫吸附技术、生物芯片技术以及快速检测技术等。

五、垃圾污染

（一）垃圾污染概述

垃圾是指在生产建设、日常生活和其他活动中产生的污染环境的固态、半固态废弃物质。随着社会经济的发展，人民生活水平提高，垃圾的产量也与日俱增。1983年，北京三环路与四环路的环带区垃圾成堆，50平方米以上的垃圾堆就有4700多座，最终斥资23亿元才逐渐解决。

垃圾污染

2013年《中国青年报》报道，北京市日产垃圾1.84万吨，如果用装载量为2.5吨的卡车来运输，长度接近50千米，能够排满三环路一圈；上海市每天生活垃圾清运量高达2万吨，每16天积攒的生活垃圾就可以堆出一幢金茂大厦；广州市每天产生的生活垃圾也多达1.8万吨，全国有三分之一以上的城市被垃圾包围……2015年，中国人民大学国家发展与战略研究院基于2006—2012年的公开统计数据，结合案例调查，发布了《我国城市生活垃圾管理状况评估报告》，其中显示，中国城市生活垃圾清运量大、增长速度快，从1979年的2508万吨增长至2012年的17 081万吨，增加了5.8倍。据经济合作与发展组织（OECD）统计，2016年中国城市总计生活垃圾产生量与1996年相比增长了88%，而OECD欧洲国家城市生活垃圾产生量在1996—2016年仅增长了10%。到了2017年，生态环境部数据显示，我国202个大中城市生活垃圾产生量20 194.4万吨且同比仍在增长；2018年，我国200个大中城市生活垃圾产生量21 147.3万吨；2019年，我国196个大、中城市生活垃圾产生量23 560.2万吨，约三分之二的大中型城市饱受垃圾困扰。"垃圾围城"已成为当今中国各大城市普遍现象，我国也成为全球垃圾治理压力最大的国家之一。

"垃圾围城"不单是在城市中普遍存在的现象，也蔓延到了农村。农村生活垃圾普遍得不到及时处理，而一些城市将生活垃圾、建筑垃圾运至城郊乡村地区，很多农村成了城市的"垃圾处理场"，也加剧了农村垃圾污染的现象。2013年，时任环保部部长周生贤指出，全国4万个乡镇、近60万个行政村大部分没有环保基础设施，每年产生生活垃圾2.8亿吨，不少地方还处于"垃圾靠风刮，污水靠蒸发"的状态；2016年，时任环保部部长陈吉宁指出，我国的环境污染正在进行一场"上山下乡"，即工业污染正由东部向中西部转移、由城市向农村转移，农村遭受环境污染的比例不断上升。

垃圾污染对人类健康及城市污染有很大危害。目前大多数的垃圾处理方式为露天直接堆放或简易填埋，侵占了大量土地。据2014年统计，全国城市垃圾堆存累计侵占土地超过5亿平方米，不仅造成了大量土地资源的浪费，还成为蚊、蝇、蟑螂和老鼠等有害生物的滋生地。同时，许多垃圾本身含有的致病微生物及其在堆放腐败过程中产生的大量有机污染物，都会在一定程度上传播疾病，危害居民健康。此外，目前的生活垃圾中，废塑料占三分之一以上，这些物质很难自然分解，如果就地填埋，会改变土壤结构，影响植物根系的生长，地表水和地下水也会受到影响，直接威胁到人民生命安全；如果进行焚烧，有产生毒气的风险。随着中国经济不断增长，城镇化进程加快，城市垃圾体量正以 8% ~ 10% 的年均增长率攀高，由这些垃圾带来的种种问题也逐渐暴露出来，如何科学管理与无害化处理各项垃圾已成为我国城市可持续发展所面临的严峻挑战之一。

（二）垃圾处理方法

生活垃圾的处理，指的是收集和运输固体垃圾，对其进行无害化的处理，再进行科学规划。垃圾处理包括分类收集、中间装载和终端处理。通过无害处理、全面利用和减量化等方式，降低城市垃圾对周围环境造成的影响。2000 年，我国颁布实施的《城市生活垃圾处理及污染防治技术政策》指出："在具备卫生填埋场地资源和自然条件适宜的城市，以卫生填埋作为垃圾处理的基本方案；在具备经济条件、垃圾热值条件和缺乏卫生填埋场地资源的城市，可发展焚烧处理技术；积极发展适宜的生物处理技术，鼓励采用综合处理方式。"

1. 卫生填埋

中国生活垃圾填埋始于 20 世纪 80 年代末，直至今日，卫生填埋依然是我国生活垃圾最主要的处置方式。卫生填埋是在填埋场的底部铺垫防渗透隔离层，将垃圾埋在地下，通常选择非城市区域进行，采用单元填埋法，即将垃圾填埋场地划分为小单元，按照垃圾卸料、垃圾铺平、垃圾压实、表面覆盖的顺序进行填埋。卫生填埋场接纳各类废弃物，处理能力强，初期投资和运行费用不高，但对场地要求比较多，且会侵占大量土地，特别是在人口密集、垃圾产生量大的城市地区，卫生填埋受到了越来越多的限制。《京津冀发展报告（2013）——承载力测度与对策》指出，按照当时垃圾产生量和填埋速度，北京大部分垃圾填埋场将在 4~5 年填满封场。单就解决垃圾填埋问题，从 2011—2020 年，北京就需要 3200 亩土地。除此之外，传统填埋后垃圾会逐渐分解，并产生渗滤液和沼气。前者是由垃圾中的水分和化学物质混合而成，包含多种有害物质，极易污染地下水；后者则是垃圾中的有机物质分解后产生的混合气体，包含甲烷、二氧化碳等，对大气环境造成污染，不仅造成填埋场区内环境污染，也影响填埋场周边居民生活环境及土地资源利用价值。

由于卫生填埋需要占用大量土地资源且容易造成垃圾填埋气、渗滤液等二次污染，实际操作时需要一整套科学、复杂的工程设计，从填埋场的基础、填埋气的回收利用、渗滤液收集处理、封场后填埋场安全等几方面综合考虑。欧盟国家从 20 世纪 90 年代起就颁布法令，对垃圾填埋场进行限制和严格监控，如对垃圾填埋场周围水质进行检测。如果不使用填埋气进行发电，就必须对沼气进行处理，减少甲烷的温室效应。美国则限制填埋场的数量和容量。

2. 焚烧处理

焚烧处理是通过高温燃烧将垃圾转化为热能或电力，是世界各国普遍使用的一种垃圾处理方式，目前我国约三成垃圾通过此种方法处理。垃圾焚烧处理不需要占用过多土地面积，且处理后垃圾质量可减少 80% 以上，减容减量程度高。与此同时，焚烧过程中的高温可消灭垃圾中的病原体和有害物质，产生的热能可用来供热及发电。但焚烧处理投资与管理成本较高，整套设备运行过程比较复杂，如果技术落后或监控不到位，焚烧时会产生大量的二氧化碳、二噁英、一氧化碳、氮氧化物等有害气体，对环境造成二次污染，因此，对于是否在我国大规模使用焚烧技术进行垃圾处理始终存在争议。

3. 堆肥处理

垃圾堆肥处理是指利用土壤微生物如细菌、真菌等的生化作用，在人工控制条件下，将生活垃圾中有机质分解、腐熟，转换成稳定的类似腐殖质土壤的物质，用作肥料或改良土壤。垃圾堆肥技术在中国农业生产中早有应用，1920 年开始进行科学研究。按细菌分解的作用原理可分为高温好氧法和低温厌氧法堆肥；按堆肥方法可分为露天堆肥法和机械堆肥法。堆肥处理工艺简单，适合处理易腐有机物较高的垃圾，但无法彻底处理所有垃圾，一般需要同时采用其他的处理方式。由于堆肥技术对于垃圾的成分要求较高且垃圾中不能有大颗粒杂质，垃圾堆肥产生的肥料质量不稳定，一旦在堆肥过程中产生有毒有害物质，将影响农作物的生长和人类健康，因此并没有大量使用。

随着科技进步，垃圾厌氧消化处理、机械生物处理、热解处理、气化处理等新的处理工艺，也开始发展起来。

（三）垃圾分类

随着中国经济快速发展和人民生活水平日益提高，我国生活垃圾产量剧增，尽管通过焚烧、填埋等方式可处理一部分垃圾，但如果在不确定垃圾组成的情况下，盲目使用某种垃圾处理方式，可能无法保证环境安全。为了更好地解决垃圾问题，首要任务就是进行垃圾分类。

垃圾分类是指按一定规定或标准（通常是按照成分、属性、利用价值及对环境的影响），根据不同处置方式的要求，将垃圾分类贮存、分类投放、分类搬运与处理。高效的垃圾分类不仅可以减少环境污染，还能提高垃圾的资源价值和经济价值。据估算，每回收 1 吨废纸可节省 300 千克木材，比等量生产减少污染 74%；每回收 1 吨塑料瓶可获得 0.7 吨二级原料；每回收 1 吨废钢铁可炼好钢 0.9 吨，减少空气污染 75%，减少 97% 的水污染和固体废物，可以看出，垃圾分类具有生态、社会、经济三方面的效益。根据《生活垃圾分类标志》（GB/T 19095—2019），我国生活垃圾可分为四大类，即可回收物、有害垃圾、厨余垃圾、其他垃圾。可回收垃圾是指在日常生活中产生的，已经失去原有全部或者部分使用价值，回收后经过再加工可以成为生产原料或者经过整理可以再利用的物品，包括纸类、塑料、金属、玻璃、织物五小类；厨余垃圾是指生活产生的菜叶、瓜果皮核、剩菜剩饭等食品类废物，包括家庭厨余垃圾、餐厨垃圾、其他厨余垃圾三小类，也称为湿垃圾；有害垃圾是指生活垃圾中的有毒有害、需要特殊安全处理的物质，包括灯管、家用化学品、电池三小类；其他垃圾是指除上述之外的生活垃圾，也称为干垃圾。除上述四大类外，家具、家用电器等大件垃圾和装修垃圾应单独分类。

中国很早便出现了垃圾分类的雏形，即废品回收者回收有价值的废弃物；1992 年，国务院颁布的《城市市容和环境卫生管理条例》规定，要对生活垃圾逐步进行分类收集、运输和处理；1996 年实施的《固体废物污染环境防治法》在污染防治层面规定了对生活垃圾的处理；2000 年 4 月，建设部召开城市生活垃圾分类试点会议，随后，北京、上海、广州、深圳、厦门等 8 个城市作为城市垃圾分类收集试点城市，正式拉开了我国垃圾分类工作的序幕；2015 年，国务院印发《生态文明体制改革总体方案》，提出要加快建立垃圾分类制度；2016 年，《"十三五"全国城镇生活垃圾无害化处理设施建设规划》提出，要从生活垃圾的分类投放、运输、回收、处理等环节建立相互衔接的全过程管理体系，垃圾分类的关注点扩大到垃圾分类处理的全过程；2017 年，《生活垃圾分类制度实施方案》提出，要加快建立分类投放、收集、运输、处置的垃圾处理系统，加强与生活垃圾分类配套法律法规和标准体系建设，明确提出到 2020 年年底之前，要在 46 座生活垃圾分类示范城市率先实施生活垃圾分类制度，意味着我国生活垃圾分类制度得到基本确立；2019 年 6 月，住建部、发改委、生态环境部等九部门联合印发《住房和城乡建设部等部门关于在全国地级及以上城市全面开展生活垃圾分类工作的通知》，提出全国地级及以上城市全面启动生活垃圾分类工作。2019 年 7 月，《上海市生活垃圾管理条例》正式实施，上海成为中国真正实现社区居民自主分类与投放垃圾分类试点的城市，随后北京、广州、重庆、郑州等地也相继起草城市生活垃圾管理的相关法规。2021 年 1 月 1 日，《广东省城乡生活垃圾管理条例》《西安市生活垃圾分类管理条例》等条例正式实施，2022 年 10 月，我国有 86 个城市根据相关法律规定，在考量各地实际情况的基础上，制定了生活垃圾分类管理的地方性法规或规章，确立了生活垃圾管理工作具体分类标准和实施细则。截至 2023 年年末，全国城市生活垃圾无害化处理率 99.98%，比上年增加 0.08%，生活垃圾无害化处理能力 114.44 万吨/天，同比增长 3.15%。其中，焚烧处理能力同比增长 5.30%。城市生活垃圾处理不当，会对自然环境造成巨大影响。目前，我国还未形成有效的垃圾治理体系，垃圾分类有一定难度，垃圾处理技术还有待提高，垃圾治理问题任重而道远。

◈ 实践活动

环境污染知识竞赛

一、竞赛目的
为更好检验课程所学，提高学生对知识的掌握程度，开展知识竞赛。

二、竞赛过程
在课堂上留出 10~15 分钟，老师作为主持人，开展知识抢答活动。由老师念出题目，学生根据所学，进行抢答，答对者可获得相应分数奖励或奖品。知识抢答题目可参考下列题目，或根据实际情况做调整。例题如下：

1. 请说出它们是什么？
雾；霾；$PM_{2.5}$；水污染；水体富营养化；土壤污染；食品污染；垃圾分类。

2. 请填空：
(1)雾霾中污染物的组成，按照形态可分为（　　　　）和（　　　　）。
(2)（　　　　）和（　　　　）是表征环境空气质量的两个主要污染物指标。
(3)人类生产活动造成的水体污染主要有（　　　　）、（　　　　）和（　　　　）三个污染源。

(4)(　　　　)依然是我国目前生活垃圾最主要的处置方式。

(5)我国生活垃圾目前可分为(　　　　)、(　　　　)、(　　　　)和(　　　　)四大类。

3. 请选择正确答案：

(1)食品污染种类包括(　　)。

A. 生物性污染　　　　　　B. 微生物污染　　　　　　C. 化学性污染

D. 农药污染　　　　　　　E. 物理性污染

(2)食品污染主要由哪些原因造成？(　　)

A. 食品中存在天然有害物　　B. 存放环境污染物　　　　C. 滥用食品添加剂

D. 食品加工、贮存、运输及烹调过程中产生污染或工具、使用工具时产生污染

(3)目前国际上通行的垃圾处理方式主要有(　　)。

A. 填埋　　　　　　　　　　B. 焚烧　　　　　　　　　C. 综合利用(再生循环利用)

4. 请判断下列说法是否正确：

(1)空气组分并不是一成不变，当大气中出现新的物质或是空气中某种成分的含量超出或少于其自然状态下的平均值，达到有害的程度，影响了地球生物的正常发育和生长，给人类造成危害，这就是人们所说的大气污染。(　　　　)

(2)土壤污染具有很强的地域性，加上污染物在其中分布不均匀，容易被发现。(　　　　)

(3)生物性食品污染主要是由有害微生物、寄生虫及其虫卵和昆虫等引起。(　　　　)

❖ 课后评价

评价项目	评价内容	权重
学习过程评价	对学生出勤率、学习态度、提问和回答问题、交流讨论等情况进行评价	70%
实践活动评价	学生抢答，答对题目得分，正确率越高、答题越多、累计分数越多	30%

❖ 学习延伸

世界水日与世界土壤日

相关法规

自然资源短缺

✧ 学习目标

1. 掌握能源的定义和分类。
2. 了解能源危机的情况。
3. 了解我国水资源的现状。
4. 掌握耕地的定义，了解我国耕地资源的现状。
5. 了解森林资源减少的原因。

✧ 学习建议

理论与实践相结合，学习有关自然资源短缺的基本知识，与节约资源的实际行动相结合，思考如何合理使用水资源、电力等，积极倡导和践行节约资源的理念，带动身边的人一起参与。

✧ 项目导入

走进石油

石油，是一种复杂的混合物，是地质变化的独特产物。它深藏在地底深处，犹如大地的秘密，默默等待着人类的发现和开采。石油的形态和组成取决于地壳中岩石和液体的相互作用，经过数百万年的压缩和加热，才形成了我们今天所熟知的石油。

石油主要是由碳和氢组成的烃类化合物。这些烃类化合物在高温和压力下可以分解，释放出大量的能量。这就是石油作为燃料和汽油的主要来源，能够为现代社会提供源源不断的动力。除了作为燃料，石油也是许多化学工业产品的重要原料。它能够被转化为各种化合物，如溶剂、化肥、杀虫剂和塑料等。这些化合物在人们的日常生活中有着广泛的应用，为人们的生活带来了便利和进步。

然而，石油这种珍贵的资源，是一种不可再生资源，石油资源短缺是一个全球性的难题，并且这个问题的严重性日益凸显。随着时间的推移，地球上的石油资源逐渐减少，而人类对石油的需求却不断增长。这种供需矛盾使得石油价格不断攀升，同时也给全球经济带来了巨大的压力。石油资源的短缺不仅影响了各国的经济发展，也给人们的日常生活带来了很大的不便。由于石油资源的稀缺性，各国都在努力寻找替代能源，以减少对石油的依赖。但是，目前还没有找到一种完全替代石油的能源，因此，石油资源的短缺仍然是一个亟待解决的问题。

为了解决这个问题，各国政府和企业都在采取措施，以增加石油资源的供给。例如，通过开发新的油田、提高采油技术、加强国际合作等方式来增加石油的产量。同时，也在积极推动新能源的发展，如太阳能、风能、水能等，这些新能源具有可持续性和环保性，可以减少人们对石油资源的依赖，从而缓解石油资源短缺问题。

思考：我国石油消费严重依赖进口将会带来哪些影响？

◈ 知识链接

一、能源危机

什么是能源？《科学技术百科全书》说：能源是指可以从其获得热、光合动力之类能量的资源；《大英百科全书》说：能源是一个包括所有燃料、流水、阳光和风的术语，人类用适当的转换手段便可让它为自己提供能量；《日本大百科全书》说：在各种生产活动中，我们利用热能、机械能、光能、电能等来做功，可以利用作为这些能量源泉的自然界中的各种载体，称为能源；我国的《能源百科全书》说：能源是可以直接或经转换提供人类所需的光、热、动力等任一形式能量的载能体资源。可见，能源是呈多种形式的，且可以相互转换的能量资源。确切而简单地说，能源是自然界中能为人类提供某种形式能量的物质资源。

能源可以根据不同的标准划分成不同形式的能源，如按能源的产生周期分为可再生能源和不可再生能源，按能源的使用性能分为燃料型能源和非燃料型能源，按能源的技术利用状况分为常规能源和非常规能源。但实际应用中，人们一般都按照能源的形成条件将其分为一次能源和二次能源。一次能源是指自然界现成存在，并可直接取得而不改变其基本形态的能源，如原煤、石油、天然气、水能、生物质能、地热能、风能、太阳能等；二次能源是指由一次能源过加工而转换成另一种形态的能源产品，如电能、蒸汽、焦炭、煤气以及各种石油制品等。其中，一次能源中非再生能源主要包括煤炭、石油和天然气等，再生能源主要有水能、风能和太阳能等；而目前二次能源以电能为主。除此之外，人们一般又将煤炭、石油、天然气等化石能源称为常规能源，而相对常规能源而言，利用新技术或新材料而获得的新的其他能源，称为新能源。新能源一般属于可再生能源，主要包括太阳能、风能、生物质能、海洋能、地热能和氢能等（表2-2-1）。

表 2-2-1　能源的分类

能源的技术利用状况			生长周期	
			可再生能源	不可再生能源
一次能源	常规能源	商品能源	水能（大型）、核能（增殖堆）、地热能	化石燃料（煤炭、石油、天然气）、核能
		传统能源	生物质能（薪柴、秸秆、粪便等）、太阳能（自然干燥等）、水能（水车等）、风能（风车、风帆等）、畜力	
	非常规能源	新源能	生物质能（燃料作物制沼气等）、太阳能（收集器、光电池等）、水能（小水电等）、风能（风力机等）、海洋能	
二次能源	电能、煤炭、沼气、汽油、煤油、重油等油制品，蒸汽、热水、压缩空气、氢能等			

　　能源危机是指因为能源供应短缺或是价格上涨而影响经济发展，这通常涉及石油、电能或其他自然资源的短缺。能源危机通常会造成经济衰退，对于消费者来说，汽车或其他交通工具所使用的石油产品价格上涨，降低了消费者的使用率并增加了使用成本。市场经济下的能源价格受供需关系的影响，供需关系中的供给或需求发生改变都可以导致能源价格的变化。

　　对于发展中国家而言，能源危机是一个尤为严峻的问题，会对经济和社会发展产生重大影响，并制约其融入全球经济一体化的进程。能源危机的产生主要源于能源供需失衡、过度消耗、污染和破坏等多重因素。

二、水资源短缺

　　根据世界气象组织（WMO）和联合国教科文组织（UNESCO）2012 年发布的《国际水文学名词术语》（第三版）（*International Glossary of Hydrology*）中有关水资源的定义，水资源是指可资利用或有可能被利用的水源，这个水源应具有足够的数量和合适的质量，并满足某一地方在一段时间内具体利用的需求。

水资源短缺

　　水不仅是构成身体的主要成分，而且有许多生理功能。

　　人的体液由水、电解质、低分子有机化合物和蛋白质等组成，广泛分布在组织细胞内外，构成人体的内环境。其中细胞内液约占体重的 40%，细胞外液占 20%（其中血浆占 5%，组织间液占 15%）。水是机体物质代谢必不可少的物质，细胞必须从组织间液摄取营养，而营养物质溶于水才能被充分吸收，物质代谢的中间产物和终产物也必须通过组织间液运送和排除。

　　在地球上，天然水资源包括河川径流、地下水、积雪和冰川、湖泊水、沼泽水、海水。按水质划分为淡水和咸水。随着科学技术的发展，能够被人类利用的水增多，如海水淡化、人工催化降水、南极大陆冰川利用等。各种水资源时空分布不均，天然水资源量不等于可利用水量，往往采用修筑水库来调蓄水源，或采用回收和处理的办法利用工业和生活污水，扩大水资源的利用。水资源是可再生资源，可以重复多次使用；出现年内和年际量的变化，具有一定的周期和规律；储存形式和运动过程受自然地理因素和人类活动的影响。

　　水资源短缺是指淡水资源在时间和空间上分布不均及水污染等问题导致可利用水资源量不足。这是全球性的问题，也是我国的基本国情之一。我国是一个水资源严重短缺的国家，淡水资源总量为 28 000 亿立方米，人均占有量仅为 2300 立方米，是世界人均水平的 1/4，排在世界第 121 位，是世界上 13 个贫水国家之一。合理利用水资源，保护水资源，节约用水，开展节水型社会建设是解决水资源短缺问题的根本途径。

　　水利部公布 2022 年《中国水资源公报》显示，2022 年，全国降水量和水资源量比多年平均值偏少，且水资源时空分布不均。全国平均年降水量为 631.5 毫米，比多年平均值偏少 2.0%，比 2021 年减少 8.7%。全国水资源总量为 27 088.1 亿立方米，比多年平均值偏少 1.9%，比 2021 年减少 8.6%。全国统计的 753 座大型水库和 3896 座中型水库年末蓄水总量比年初减少 406.2 亿立方米。全国供水总量和用水总量均为 5998.2 亿立方米，较 2021 年增加 78.0 亿立方米。其中，地表水源供水量为 4994.2 亿立方米，地下水源供水量为 828.2 亿立方米，其他（非常规）水源供水量为 175.8 亿立方米；生活用水量为 905.7 亿立方米，工业用水量为 968.4 亿立方米，农业用水量为 3781.3 亿立方米，人工生态环境补水量为 342.8 亿立方米。全国用水消耗总量为 3310.2 亿立方米。全国人均综合用水量为 425 立方米，万元国内生产总值（当年价）用水量为 49.6 立方米。耕地实际灌溉亩均用水量为 364 立方米，人均生活用水量为每天 176 升（其中人均城乡居民生活用水量为每天 125 升）。

三、耕地退化

耕地是指种植农作物的土地，包括熟地，新开发、复垦、整理地，休闲地（含轮歇地、轮作地）；以种植农作物（含蔬菜）为主，间有零星果树、桑树或其他树木的土地；平均每年能保证收获一季的已垦滩地和海涂。耕地中包括宽度固定（南方宽度<1.0 米，北方宽度<2.0 米）的沟、渠、路和地坎（埂），临时种植药材、草皮、花卉、苗木等的耕地，以及其他临时改变用途的耕地。耕地是粮食生产的"命根子"，事关国计民生，保耕地就是保生存、保发展、保未来。国家统计局数据显示，2022 年全国耕地总面积为 127.6 万平方千米。2019 年农业农村部全国耕地质量等级情况公报显示，全国耕地按质量等级由高到低依次划分为一至十等（表 2-2-2），平均等级为 4.76 等，较 2014 年提升了 0.35 个等级。其中评价为一至三等的耕地面积为 6.32 亿亩，占耕地总面积的 31.24%。这部分耕地基础地力较高，障碍因素不明显，应按照用养结合方式开展农业生产，确保耕地质量稳中有升。评价为四至六等的耕地面积为 9.47 亿亩，占耕地总面积的 46.81%。这部分耕地所处环境气候条件基本适宜，农田基础设施条件相对较好，障碍因素较不明显，是今后粮食增产的重点区域和重要突破口。评价为七至十等的耕地面积为 4.44 亿亩，占耕地总面积的 21.95%。

耕地退化

表 2-2-2　全国耕地质量等级面积比例及主要分布区域

耕地质量等级	面积（亿亩）	比例（%）	主要分布区域
一等地	1.38	6.82	东北区、长江中下游区、西南区、黄淮海区
二等地	2.01	9.94	东北区、黄淮海区、长江中下游区、西南区
三等地	2.93	14.48	东北区、黄淮海区、长江中下游区、西南区
四等地	3.50	17.30	东北区、黄淮海区、长江中下游区、西南区
五等地	3.41	16.86	长江中下游区、东北区、西南区、黄淮海区
六等地	2.56	12.65	长江中下游区、西南区、东北区、黄淮海区、内蒙古及长城沿线区
七等地	1.82	9.00	西南区、长江中下游区、黄土高原区、内蒙古及长城沿线区、华南区、甘新区

（续）

耕地质量等级	面积（亿亩）	比例（%）	主要分布区域
八等地	1.31	6.48	黄土高原区、长江中下游区、内蒙古及长城沿线区、西南区、华南区
九等地	0.70	3.46	黄土高原区、内蒙古及长城沿线区、长江中下游区、西南区、华南区
十等地	0.61	3.01	黄土高原区、黄淮海区、内蒙古及长城沿线区、华南区、西南区

我国耕地使用长期处于高强度、超负荷状态。部分地区生态环境脆弱，区域性耕地土壤退化加重。我国是多山国家，山区县面积占国土总面积2/3以上，耕地面积占全国的34.62%，常住农村人口占全国农村人口的52.85%。同时，山区县地形地貌复杂多样，光照、土壤质量、水源等条件空间差异明显，耕地破碎程度大，存在农业生产规模化的先天不足，而且除了经济作物外，种植果树、林木也是造成山区县耕地"非粮化"的主要潜在威胁。

耕地退化是指耕地受到人为因素、自然因素或人为、自然综合因素的干扰、破坏，改变了土地原有的内部结构、理化性状，导致土地环境日趋恶劣，逐步减少或失去该土地原先所具有的综合生产潜力。我国国土面积大，气候特点多样，耕地质量呈现东高西低的趋势，耕地资源自然禀赋不均衡、农业生产方式和种植模式不合理、耕地重用轻养比较普遍、耕地地力提升综合措施不匹配等，导致我国耕地质量总体不高、区域性退化严重，这既与自然因素有关，又与人为活动影响有关，特别是与利用管理不当关系密切。为了防止耕地退化，需要采取可持续的土地管理措施，同时需要加强土地保护和生态修复。

四、森林资源减少

森林资源是林地及其所生长的森林有机体的总称。其中以林木资源为主，还包括林中和林下植物、野生动物、土壤微生物及其他自然环境因子等资源。林地包括乔木林地、疏林地、灌木林地、林中空地、采伐迹地、火烧迹地、苗圃地和国家规划宜林地。

我国长期致力于提高森林覆盖率，采取了一系列措施来保护和发展森林资源。实施了大规模的植树造林工程，通过开展义务植树、退耕还林、天然林保护等行动，不断扩大森林面积。同时，加强了对森林资源的保护和管理，加大了对非法砍伐和盗伐的打击力度，保障了森林资源的可持续发展。

此外，广大人民群众也积极参与到森林保护和发展的行动中。许多企业和个人都积极参与植树造林活动，为保护和发展森林资源作出了自己的贡献。

1990—2015年，全球森林资源面积减少了19.35亿亩，而中国的森林面积增长了11.2亿亩。在森林面积增加的同时，中国林业产业总产值从2001年的4090亿元增加到2015年的5.94万亿元，15年增长了13.5倍，对7亿多农村人口脱贫致富作出了重大贡献，对"绿水青山就是金山银山"作出了最好的诠释。中国已成为世界上森林资源增长最多和林业产业发展最快的国家。

目前，我国森林覆盖率达 24.02%，森林面积达 2.31 亿公顷，森林可以向人类持续提供多种产品，包括木材、能源物质、动植物林副产品、化工医药资源等。木材加工及木竹制品制造已成为我国年产值超万亿元的产业。2022 年 3 月 30 日，习近平总书记在参加首都义务植树活动时指出，森林是水库、钱库、粮库、碳库，生动形象地阐明了森林在国家生态安全和人类经济社会可持续发展中的基础性、战略性地位与作用。

人类身处同一个地球，整体上看，全球森林资源的减少将会给人类带来一些负面影响。

1. 全球森林资源的减少将导致气候变化

森林中的植物可以吸收大量的二氧化碳，对减缓全球气候变暖发挥着十分重要的作用。然而，随着森林资源的减少，二氧化碳的吸收量将减少，大气中的二氧化碳含量将增加，进而加剧全球气候变暖，导致极端天气事件发生的频率和强度增加。

2. 全球森林资源的减少将对生物多样性产生不利影响

森林是许多生物的栖息地，其中包括一些濒临灭绝的动植物。随着森林资源的减少，这些物种的生存环境将受到破坏，失去栖息地，可能导致濒危生物的数量进一步减少甚至灭绝。

3. 全球森林资源的减少将对水资源产生影响

森林植物的根系可以保持土壤湿度，减缓水分的流失，涵养水源，进而保障了周边地区的水资源供应。随着森林资源的减少，土壤的保水能力将下降，可能导致干旱和洪涝等极端天气事件的增加，对人类的生存和发展带来不利影响。

4. 全球森林资源的减少将对人类社会产生影响

森林资源的减少将导致木材等自然资源的短缺，进而推高相关产品的价格。同时，由于环境恶化，人类的健康和生活质量也将受到影响。

◇ **实践活动**

能源知识竞赛

一、竞赛目的

激发学生自主学习和自主探究的精神，通过竞赛的形式，让更多的学生了解和掌握能源及环境保护的相关知识，从而为绿色校园、环保社会的建设贡献自己的力量。

二、竞赛规则

1. 必答题：每组派出一名队员，按顺序回答问题。答对一题得 10 分，答错不得分。每道题目有 30 秒的作答时间，超过时间未作答视为主动放弃。

2. 抢答题：答对一题得 20 分，答错不得分。

3. 风险题：分值分为 10 分、20 分、30 分三种类型。

最终根据小组积分，判定胜负。

三、竞赛总结

各组代表进行总结发言，总结通过本次能源知识竞赛取得的收获，以及在日常生活和学习中要如何节约能源。

例题如下：

1. 以下哪个国家最先面临能源危机？（　　　）

A. 美国　　　　　B. 俄罗斯　　　　　C. 中国　　　　　D. 沙特阿拉伯

2. 导致能源危机的主要原因是什么？（　　　）

A. 全球气候变化　　　　　　　　　B. 过度使用化石燃料

C. 核能事故　　　　　　　　　　　D. 缺乏可再生能源

3. 关于能源危机，以下哪个说法是正确的？（　　　）

A. 核能成为主要能源来源　　　　　B. 可再生能源得到快速发展

C. 石油、煤炭和天然气产量增加　　D. 电动汽车逐渐被人们抛弃

4. 对于解决能源危机，以下哪项措施是最有效的？（　　　）

A. 提高能源效率　　　　　　　　　B. 加速开发可再生能源

C. 减少能源消耗　　　　　　　　　D. 降低能源价格

5. 以下哪种能源类型可能成为未来的主导能源？（　　　）

A. 煤炭　　　　　B. 石油　　　　　C. 天然气　　　　　D. 可再生能源

6. 在解决能源危机的努力中，以下哪个领域最有可能取得突破？（　　　）

A. 核能　　　　　B. 人工智能　　　　　C. 可再生能源　　　　　D. 太空探索

7. 以下哪种能源类型可能成为未来主要的交通能源？（　　　）

A. 煤炭　　　　　B. 石油　　　　　C. 天然气　　　　　D. 电能

8. 对于缓解能源危机，以下哪项措施是最可持续的？（　　　）

A. 大规模开采化石燃料　　　　　　B. 提高能源价格

C. 发展公共交通和城市规划　　　　D. 使用生物燃料替代化石燃料

9. 以下哪个国家最有可能成为能源出口国？（　　　）

A. 印度　　　　　B. 巴西　　　　　C. 中国　　　　　D. 澳大利亚

10. 对于未来的能源政策，以下哪个观点是正确的？（　　　）

A. 应该大力发展核能，以解决能源危机

B. 应该大力支持传统能源，以保障经济发展

C. 应该大力推广可再生能源，以实现可持续发展

D. 应该大力发展人工智能，以优化能源管理

植树造林活动

随着人类对自然环境的破坏日益严重，森林覆盖率也在逐渐减少。为了增强人们的环保意识，倡导绿色生活，将阶段性组织植树造林活动，为地球母亲送上绿色的礼物。

一、目的

1. 提高公众对环保和植树的重视，增强绿色环保意识。

2. 通过实际行动，宣传和推广植树造林的意义和价值。

3. 为社会各界人士提供一个良好的交流平台，共同为环保事业贡献力量。

二、地点

市郊森林公园及需要植树的其他场所。

三、参与人员

学生及社会爱心人士等。

四、材料用具

树苗、植树、工具、浇灌水、手套、安全帽等。

五、内容

1. 主题宣讲：邀请林木种苗专家进行植树造林相关知识的宣讲，增强参与者的环保意识。

2. 植树活动：分组进行植树，按人数分发树苗，让每个参与者都有机会亲手种下一棵树。

3. 绿色承诺：让参与者写下自己的环保愿望，挂在树上，让愿望与树苗一起"成长"。

◈ 课后评价

评价项目	评价内容	权重
学习过程评价	对学生出勤率、学习态度、提问和回答问题、交流讨论等情况进行评价	50%
实践活动评价	1. 能源知识竞赛，学生答题，答题正确得分 2. 植树造林活动，根据学生的参与程度得分	30% 20%

◈ 学习延伸

14 年，近 30 万公顷——茫茫林海护林人

森林"四库"系列解读

全球气候变暖

◇ 学习目标

1. 掌握全球气候变暖的原因和影响，明确气候变暖两大因素。
2. 了解气候变化的趋势，学习全球气候变化的适应对策。
3. 树立尊重自然、顺应自然、保护自然的生态文明理念，强化责任担当，培养自主探究、解决问题和理论联系实际的能力。

◇ 学习建议

借助网络资源和书籍，学习气候变暖对不同地区、不同领域的影响程度，学习国内外应对气候变化的政策措施和实践经验。教学中注意案例分析、讨论，课后进行实践活动。

◇ 项目导入

气候变化的影响

全球正在经历以气温和大气温室气体浓度升高为特征的气候变暖。气候变化是当今国际社会关注的热点问题之一，温室气体排放导致温度升高、干旱频发、生物多样性丧失等严重后果，阻碍了生态系统的可持续发展，成为当前全球多个学科共同关注的重大课题。氧化亚氮、甲烷和二氧化碳是大气中三种主要的温室气体，对温室效应的贡献率高达80%。二氧化碳浓度已经由工业革命前的$280×10^{-3}$毫升/升增长到目前的$410×10^{-3}$毫升/升。在百年尺度上，氧化亚氮和甲烷的全球变暖潜势分别是二氧化碳的298倍和28倍，是一种存在时间长、作用潜力大的温室气体，氧化亚氮和甲烷虽然在大气中的含量较低，但其增长速度快、增温高等特点不容忽视。随着气温的升高，极地冰盖和冰川融化速度加快，北极海冰面积在夏季已经大幅减少，而格陵兰和南极的冰盖也在加速融化，导致海平面上升，直接威胁到沿海城市和低洼岛屿，可能导致洪水、侵蚀和盐水入侵，影响人类居住和农业生产。气候变化导致栖息地丧失、物种迁移和生态系统失衡，对生物多样性造成严重影响。一些物种可能因为无法适应快速变化的气候条件而灭绝。气候变化不仅是一个环境问题，还涉及政治和经济问题。面对气候变化的挑战，全球社会需要采取综合措施，包括减少温室气体排放、发展可再生能源、提高能源效率、保护生态系统和增强适应能力。

◈ **知识链接**

一、全球气候变暖的原因

全球气候变暖将会对全球产生各种不同的影响，较高的温度可使极地冰川融化，海平面每隔 10 年将升高 6 厘米，导致一些海岸地区被淹没。同时全球变暖也可能影响降水和大气环流的变化，使气候反常造成旱涝灾害。全球气候变化导致生态系统发生变化和破坏，将对人类生活造成一系列重大影响。

一般气候变暖的原因包括自然和人为两个方面。

（一）自然原因

自然界中，海洋、陆地、火山活动、太阳活动、自然变率及气候系统内部的多尺度振动等都可影响全球或区域气候变化。气候系统运作的主要能量来源是太阳，地球吸收来自太阳的短波辐射，这些能量驱动了大气和海洋环流，促成了光合作用，推动了地球的水分和物质循环。在吸收太阳辐射的同时，地球也在向太空中散失能量，使地球系统的能量收支基本保持一致，这就是地球系统的能量平衡。地球系统的能量平衡使气候系统处于较稳定的状态。地球内外因素以及人类活动导致的地球能量失衡，是百年以来全球气温上升的主要驱动力。除此之外，厄尔尼诺现象也会造成全球气候异常。

全球气温在自然控制下也是变化的，不少科学家将气候变暖归结为大气候条件。地球逐渐变暖是地球大气自身调节的结果，自地球形成后，气候在不同的地质时期呈现一定的规律，出现一定幅度的气温波动是正常的，目前地球正处于增温期。全球气温周期性变化的原因可能有以下两个方面：太阳辐射的变化和地球轨道参数的影响。太阳活动是影响太阳发出辐射的主要因素，具有较明显的周期性变化，太阳黑子、光斑、谱斑、耀斑、日珥等太阳活动对地球上的气候变化有着不可忽视的作用。此外，地球轨道参数的周期性变化是造成全球气温上升的原因主要是地球轨道偏心率的变化和黄赤交角及岁差的变化。在数万年的演变中，地球轨道偏心率一直为 $0.005 \sim 0.06$。当地球轨道偏心率越来越小时，地球绕太阳运动的轨道就越来越趋近于圆形。地球绕太阳运行轨道参数的变化便会引起日地距离的变化，从而改变地球接受太阳辐射的总能量，从而影响地球气候变化。

（二）人为原因

在全球变暖机理研究中，人类活动导致温室效应增强备受关注。温室气体、气溶胶、土地利用、城市化、毁林等是造成气候变化的主要人为因素。人类活动影响气候系统的变化体现在因人为活动向大气中排放了许多化学物质，从而改变了大气中的微量成分。例如，化石燃料的燃烧使空气中二氧化碳、二氧化硫等温室气体增多，生成硫酸盐等各种气溶胶，引起大气化学过程、辐射过程的变化，导致近地表辐射平衡和气温的改变。目前，越来越多的学者认为，气候变暖主要因素是人类活动排放的二氧化碳、甲烷、氧化亚氮等大量温室气体。温室气体能够强烈地吸收地面释放出的长波辐射，像"棉被"一样保持住地球系统的能量，这种"保温"的效应被称为"温室效应"。温室气体的平均寿命越长其影响就越大，对温室效应的贡献也就越大，造成的增温效果越显著越持久。二氧化碳的平均寿命可达 200 年之久，也就是说，如果大气中有二氧化碳大量贮存，则在数百年的时间范围内，将对全球气温持续作用，使其持续增温，这样会造成更大的损失。此外，土地利用变化通过改变陆地与大气之间的物质和能量交换，使区域或局地气温发生变化，也向大气中排放额外的温室气体和矿物性气溶胶。同时，农业灌溉等人类活动还会影响区域甚至全球的陆地蒸发量，造成大气水汽含量增加。水汽是比二氧化碳等气体更有效的温室气体，其含量增加也可能引起气候变暖。另外，人们在工业化生产中过度开发利用自然资源，肆意地毁林开荒、破坏森林，尤其是热带雨林使大气中的二氧化碳被固定于植物系统中的量减少，而大气中二氧化碳的量却增加。

二、全球气候变暖的影响

由于极端高温，2014—2017 年，全球 70% 以上的珊瑚礁都受到了破坏，珊瑚礁虽然只占了全球海洋面积的 0.1%，却是 25% 的海洋生物赖以生存的环境，是海洋中的"热带雨林"。珊瑚礁系统的破坏会对海洋生态系统和生物多样性造成毁灭性的打击。了解全球气候变暖的影响能够帮助我们更准确地应对未来环境变化。

（一）对全球气候的影响

气温升高导致的水分蒸发量增加，使全球平均降水量增加。在中纬度地区，降水量会有所增加，但是由于温度升高、蒸发量加大，积雪融化时间预计会提前，故土壤水分减少，夏季可能更干燥，而这种矛盾可能在某些地区更为突出。二氧化碳等的红外长波辐射不均造成了大气的不均匀加热，驱动了平流层的大气环流，若平流层的物理化学性质发生了改变，极有可能影响平流层和对流层的热力结构，调整大气环流的运行机制。全球变暖会导致如洪水、干旱、高温、台风等极端天气出现的频率和强度增加。联合国发布的报告显示，2000—2019 年，全球发生气候相关灾害 6681 起，环比上一个 20 年增长 82.7%。干旱、山火、极端气温等灾害及地震、海啸等地质相关灾害发生次数也明显增加。气候变暖导致极地冰川融化，海平面上升。欧盟哥白尼海洋环境监测中心发布的报告显示，全球海平面每年上升 3.1 毫米。全球变化增加了大气中的水汽，提高了海洋温度，使得台风的能量和水汽供应更加充足，其降水更多，强度也更强。海平面上升、极端气候事件和人类不合理的开发建造活动还使得近岸洪水发生频次显著增加。对于广大的干旱和半干旱地区，增温和人类活动对植被的破坏会抑制土壤碳储力，释放更多二氧化碳，进入大气同时加剧区域干旱化，未来干旱半干旱地区将加速扩张。

（二）对人类健康的影响

①全球变暖直接导致部分地区夏天出现超高温，因为心脏病及其引发的各种呼吸系统疾病，每年都会夺去很多人的生命，其中新生儿和老人的危险性最大。全球气温升高，冰川融化，使存在于冰川中的大量有毒有害物质释放出来，进入海洋湖泊，最终被人类吸收，导致人类患病，危害人类身体健康。

②全球变暖导致臭氧浓度增加。低空中的臭氧是非常危险的污染物，会破坏肺部组织，引发哮喘或其他肺病。

③全球气候变暖使微生物的生态环境发生改变，会迫使一些自然疫源性的病原微生物

发生基因突变或基因重组，使其从不致病变成致病性或毒性更强的病原微生物，如艾滋病毒、沙门氏杆菌、结核分枝杆菌等。具有代表性的有数新型冠状病毒肺炎，一个病种同时兼具毒性强、传染性强、死亡率高等特征。

④全球变暖造成某些传染性疾病传播。夜晚和冬季温度上升，大大延长和扩展了蚊子的生活期和地域，同时为传播疾病的生物如蚊子、苍蝇等提供了良好的生存和繁殖条件，使其传播疾病的能力增强。当蚊子叮咬一个带有传染性病毒的人时，这种病毒就会跟随血液进入蚊子体内开始繁殖，并通过下一次叮咬进入某个健康人体完成病毒的传播，这使得靠它传播的疟疾、猩红热、黄疸、脑炎等恶性传染疾病的发病率提高。有数据显示，全球登革热发病近50年来增加了30倍，流行区扩展到100多个国家。

⑤全球变暖会在不同地区造成不同的自然灾害，加速某些靠水传播的病毒扩散速率，如脑炎、痢疾等。据世界卫生组织统计，每年因气候变暖而死亡的人数超过10万人。

(三)对植物的影响

气候变暖会加剧土壤水分蒸发，带动土壤盐分向上移动，引起耕作层土壤盐分增加，导致土壤盐碱危害加剧，同时，温度的升高会使植物中的有毒物质砷含量增高，从而使植物生长发育受到极大的限制。另有研究表明，温度的升高有利于有害昆虫的生长与发育，使昆虫的繁殖速度加快，世代数增加，更顺利地度过冬天，因此导致有害昆虫的数目急剧增长，对相应的植物产生更加强烈的毒害作用；春天的气温回升提早，使蚜虫等害虫的繁殖期提前，对植物的危害期延长。全球气候上升，冬天和春天的气温升高明显，导致树木的物候大大提前，相应的晚春极端低温对树木的冻害作用增强。

在农业生态系统中，气温升高会改变现在的农作物种植带格局，会使现在农作物的最佳种植地带发生转移，改变降水的类型，以及可能产生的土壤水分蒸发蒸腾的总量，减少冬季以降雪和冰等形式对水的储存。另外，因海平面上升及脆弱的抵御洪水能力，耕地面积会减少。农作物病虫害的问题愈发严重，尤其是在全球变暖的影响之下，农作物病虫害的发生频率、种类、变异增加，这些不可控因素都进一步加剧了农作物的生长培育问题。我国是一个主要生产水稻、小麦、棉花的国家，这些农作物病虫害问题的增加会直接影响农民收入，影响民生问题，从而影响我国的经济发展。最新的农作物病虫害有稻飞虱、水稻纹枯病、稻瘟病、吸浆虫、蝗虫、小麦红蜘蛛、红铃虫与棉蚜等。随着时间的推移还会造成病虫害的抗药性增加。

(四)对生物多样性的影响

中国是世界上12个生物多样性特别丰富的国家之一，同时也是北半球生物多样性最丰富的国家。但随着全球气候的变化，生物多样性遭到了严重的破坏。变化的温度和降水量导致了生命地带多样性的持续递减。在我国热带地区西双版纳，自1950年以来森林覆盖率从65%锐减至30%。在过去的40年间，许多自然保护区内的优势物种在逐渐减少，以大陆气候为特点的阔叶林在逐渐增加，处于演替地区的物种交替出现了向更高纬度转移的现象，这也是气候变暖造成的。气候变暖导致越来越多的河流和湿地遭到了严重的污染，并且出现严重的退化，使生态系统原有的平衡遭到了破坏，造成了更多物种的灭绝。

环境的变化会导致物种生境的缩小，进而导致种群数量减少。地球上一些仅能在极地或湿地等有限范围内生存，或者一些竞争力相对较弱的动物，由于气温变化而面临其他物种的威胁，生存将面临更大的挑战。研究表明，全球气候变暖，导致冻原面积缩小，到 21 世纪末，北极地区的企鹅数量将缩减一半。繁殖期是动物对气温最敏感的时期，气温不仅影响动物的繁殖力，还影响后代的成活率和性别。数据显示，春季植物返青时间每提前 1 天，鸟类开始繁殖活动的时间平均提前 0.28 天，但因缺水会导致鸟类生育力和成活率下降。海龟的产卵性别由温度决定，高温利于产雌性，低温利于产雄性。一些变态发育的物种，如蜻蜓、蝴蝶等，在高温条件下的孵化趋向于雄性，而低温趋向于雌性。气温变暖将对这些种群的长期生存产生负面影响。北极熊和北极的其他动物将会像珊瑚礁水域的鱼一样成为主要受害者。气候变暖会引起水中氧气减少，威胁到鱼的生存。如果再不采取相应的措施，到 2050 年全球将会有百万物种消失，占生物种类的 40%，甚至更为严重。由于全球温度的持续性上升，生态系统和生物多样性将会面临更大的威胁。

三、全球气候变暖应对策略

2023 年 11 月，第 28 届联合国气候变化大会在迪拜举行，来自近 200 个国家的代表齐聚一堂，共同磋商全球气候变暖应对策略与全球气候行动。全球变暖已经给世界带来了前所未有的影响：创纪录的野火、灾难性的洪水和难以忍受的热浪。会议倡导更快地向可再生能源过渡，更多地使用基于自然的气候解决方案，并呼吁加大相关投资。有关应对气候变化进展的工作情况报告显示，制定并切实推进全球气候变暖应对策略刻不容缓，需要大规模行动来应对全球气候变化。

全球气候变暖会带来一系列环境、经济与社会问题，而在人类活动和气候变暖的相互关系中，人类因素占据了主导，因此要控制全球温度的继续升高，关键在于要全人类采取共同的行动。气候变暖是全世界共同面临的一个重大问题，它对经济社会的可持续发展、人类的生存和发展都带来了挑战。对于每个国家，需要积极参加国际合作，参与到全球公共资源的管理中来，使全球资源得到最好的配置，同时应当加大科研力度，加强对本国特殊条件下的环境变化的研究，从而制定出更加符合本国实际的政策。

中国高度重视气候变暖问题，把建设生态文明确定为一项战略任务，实行坚持资源节约和环境保护的基本国策，大力推进发展方式转变，着力建设资源节约型和环境友好型社会，努力推动科学发展、和谐发展，为应对全球气候变暖作出了重大的努力和积极的贡献。

近年来，为了加快资源节约型、环境友好型社会建设的步伐，促进节能减排指标的实现，中国政府设立了专门的应对机构，并对经济政策和能源政策进行了大刀阔斧的改革。我国以可持续发展理念作为基本原则，积极参与国际气候活动，加强与世界其他国家之间的交流和学习。根据我国的根本国情，在不违背整个可持续发展思路的前提下，积极促进气候和生物多样性的相关立法。当前我国应对气候变化对生物多样性影响，主要需要解决日益严重和紧迫的国内环境和能源供应紧缺问题。无论是解决生物多样性的保护问题，还是解决温室气体的排放问题，其主要应对措施有以下几个方面：

①提高能源利用效率。减少能源消耗是缓解气候变暖的重要手段，可以通过改善建筑物和工业设备的能源效率来降低能源消耗，采用节能灯和高效电器，合理利用燃料等措施，来减少温室气体的排放。

②开发或者引进绿色新能源，减少对化石燃料的依赖，降低温室气体的排放。

③实现密集型生产和消费方式，抛弃以往的粗放型发展模式，减少资源消费，走绿色高效的发展道路。

④减少森林砍伐。森林是地球的"肺脏"，能够吸收大量的二氧化碳。大规模的森林砍伐导致了大量的碳释放，加剧了全球气候变暖。应该加大对森林保护的力度，推行可持续林业管理，减少非法砍伐和滥伐，开展森林植树造林行动，保护珍稀濒危物种的栖息地。

⑤促进可持续农业。农业是一个重要的温室气体排放源，通过科技进步和农业管理的改进，可以降低农业温室气体的排放。改进农田灌溉系统，推广有机农业和精细施肥技术，可以提高作物的生产效益，减少排放。

⑥加强环境保护和气候变化的宣传和教育，提高公众对环境保护的重视和参与度是解决气候变暖问题的重要步骤。

⑦加强国际合作。气候变暖是全球性的问题，需要各国共同努力。国际社会应加强合作，共同推进减缓气候变暖的行动。

⑧种植树木。树木能够吸收大量的二氧化碳并释放氧气，是减缓气候变暖的有效手段。可以运用大规模植树造林行动，增加森林面积，从而减少大气中的二氧化碳含量。

基于以上几个方面，我国出台了一系列减缓气候变暖的政策，如调整产业结构、优化能源结构、增加森林碳汇、推进碳市场建设、增加环保执法力度等。习近平总书记更是多次强调，二氧化碳排放力争于 2030 年前达到峰值，努力争取 2060 年前实现碳中和。

四、应对全球气候变暖，大学生应该怎么做

2022 年 6 月 24 日，习近平主席在北京以视频方式主持全球发展高层对话会并发表重要讲话，宣布中国将举办世界青年发展论坛，共同发起全球青年发展行动计划。7 月 21 日，首届世界青年发展论坛发布了《青年优先发展国际倡议》，并同步举办气候变化与绿色发展主题论坛。其中提到，在全球发展进程中，青年既是受益者，也是贡献者。大学生是推动社会进步的重要力量，大学生的积极参与和广泛宣传，可以推动实现全世界范围内的可持续发展。

随着人类文明和科技进步，人类活动日益增加，对资源、能源等的高度开发和利用，已经严重影响到人类的生存和发展。社会的发展离不开人类，我们必须坚持可持续发展原则，为代人留下必需的资源和空间。从目前来看，人们的部分不良消费模式和不文明生活方式所产生的浪费现象仍大量存在。因此，树立节能、环保为特征的低碳生活方式和消费模式势在必行。

随着人们理念的转变，低碳生活不仅是一种设想，更是值得公民践行的生活方式。低碳生活能提高人们对环保的认识，同时能改变人们的生活方式和消费方式。只有让更多民众改变目前的高碳生活方式，才能向低碳经济转换，真正地实现低碳生活，改变全球变暖

的不利影响。因此，我们提出生活中的低碳建议，通过垃圾分类、节约能源、家庭绿化等来加强对环境的保护；大力推动环境意识的宣传活动，将实用的环境保护方面的经验推广出去，让更多人参与到低碳生活中来；大力倡导与培育全民族的环境道德意识，使人们将低碳生活转化为自觉的行动，充分发挥每个城市家庭与公民在践行低碳文明生活方面的作用，用规范指导全民的行动，真正地实现低碳生活，实现环境、经济与人类社会的可持续发展。气候变暖与人的行为方式是相互作用的，只有二者相互适应，在适应中协调发展才能从根本上解决问题。

作为大学生，我们在日常生活中要做到以下几点：

①节约资源、能源，做好节能减排的工作。

②绿色出行。尽量采用步行、自行车、公交车、地铁、电动车等绿色出行方式可以有效减少二氧化碳的排放。

③参与植树。植物可以吸收空气中的二氧化碳，释放氧气。我国每年有植树活动，要积极参与贡献自己的力量。

④垃圾分类、回收利用。

⑤身体力行，带动旁人。通过实践活动带动身边的人一起为环保事业作出自己的贡献，推动环保理念深入人心，形成社会共识，同时利用网络媒介，让更多的人参与到节能减排的工作中来。

作为全球环境中的个人，其受益与损害都是与全球环境状况息息相关的。所以我们应当从小事做起，从自己做起，加强环保意识，从改变自己的生活方式入手，珍惜资源，保护植物，更重要的是要加强环境教育。

◈ **实践活动**

应对气候变化，大学生应该怎么做

一、目的

分小组讨论：列举当前气候变暖的典型案例和产生原因，提出大学生可以付诸行动的应对气候变暖的措施。

二、说明

学生课前查阅相关资料，拓宽知识面；组内结合相关资料阐述自己的观点，小组讨论后达成共识，形成小组意见；推选代表向全班汇报。

三、规则

1. 老师为主持人、评委。

2. 以小组为单位，每组6人左右。

3. 现场讨论，老师规定讨论时间并给出提示，例如，我们日常生活中可以多乘坐公共交通以减少温室气体排放。

4. 各组汇报，学生自由提问。

5. 老师点评。

四、建议

根据每组汇报的改善措施及其创新性进行评分，讨论时间控制在30分钟内。

◈ **课后评价**

评价项目	评价内容	权重
学习过程评价	对学生出勤率、学习态度、提问和回答问题、交流讨论等情况进行评价	50%
实践活动评价	各小组收集的气候变暖案例及应对措施；教师对小组上交的图片、资料等进行评价	50%（其中组间评价权重30%，教师评价权重20%）

◈ **学习延伸**

中国在应对气候
变化全球治理中
作出积极贡献

项目四

水土流失与土地荒漠化

◈ 学习目标

1. 掌握水土流失与土地荒漠化的原因和影响。
2. 了解水土流失的危害，明确造成水土流失和土地荒漠化的原因。
3. 培养可持续发展的理念，增强保护环境的意识并积极参与。

◈ 学习建议

借助书籍和网络资源，了解水土流失和土地荒漠化的特征，通过案例分析，深入了解水土流失多发地区具体情况和治理难点，收集国内外关于水土保持和土地荒漠化防治的法规和政策，教师带领学生分析这些政策法规的作用和效果。

◈ 项目导入

观察对比

三个地块坡度相同，地表土质都比较松散，倾盆大雨过后，A 表面植被繁茂，B 表面植被已经遭到一定程度的破坏，但还保留了一部分植被，C 表面的植被已经被破坏殆尽。

思考：哪个地块水土流失最严重，哪个地块几乎没有水土流失？为什么？

◈ 知识链接

一、水土流失

我国是世界上水土流失最为严重的国家之一，水土流失分布范围广、面积大，根据公布的中国第二次遥感调查结果，中国的水土流失面积达 356 万平方千米，占国土总面积的 37%，其中水力侵蚀面积达 165 万平方千米，风力侵蚀面积 191 万平方千米。根据统计，中国每年流失的土壤总量达 50 亿吨。长江流域年土壤流失总量为 24 亿吨，其中上游地区年土壤流失总量达 15.6 亿吨，黄河流域、黄土高原区每年进入黄河的泥沙多达 16 亿吨。严重的水土流失，是我国生态恶化的集中反映，威胁国家生态安全、饮水安全、防洪安全和粮食安全。

（一）水土流失的原因

水土流失形成的原因主要分为自然因素和人为因素。

1. 自然因素

主要有地质因素、降水、土壤特性和植被因素四个方面。

(1) 地质因素

地质因素主要是指土壤性状和岩性条件。如果岩石中节理裂隙发育，易形成悬崖陡壁，发生滑坡、崩塌、泥石流等，从而导致水土流失。而软性岩层较易风化，形成厚层的风化物，极易受流水的侵蚀。地形地貌决定着土壤侵蚀作用的强度。在地形起伏较大的低山、丘陵地带，地形复杂，水土流失严重。地面坡度是影响水土流失的重要因素，地面坡度越陡，地表径流的流速越快，对土壤的冲刷侵蚀力就越强。坡面越长，汇集地表径流量越多，冲刷力也越强。地面破碎程度对水土流失也有明显的影响，地面越破碎，起伏不平越明显，斜坡越多，地表物质的稳定性越低，同时地表径流容易形成，由此加剧了水土流失。

(2) 降水

降水是水土流失的动力因素，山地植被覆盖度极低，集中降水形成强大的侵蚀力，造成了水土流失的恶性循环。产生水土流失的降水，一般是强度较大的暴雨，降水强度超过土壤入渗强度才会产生地表径流，造成对地表的冲刷侵蚀。降水对流域水土流失的影响主要表现在降水量大，降水强度大，降水诱发滑坡崩塌、泥石流等自然灾害。降水是产生水土流失的先决条件，降水不但直接影响径流的产生，而且对土壤侵蚀的发生起着多方面的重要影响。降水影响土壤侵蚀发展的因子主要是降水量、降水强度和降水在全年或一定时期内的分布状况。

(3) 土壤特性

土壤的内在性质是影响水土流失的基础因素。土壤抗侵蚀能力是引起土壤侵蚀的内因，而土壤抗侵蚀能力则与土壤渗透性能和抗蚀性能有关。一般认为，土壤的团粒结构好，土壤孔隙度小，土质紧密，土壤的抗侵蚀能力强。若土壤结构受到破坏，土质板结，蓄水保肥能力降低，抗蚀能力减退，会引起水土流失。

(4) 植被因素

植被可减少降水侵蚀力和水流冲刷能力，提高土壤抗蚀性能。植被是防止土壤侵蚀的重要因素，植被条件的好坏直接影响着土壤侵蚀的程度。植被可减少降水侵蚀和径流冲刷能力，达到一定郁闭度的林草植被有保护土壤不被侵蚀的作用。郁闭度越高，保持水土的作用越强。植被覆盖良好，一般不受侵蚀。植被破坏是产生水土流失的一个重要条件。植被通过以下四方面削弱降水侵蚀力，增强土体抵抗力：第一，通过乔木、灌木、草本层和枯落物层对降水的层层截留作用，削弱降水溅蚀力。林地树冠在一次降水的最大截雨量为15~20毫米，林下枯枝落叶层可持续积蓄雨水 2~10 毫米，而森林土壤的渗蓄能力则与林下层厚度及土壤结构有很大关系。第二，通过地表深厚的枯枝落叶层吸持降水，并增加地表糙率系数，阻挡、分散、滞蓄地表径流，减缓流速，减轻径流冲刷力。第三，通过死亡的根系和枯枝落叶腐烂、分解形成腐殖质，胶结土壤颗粒，形成良好的水稳性团粒，改良土壤结构，提高土壤孔隙率，增加土壤入渗，增强土壤抗冲、抗蚀性。第四，通过植物根系对土体产生良好的穿插、缠绕、网络、固结作用，构成一个密集、复杂的网络体系，增强固土防冲能力，提高土体稳定性。

2. 人为因素

人类对土地的不合理利用破坏了地面植被和稳定的地形，以致造成严重的水土流失。在人类的干扰破坏下，大量的植被消失，在合适的自然条件下，潜在的被植被所束缚的外营力、侵蚀力被解放出来，同时，植被的消失使得本来抗侵蚀能力就很差的土壤抗蚀力进一步被削弱，因而造成极为严重的水土流失。人类对水土流失的影响主要体现在以下几个方面：

(1)陡坡耕作，坡耕地面积大

坡耕地大多是疏林草地开垦的产物，坡耕地面积大小与水土流失强度呈正相关，直接影响生态环境的好坏。水土流失是因生态环境遭受破坏而产生，而水土流失又造成坡地水土资源的浪费或破坏，降低土地生产力。坡地水土流失还毁坏山下农田，影响农田水利设施的功能，加剧农业的水旱灾害，进一步加剧生态环境的恶化，形成"生态环境破坏——水土流失——生态环境破坏加剧"的恶性循环。

(2)破坏林草植被，森林覆盖率下降

在我国部分地区植被破坏情况相当严重，以三峡库区为例，森林覆盖率为 19.5%，沿江两岸不足 5%，与水库安全要求的覆盖率 35%~40% 相差甚远，而且品种单一，用材林占 87%，经济林、防护林、薪炭林仅占 13%。管理上重采轻造，许多火烧、采伐迹地裸露。此外，在灰岩区还有灌丛草坡，植被覆盖率为 35%，但由于放牧和垦殖也加剧了水土流失。一些支流沿岸的植被，由于耕垦、建筑、交通建设等几乎砍伐殆尽，重力侵蚀加剧，垮塌、滑坡随处可见。

(3)人口增加

低生产力与人口增加是导致水土流失加剧、生态环境恶化的直接原因。中华人民共和国成立以来，人口数量大幅上升，吃、烧、用的压力加大，毁林、毁草、陡坡种地等掠夺式现象日益严重，山区农民生活燃料缺乏，这些都与水土流失加剧和人口增长密切相关。

(4)山丘区开发建设项目忽视水土保持

大的工程项目没有注意到对环境的影响，特别是没有采取合理的善后措施，缺乏水土保持意识，有可能造成严重的水土流失，有的甚至造成山体失稳，致使滑坡、崩塌时有发生。随着山区建设和移民开发的发展，交通、矿业、建筑、水电等部门在开采、基建作业过程中，往往忽视必要的水土保持措施，随意弃置废土废石、矿渣和尾沙，造成新的水土流失。由于破坏大于治理，流域水土流失日益增加。

应该注意的是，水土流失的自然因素和人为因素并不是孤立的，它们之间相互联系、相互制约。各种不利的地质地貌和气候条件是造成水土流失的自然基础，而各种人为因素又是极其活跃的动因。当植被良好时，大部分地区因自然侵蚀而造成的水土流失并不严重，只有在人为因素参与之后，土壤的侵蚀作用才被加强。由于人为因素的加入，反过来又促进了自然因素对土壤侵蚀的作用，使得水土流失不断增加，形成恶性循环。尤其是大量森林采伐之后，水土流失量更是显著增加。随着社会经济的发展，人为因素在水土流失中的作用变得越来越突出。因此，在防治水土流失的同时，必须从人和自然这两个方面同时考虑，使人与自然环境处于协调的平衡关系中和谐发展。

（二）水土流失的影响

水土流失带走土壤大量养分和水，破坏土地资源，危害生态环境，直接威胁粮食生产。水土流失冲走了耕地表层的肥沃熟土，使土壤肥力与蓄水保墒能力降低，土地日益贫瘠甚至土壤被侵蚀殆尽，从而造成了不利于农作物生长的缺肥缺水条件，作物生长不良，产量低且不稳定。

1. 表土层厚度逐年减少

水土流失将带走大量的表层土壤，而作为生态系统和景观基质的土壤形成速度非常缓慢。土壤流失速度一般是土壤形成速度的 30~300 倍。

2. 流失土壤养分

水土流失过程中不仅带走表层土壤，同时也带走了土壤中的氮、磷、钾等养分，致使土壤中的有机质含量下降，土壤肥力下降。据调查，东北黑土开垦 20 年肥力下降 1/3，开垦 40 年下降 1/2，开垦 70~80 年下降 2/3 左右，土壤有机质以每年 0.1% 左右的速度递减。该区每年流失有机质 178.8~275.4 万吨、氮 11.9 万~18.4 万吨、磷 8.9 万~13.8 万吨，其中不包括每年流失的地表水从土壤中带走的可溶性养分。

3. 降低农业产量

土壤是植被生长的基地，粮食生产的场所。水土流失造成土壤营养物质流失，影响土壤质地和结构，使其无法存留水分，同时改变土壤酸碱度，影响土壤微生物生长，从而影响土壤肥力，进而影响农作物生长和产量。

4. 破坏土地资源

土壤侵蚀过程中会选择地带走有机质和土壤细颗粒，使得土壤持水性和土壤肥力降低。在侵蚀土壤中，导水性降低 93%，侵蚀土壤比未侵蚀土壤多产生 20%~30% 的地表径流，使得这一地区即使在丰水年也会出现缺水，加剧了贫水地区的水资源供需矛盾。地表径流不仅会使土壤变薄，养分流失，而且会蚕食耕地，冲毁和埋没农田，直接减少和破坏土地资源。

5. 破坏生态环境

水土流失将加速森林砍伐，使区域性、地带性的景观和生态系统发生根本性的变化。据估计，每年上千万平方公顷被伐森林中，一半以上是用于补偿已经退化了的农业土壤。森林的砍伐减少了燃料的供应，迫使发展中国家的农民更多地依赖农作物废屑物和肥料做燃料。这种农作物废屑物的转化进一步加强了土壤侵蚀、地表径流，消耗了更多有价值的养分。水土流失携带的大量泥沙使下游水库淤积，河床抬高，对下游的工业、农业和野生动物生存产生决定性的影响。在水动力的作用下，产生洪流或泥石流，带走大量的泥沙，使流域内江河水位抬高，有些小河流底高出原地面形成地上河，流域内水库淤积越来越严重，渠道清淤成为一项艰巨任务。

6. 造成环境污染

随水土流失而流出农田，汇入河流、湖泊等水体的养分，属于水环境的非点源污染。

径流和泥沙携带的养分和农药也将污染下游水体，导致下游水体的环境压力增大。

二、土地荒漠化的原因及影响

（一）土地荒漠化的原因

土地荒漠化是自然因素和人为因素两大因素综合作用，共同产生的结果。自然因素的影响和作用是基础性的，但进程却极其缓慢。进入现代以来，随着人类改造自然的能力不断提高，人类改造自然活动的不断增多，人为因素激发、催化和加剧了荒漠化的进程，已成为目前土地荒漠化的主要成因。

1. 自然原因

土地荒漠化的发生有其特定类型地区，即干旱、半干旱、干旱亚湿润三大特定气候类型地区。我国的这三大气候类型地区在地理位置上均位于亚欧大陆腹地，处于西伯利亚、蒙古高压反气旋的中心，远离大洋，同时有山脉、高原阻隔水汽，且日照时间较长，降水量极少、蒸发量极高，全年大风强风天气多发。加上这些地区植被覆盖率低，地表裸露，土质疏松，从而导致我国这三大气候类型地区在历史上就多是土地荒漠化地区或极易发生土地荒漠化。在沙漠化发生发展过程中，气候因素特别是年降水量的变化，往往可以影响荒漠化的进程。多雨年有利于中国北方干旱半干旱地带沙质荒漠化的逆转，会加速中国南方湿润半湿润地带水蚀荒漠化的进程。反之，持续的干旱促使沙质荒漠化的蔓延，对水蚀荒漠化产生抑制作用。气候因素对于沙漠化的发展进程只是起到影响作用。荒漠化形成的诸多自然因素之间是相互联系的，干旱季节与大风在时间上的同步性和与疏松沙物质基础的联系性是沙质荒漠化发生的重要自然因素。在风与水两种荒漠化自然应力方面，虽然大致上在干旱半干旱地带以风力为主，亚湿润地带以流水侵蚀作用为主，然而它们之间仍有密切的联系，而不是截然分开的。

2. 人为原因

人口增长对土地的压力是土地荒漠化的直接原因。干旱土地的过度放牧、粗放经营、盲目垦荒、水资源的不合理利用、过度砍伐森林、不合理开矿等是人类活动加速荒漠化扩展的主要表现。乱挖中药材、毁林等更是直接形成土地荒漠化的人为活动。另外，不合理灌溉方式也造成了耕地次生盐渍化。就全世界而言，过度放牧和不适当的旱作农业是干旱和半干旱地区发生荒漠化的主要原因。同样，干旱和半干旱地区用水管理不善，引起大面积土地盐碱化，也是一个十分严重的问题。从亚太地区人类活动对土地退化的影响构成来看，植被破坏占37%，过度放牧占33%，不可持续农业耕种占25%，基础设施建设过度开发占5%。非洲的情况与亚洲类似，过度放牧、过度耕作和大量砍伐树是土地荒漠化的主要原因。我国土地荒漠化的人为原因主要有以下几点：

（1）过度放牧

草原农垦是中国北方山区土地沙漠化的重要原因之一。在导致我国沙化土地继续扩展的诸多原因中，过度放牧引起土地沙化的比例最大。例如，内蒙古自治区20世纪80年代中期全区草地的理论载畜量为4215万个羊单位，而实际载畜量超载率为33%。特别是在干旱年份，草场生产力急剧下降，而牲畜数量却得不到及时调整。草场超载过牧，在牲畜头数远远超过草地载畜能力的情况下，由于牲畜的啃食和践踏造成草地植物的衰退和死亡，在干燥气候下，促使风蚀而引起沙漠化。特别是在无人管理的自由放牧制度下，牲畜因受放牧半径的限制，终年在畜群点或水井点周围采食践踏，造成更加严重的沙漠化。过度放牧引起的沙漠化，往往形成以畜牧点为中心，呈环状向外扩散的"光裸圈"，导致了大面积的土地沙化。

（2）毁草毁林垦荒

据卫星遥感调查结果，黑龙江、甘肃、新疆、内蒙古4省（自治区）1986—1996年毁草垦荒1.17万平方千米，而其中一半在开垦几年后撂荒，成为新的荒漠化土地。再如，河北坝上地区，20世纪50年代后期至70年代末，共进行了三次大规模的垦草种粮浪潮，草场面积由原来的7330平方千米下降到2260平方千米，耕地则由原来的4250平方千米增加到8710平方千米。由于违背自然规律的滥垦，使原本就十分脆弱的生态环境失去植被的保护，在干旱、大风等恶劣自然条件的影响下，土地因风蚀严重沙化。仅张家口坝上四县就有6670平方千米的草场和农田变成沙化土地，占坝上总面积的57.2%。

（3）乱采滥伐

荒漠化地区的植被多是重要的薪柴和药材资源，据有关资料，柴达木盆地原有固沙植被2万多平方千米，到20世纪80年代中期，因樵采已毁掉1/3以上。

（4）水资源的不合理利用

一些地区水资源的不合理利用导致了大面积的土地荒漠化，如塔里木河下游地区因农业过度用水，使输往下游的水量急剧减少以至断流，造成了下游地区植被的衰退、死亡及大片土地的沙化。

（二）土地荒漠化的影响

1. 减少可利用土地面积

荒漠化造成地表组成物质中细粒减少，粗粒含量增加，土壤机械组成粗化，使土壤物理性状恶化，容重增加，孔隙度减小，透水性增加，保肥保水性减弱，土壤养分流失肥力下降，而且这种下降程度随荒漠化程度加剧而加剧。随着荒漠化进程的加剧，地表会出现不同程度的斑点状流沙，继而出现片状流沙直至流动沙丘或侵蚀沟，使得原始地形破碎，农林牧业利用难度加大。土地荒漠化是土地生态环境、功能的退化过程，而恢复所丧失的表层土壤将需要几个世纪甚至几千年。我国目前荒漠化土地面积大约相当于16个山东省的面积。土地荒漠化对于我们这样一个人地关系紧张、耕地严重不足的国家来说，无疑是巨大的灾难隐患。

2. 危及人民生命财产安全

荒漠化常伴有沙尘暴、流沙、泥石流等次生灾害，因荒漠化而埋压水井、埋压房屋和牲畜窝棚，甚至埋压人畜的事件时有发生。如1993年5月5日，在甘肃、宁夏、内蒙古中西部等地发生一场特大沙尘暴。据统计，这场沙尘暴共造成85人死亡，31人失踪，264人重伤，丢失、死亡牲畜12万头，农作物毁损560万亩，并有大量房屋损毁倒塌，部分交通、电力、通信中断，直接经济损失高达 7.5 亿元。

3. 破坏生产建设土地

荒漠化地区有数以千计的水库和灌渠遭受风沙侵袭，每年有大量的农田被流沙淹没导致铁路和公路受到威胁，尤其是在风季，铁路公路因流沙掩埋而交通中断或被迫改线的事件更是时有发生。

4. 加剧我国整体生态环境恶化

荒漠化导致生态系统功能紊乱，平衡失调。土地荒漠化地区最明显的标志是林草遭到严重破坏，绿色植被枯竭。它一方面致使涵养水源、阻滞洪水的能力下降甚至完全丧失，使大量泥沙进入河流，加重荒漠化地区土地贫瘠程度的同时给中下游地区带来严重不良影响，从而导致山洪泛滥，水土流失；另一方面使生物栖息地类型单一或丧失，物种生存和生产能力降低，造成种群、群落结构和生物多样性破坏，打破了原有的生态平衡，使生态环境恶化，加重自然灾害发生。

（三）土地荒漠化防治措施

虽然荒漠化的产生是从植被破坏产生土壤风蚀开始的，但荒漠化的治理却不能仅限于种树种草，而是要从解决荒漠化土地上过重的人口压力出发，从经济学、生态学和沙漠学相结合的角度，把荒漠化治理与农村经济发展有机结合起来，形成荒漠化防治的生态经济模式。在这个模式中，荒漠化治理应该按照降低土地上的人口压力和形成稳定生态系统的总体目标，有层次、按时序持续进行。

1. 大面积植树造林种草，积极营造森林气候

森林不仅使林内产生特殊的小气候，而且对邻近地区的气候也有较大的影响，可以促使林区附近的较为干旱的地区气温变化和缓，温度降低，降水增多。由于森林能改变风向，减弱风速，阻滞沙土，起到防风、固沙、保土的作用，因此，大规模的植树造林是改造小气候的有效措施之一。辽阔的森林面积，大量的蒸腾，使空中有大量水汽遇寒气而凝结形成降水。在沙漠化发展严重的农耕地区，主要采取把部分已经沙漠化的耕地退还为林地和草地的方法，以达到沙漠化土地恢复的目的。此外，种植草地可以增强土壤固着力，草地覆盖层可以减少土壤水份蒸发；草叶干在降水时可以减缓水流速度，降低水流冲刷力；草根系穿透土壤，增加土壤孔隙度。植物在生长和死亡过程中，会分解产生有机质，改善土壤团聚体结构，提高土壤通气保水能力。

2. 综合治理沙区水系，科学治理保护生态

实施沙区水系治理要坚持科学治沙，充分考虑水分平衡问题，以水定需、量水而行，宜林则林、宜草则草、宜灌则灌。在沙区，合理调配江河上、中、下游及生活、生产和生态用水，大力推行节水灌溉方式和节水技术，提高水资源利用效率。有条件的区域可以尝试引导黄河水进入荒漠化区域，并建立天然储水防渗漏水库系统，为沙区治理奠定永久性水源打下坚实基础。

3. 坚持生态优先理念，树立长远规划治理目标

生态问题是沙区最突出的问题，严重制约沙区经济社会可持续发展。要牢固树立尊重

自然、顺应自然、保护自然的理念，坚持生态优先、保护优先、自然修复为主的方针，实行最严格的保护制度，实施长期规划保护计划。

4. 坚持改革创新理念，有效促进沙区共治共享

改革创新是防治荒漠化的动力源泉，防沙治沙既要有守护生态的底线思维，也要有穷则思变的创新理念。既要依靠政府主导，也要撬动市场力量，以形成防沙治沙的强大合力。

5. 加大宣传力度，树立环保理念

积极发动群众参与建林种草防沙治沙活动。防沙治沙最大的力量是人民群众的创造和奉献。要加大典型人物和事迹的宣传力度，用榜样的力量鼓舞人民群众，激发内生动力，调动沙区群众以更大的积极性、主动性、创造性参与防沙治沙事业。

◈ 实践活动

应对水土流失与荒漠化，大学生应该怎么做

一、目的

通过讨论激发学生的主观能动性，提升学生的自学能力、语言表达能力、逻辑思维能力，以及对知识的总结能力。

二、说明

以我国黄土高原为例，查找黄土高原相关图片、报道、应对水土流失和荒漠化措施等资料。分组讨论水土流失与土地荒漠化产生的具体原因，总结我国在治理黄土高原水土流失与土地荒漠化开展的有效措施，提出大学生在防治水土流失与土地荒漠化方面力所能及的有效措施。

学生课前查阅相关资料，拓宽知识面；组内结合相关资料阐述自己的观点，小组讨论后达成共识，形成小组意见；推选代表向全班汇报。

三、规则

1. 老师为主持人、评委。
2. 以小组为单位，每组6人左右。
3. 现场讨论，老师规定讨论时间并给出提示，如我国毛乌素沙地的变化。
4. 各组汇报，学生自由提问。
5. 老师点评。

四、建议

根据每组汇报的改善措施及创新性进行评分，讨论时间控制在30分钟内。

◈ 课后评价

评价项目	评价内容	权重
学习过程评价	对学生出勤率、学习态度、提问和回答问题、交流讨论等情况进行评价	50%
实践活动评价	各小组之间对参与实践活动情况进行评价；教师对小组上交的水土流失的照片、案例、各国采取的措施等进行评价	50%（其中组间评价权重30%，教师评价权重20%）

◈ 学习延伸

系统谋划加强荒
漠化综合防治

项目五
生物破坏与物种加速灭绝

◈ **学习目标**

1. 掌握生物破坏、物种灭绝的概念。
2. 掌握生物破坏的原因、类型与影响。
3. 掌握物种加速灭绝的原因与影响。
4. 掌握应对生物破坏与物种加速灭绝的策略。

◈ **学习建议**

充分利用互联网等资源开展课前预习，教学过程中结合常见案例进行分析讲解，学生深入思考、讨论交流，课后深入开展实践活动。

◈ **项目导入**

白　鲟

白鲟（*Psephurus gladius*）主要分布于中国长江干流和四川境内的主要支流。栖息于长江流域的中下层，有时也进入沿江大型湖泊。肉食性鱼类，以鱼、虾、蟹等动物为食。3~4月为生殖季节，在卵石底质的河床上产卵。卵圆形，黑色，沉性，卵径约2.7毫米。白鲟为中国特有的大型濒危珍贵鱼类。1981年葛洲坝在长江中游修建，阻断了白鲟的洄游路线，阻止成鱼向上游产卵，导致本就为数不多的白鲟进一步分散，产卵场的面积大大缩减；同时，水坝的功能在一定程度上影响了水温、水深等水文条件，抑制了洄游鱼类的性腺发育等。自大坝建成后，大量的白鲟聚集在水坝两侧试图通行，等待它们的却是人类的捕鱼网。资料显示，大坝建成后几年内白鲟的捕捞量大幅上升，此外，长江航运频繁，加上沿岸采砂、排污等一系列因素，白鲟同时面临产卵场域被破坏、种群破碎、洄游无路等多重问题。由于生态环境恶化，白鲟分布区逐渐缩小，数量逐年减少，个体越来越小。2019年12月23日，长江白鲟（白鲟属仅含1种）被正式宣布灭绝。2022年7月21日，世界自然保护联盟（International Union for Conservation of Nature，IUCN）发布全球物种红色目录更新报告，宣布白鲟灭绝。

思考：人类活动对物种多样性的影响有哪些？如何看待可持续发展与生态环境保护之间的关系？

薇甘菊

薇甘菊（*Mikania micrantha Kunth*），菊科假泽兰属多年生草本植物或灌木状攀缘藤本植物，在 20 世纪中期被作为地被植物引入东南亚。在起源地，有 160 多种昆虫和菌类作为天敌控制它的生长，使其难以形成危害。一旦侵入新的地区，薇甘菊没有天敌，失去了生态制约，就给它的疯狂入侵和为害提供了可乘之机。我国在 20 世纪 80 年代早期于广东南部发现薇甘菊，并逐年扩散到长三角一带的诸多地区，现已衍生成一种不可灭绝的、难以根除的有害植物。其种子细小而轻盈、数量众多，且带有与蒲公英一样的冠毛，可随风、随水、随动物与人类的活动，实现海陆空的立体传播。

薇甘菊作为"植物杀手"，最可怕之处在于"死亡缠绕"。薇甘菊十分善于攀爬，一旦攀附上其他植物，就会以极快的速度蔓延，迅速覆盖住附主，将其层层包裹，阻碍其进行光合作用，从而使其死亡。此外，薇甘菊还有一件"生物武器"——化感作用。通过根系向土壤中释放一些化学物质，抑制其他植物的种子萌发和生长，从而快速形成单优种群，破坏入侵地的生物多样性。

思考：生物入侵和引种有何异同点？生物入侵和引种对物种多样性的影响有哪些？

◈ 知识链接

物种和所在地域的环境条件是相适应的，生存环境条件不变，就能得以长期生存，即使发生扩散或缩减，其历程也是缓慢、渐变的。人类打破了这亘古不变的自然规律，过度开发、盲目引种、过度干预自然及环境污染破坏导致了物种的灭绝。由于人类的深度干扰，破坏了原有的生态平衡，生态灾难越发严重。

一、生物破坏的类型与影响

（一）生物破坏的类型

生物破坏是指动物、植物、微生物等对环境的不利影响。主要包括生物污染和生物入侵两大类。

1. 生物污染

对人和生物有害的微生物、寄生虫等病原体和变应原等污染水、气、土壤和食品，影响生物产量，危害人类健康，这种污染称为生物污染。

生物污染包括大气生物污染、水体生物污染和土壤生物污染。

（1）大气生物污染

大气中因生物因素造成的对生物、人体健康以及人类活动的影响和危害，就是大气生物污染。空气中的微生物多数是借助土壤及人和生物体传播，或借助大气漂浮物和水滴传播。漂浮物及病人、病畜等的喷嚏、咳嗽等排泄物和分泌物所携带的微生物中，常见的有杆菌（如无色杆菌、芽孢杆菌）、球菌（如细球菌、八叠球菌）、霉菌、酵母菌和放线菌等腐生性微生物。主要包括：大气微生物污染，由许多漂浮在大气中的微生物造成的直接污染；大气应变污染物，由许多能引起人体变态反应的生物物质，即变应原造成的大气污染；生物性尘埃污染，许多绿化植物，如杨柳等的生物有细毛的种子、梧桐生有绒毛的叶片等，在种子成熟或秋季落叶时，所造成的生物性尘埃对大气也有污染。

（2）水体生物污染

致病微生物、寄生虫和某些昆虫等生物进入水体，或某些藻类大量繁殖，使水质恶化，直接或间接危害人类健康或影响渔业生产的现象称为水体生物污染。地面的微生物、大气中漂浮的微生物均可进入水中而污染水体。在自然界清洁水中，1毫升水中的细菌总数在100万个以上，而受到严重污染的水体可达100万个以上。受污染水体中的不同生物对人类可产生不同的危害。

（3）土壤生物污染

土壤中分布最广的是肠道致病性原虫和蠕虫类，土壤生物污染不仅可以引起人畜疾病，还能使农业生产遭受严重损失。一个或几个有害的生物种群，从外界环境侵入土壤，大量繁衍，会破坏原来的动态平衡，对人体健康产生不良的影响。造成土壤生物污染的污染物主要是未经处理的粪便、垃圾、城市生活污水、饲养场和屠宰场的污物等。其中危险性最大的是传染病医院未经消毒处理的污水和污物。

2. 生物入侵

生物入侵指生物由原生存地经自然的或人为的途径侵入另一个新的环境，对入侵地的生物多样性、农林牧渔业生产以及人类健康造成经济损失或生态灾难的过程。

生物入侵本质上是指动物、植物和微生物从其原生地，经自然或人为的途径，传播到另一个环境定居、繁殖和扩散，最终明显影响改变迁居地的生态环境。

（二）生物破坏的影响

1. 生物污染的影响

生物污染是由生物活动引起的对环境和生态系统的破坏，它可以通过多种途径影响人类健康和自然环境，其影响主要表现如下：

①大气中的细菌、真菌、过滤性病毒和尘螨等构成室内生物性污染，引起呼吸道传染病、哮喘等疾病的发生，对人类生活和工业生产造成不良影响。

②致病微生物、寄生虫和某些昆虫等生物进入水体，或富含有机物的废水进入海洋后，赤潮生物大量繁殖，导致赤潮现象，产生赤潮毒素，改变海水微生物群落结构，导致病菌滋生，使水质恶化，杀死大量海洋生物，直接或间接危害人类健康或影响渔业生产的现象。

③土壤生物污染可能导致土壤生物多样性减少，从而引起土壤生态系统服务功能下降，如土壤肥力下降、病害抵抗力减弱等。

2. 生物入侵的影响

生物入侵主要对当地的生物多样性、生态系统、经济及人类健康造成负面影响。具体影响表现如下：

①外来入侵物种由于缺少天敌，可能迅速繁殖并成为优势种群，导致当地物种数量减少甚至灭绝，从而破坏生物多样性；外来入侵物种也可能通过杂交和基因渗透直接导致本

地物种遗传多样性减少，或通过栖息地破碎化间接影响遗传多样性。

②外来入侵物种可能改变当地生态系统的结构和功能，如影响土壤养分循环、水资源利用，以及植物群落的结构稳定性和遗传多样性。

③某些外来入侵物种可能携带疾病，危害人类和牲畜健康，如豚草花粉可导致花粉症（又名枯草热），福寿螺可传播寄生虫等。

二、物种加速灭绝的原因及影响

（一）物种加速灭绝的原因

物种加速灭绝的原因包括自然原因和人为原因两方面，自然原因包括自然灾害、物种自身；人为原因包括人为破坏、环境污染、乱捕滥猎、气候变化。

1. 自然原因

（1）自然灾害

自然灾害是导致物种濒危的原因之一。如火山爆发、小行星撞击地球、气候变化、海平面变化等，这些灾害会引起环境的剧烈变化，导致许多物种无法适应而死亡，最终承受灭顶之灾。

（2）物种自身

①物种特化　某些种类的野生动物在长期的进化过程中，适应了特定的栖息环境而产生了特别的习性（包括食性），使其难以适应变化了的环境或其他环境，最终被淘汰。

②遗传衰竭　一些野生动物在长期的演化过程中，由于种种原因而受到生活力减退和遗传力衰退的威胁，导致其种群数量难以恢复而趋于濒危。

2. 人为原因

（1）人为破坏

森林、草原、湿地、湖泊、滩涂等是野生动植物最主要的生存区域。森林的砍伐和其后的开荒种地，草原过度放牧，湿地、湖泊及滩涂被大量开发，导致许多动植物失去了适合它们生存和繁殖的栖息地，从而导致野生动植物的濒危。

（2）环境污染

20世纪以来，由于农药、鼠药、化肥、煤炭、石油的广泛使用，产生了大量工业"三废"和有毒物质，严重污染了大气、土壤和水体，野生动植物健康受到损害，繁殖能力日渐低下，许多江河湖海已不再适于水生野生动植物的生存繁衍。

（3）乱捕滥猎

乱捕滥猎是造成许多物种濒危的直接原因。人类为了获取食物、皮毛、药材等资源，过度捕杀或采集许多野生动植物，导致它们数量急剧下降或无法恢复，野外资源量锐减，处于濒危或极度濒危状态。

（4）气候变化

人类燃烧化石燃料、放牧家畜等，排放了大量温室气体到大气中，导致全球气温升高、极端天气增多、冰川融化、海平面上升等现象，直接影响动植物分布范围和季节节律，并加剧其他威胁因素的发生，导致某些动植物无法生存而濒临灭绝。

（二）物种加速灭绝的影响

物种加速灭绝对人类社会和自然环境都带来了深远的影响，主要表现如下：

1. 生态系统服务功能下降

生态系统提供诸如空气净化、水源涵养、土壤肥力维持、疾病控制等"服务"，物种灭绝削弱了这些功能，影响人类福祉。

2. 生物多样性损失

生物多样性的减少意味着生物种类、遗传多样性和生态系统类型的丧失，这大大降低了生态系统的恢复力和适应环境变化的能力。

3. 遗传资源丧失

每个物种都携带独特的基因信息，物种灭绝导致这些宝贵的遗传资源永久丧失，减少了未来科学研究和生物技术应用的潜在资源。

4. 影响食物安全和农业生产

许多农作物依赖于野生物种进行授粉和天然病虫害控制，物种灭绝可能直接威胁到这些生态过程，从而影响食物安全和农业生产。

5. 加剧气候变化

森林和植被的丧失减少了自然界的碳汇功能，加剧了全球气候变化，而气候变化反过来又威胁到更多物种的生存。

6. 对人类健康带来风险

物种灭绝和生态系统退化可能增加疾病传播风险，如通过改变病原体的宿主和传播媒介。研究表明，一些新发、再发传染病大多数是由于生物多样性丧失导致，由于人类频繁活动，导致部分物种灭绝和生态系统退化，原本停留在自然界内部的病源体进行跨物种传播，得以和人类接触，从而增加人类患病的风险。

三、生物破坏与物种加速灭绝应对策略

针对生物破坏与物种加速灭绝等问题，可以采取一系列应对策略，旨在保护和恢复生物多样性，维护生态系统的健康和稳定。

①制定和实施国家战略与行动计划。如我国发布了《中国生物多样性保护战略与行动计划（2023—2030年）》，明确了未来一段时间内生物多样性保护的战略部署和优先行动。

②制定法律法规进行保护。颁布和修订相关法律法规，如森林法、草原法、渔业法等，建立健全生物多样性保护体制机制和政策体系，为生物多样性保护提供法律保障。

③划定生态保护红线。通过划定生态保护红线来严格保护具有重要生态功能的区域，确保生态系统和生物多样性的关键区域得到保护。

④组织全国生物多样性调查，建立监测观测网络，为生物多样性保护提供科学依据。

⑤加大资金投入和科技研发力度，提升生物多样性保护、濒危物种保护救治和入侵物种治理等科研技术水平等。

✧ 实践活动

校园（或某地区）生物入侵调查

一、目的

调查生物入侵现象及其对生态系统和经济的影响。

二、规则

每组调查一种外来入侵植物，通过实地考察、采样和数据分析等，对该生物入侵事件进行全面了解，提出应对措施及方案，并进行小组汇报。

✧ 课后评价

评价项目	评价内容	权重
学习过程评价	对学生出勤率、学习态度、提问和回答问题、交流讨论等互动情况进行评价。本部分评价结果由教师给出，形成理论评价成绩	50%
实践活动评价	分组完成调查及汇报，各组之间对参与实践活动情况进行互评；教师对各组上交的图片、资料等进行评价	50%（其中组间评价权重20%，教师评价权重30%）

✧ 学习延伸

加强生物安全建设

公民生态意识相对薄弱

◈ 学习目标

1. 了解生态环境对人类生存和发展的重要性，认识到生态环境的保护和改善对实现可持续发展目标的重要性，树立起尊重自然、顺应自然、保护自然、合理利用自然的生态文明理念。

2. 认识到自己在生态文明建设中的责任和使命，能积极参与生态文明建设相关活动。

◈ 学习建议

理论与实践相结合，学习有关生态意识的基本知识，与增强生态意识、提升生态文明的实践相结合，积极倡导和践行绿色生活方式，并带动身边的人一起参与。

◈ 项目导入

云南昆明晋宁长腰山过度开发严重影响滇池生态系统完整性（节选）

一、基本情况

长腰山位于滇池南岸，是滇池山水林田湖草生态系统的重要组成部分，是滇池重要自然景观，曾经是昆明市城市重要生态隔离带，对涵养滇池良好生态具有十分重要的作用。2015年1月以来，昆明诺仕达企业（集团）有限公司（以下简称诺仕达集团）在长腰山区域，陆续开工建设滇池国际养生养老度假区项目。据调查，该项目规划占地3426亩，约占长腰山总面积的92%，规划建设别墅813栋、多层和中高层楼房294栋，建筑面积225.2万平方米。目前规划项目已全部实施，长腰山生态功能基本丧失，影响了滇池山水生态的原真性和完整性。

二、存在问题

（一）非法侵占滇池保护区

2016年7月第一轮中央生态环境保护督察指出，诺仕达集团建设的有关项目侵占滇池一级保护区。但晋宁区及诺仕达集团不仅没有认真吸取教训，反而变本加厉，在滇池一级保护区毁坏生态林建设了一条沥青道路，并陆续在滇池二级保护区限制建设区违规开发建设房地产项目，至2018年7月第一轮中央生态环境保护督察"回头看"时，已在二级保护区内建成167栋别墅，占地293亩，建筑面积10.8万平方米。

（二）长腰山生态功能基本丧失

除前述位于滇池二级保护区的房地产项目外，2017—2020 年，诺仕达集团还陆续在长腰山三级保护区建设 209 栋别墅、294 栋多层和中高层房地产项目，共计占地 1891 亩，建筑面积 174.4 万平方米，整个长腰山被开发殆尽。现场调查发现，大量挡土墙严重破坏了长腰山地形地貌，原有沟渠、小溪全部被水泥硬化，林地、草地、耕地全部变成水泥地。长腰山 90% 以上区域挤满了密密麻麻的楼房，整个山体被钢筋水泥包裹得严严实实，基本丧失了生态涵养功能，长腰山变成了"水泥山"。

三、原因分析

当地党委、政府政治站位不高，在滇池保护治理上态度不坚决、行动打折扣，标准不高、要求不严，只算小账、不算大账，只算眼前账、不算长远账，没有正确处理好发展与保护的关系，没有像保护眼睛一样保护滇池。长腰山的过度开发是一个深刻的教训，反映了当地政府、社会及个人生态意识薄弱，提醒我们必须尊重自然、保护环境。只有与自然和谐共生，才能实现真正的可持续发展。

思考： 对于长腰山被过度开发，你有哪些生态意识方面的思考与感悟？

◈ 知识链接

在过去的几个世纪里，人类社会经历了快速的工业化和城市化进程，使得人们对自然界的尊重逐渐淡薄。许多人过度追求物质财富和经济增长，忽视了生态环境保护的重要性。这种短视行为导致了资源枯竭、环境污染和生态失衡等严重问题，给人类的生存和发展带来了巨大挑战。

生态意识是指在处理人类活动与自然环境关系时人们所持有的基本立场、观点和方法。生态意识主要包括生态价值意识、生态责任意识、生态道德意识、生态审美意识、生态科学意识等几个方面的内容。

近年来，我国政府高度重视生态文明的发展。党的十七大提出生态文明建设，党的十八大将生态文明建设纳入中国特色社会主义事业"五位一体"的总体布局，习近平总书记在党的十九大报告中提出"建设生态文明是中华民族永续发展的千年大计"，在党的二十大报告中提出"推动绿色发展，促进人与自然和谐共生"，生态文明建设中重要的一环就是公民生态意识的提升。

为深入学习宣传贯彻习近平生态文明思想，进一步加强生态文明宣传教育工作，引导全社会牢固树立生态文明价值观念和行为准则，依据党中央、国务院关于推进生态文明建设、加强生态环境保护的要求和"十四五"时期生态环境保护工作部署，制定《"美丽中国，我是行动者"提升公民生态文明意识行动计划（2021—2025 年）》。该行动计划的总体目标是到 2025 年，习近平生态文明思想更加深入人心，绿水青山就是金山银山理念在全社会牢固树立并广泛实践，人与自然和谐共生的社会共识基本形成。公民生态文明意识普遍提高，自觉践行《公民生态环境行为规范（试行）》，力戒奢侈浪费，把对美好生态环境的向往进一步转化为行动自觉，生产生活方式绿色转型成效显著。导向鲜明、职责清晰、共建共享、创新高效、保障有力的生态环境治理全民行动体系基本建立。

一、公民生态意识相对薄弱的表现

我国公民在生态文明意识方面存在生态知识普遍缺乏、生态保护参与度和践行度差、生态法治观念淡薄、对政府的依赖心理严重的现状。公民生态意识相对薄弱，对生态问题的认识和关注较低，基本体现在宏观政策层面、重视程度层面以及环保行动层面。不同部门和组织的调查结果显示，公民普遍对环境问题较为敏感，对环境保护较为重视，对国家环保政策较为关心。但是，相比贫困、教育、就业等其他社会问题，公民对生态问题紧迫性的认识不足，重视程度较低。在社会发展目标的关注方面，公民对经济发展、科技创新、社会公平等发展目标的关注远远高于生态环境保护，尤其是生态环境保护与其他建设的协调和融入，公民缺乏应有的认识。此外，公民仍将环境污染治理和环保专项行动视为国家层面的应对措施，认为其与自身环境卫生状况的改善相距较远，从而缺乏自觉行动、自觉保护、自觉监督的主动性和积极性。

我国农村畜牧业发展进程中，排泄物污染、饲料污染以及水污染等是导致环境污染的主要因素。出现此类环境污染问题，与畜牧业从业人员生态意识薄弱密切相关。禽畜的排泄物是导致农村环境污染的重要因素，气味难闻绝大部分是禽畜的排泄物没有得到科学合理处理，随意堆积导致。同时，在禽畜外出的过程中，农民缺乏清理禽畜排泄物的意识，导致禽畜随意排泄，且养殖过程中牛、羊、鸡等动物都会不同程度地产生各种难闻的气味，最终导致农村环境污染严重，直接影响农民的生活质量。在农村畜牧业发展过程中，由于农民生态保护意识薄弱，胡乱添加激素、滥用抗生素的现象普遍存在；同时，使用发霉、不符合生产标准的饲料等，会导致饲料污染，如重金属污染、农药污染等。禽畜排泄物随意堆放，经过雨水冲刷形成污水，直接流入土壤、河流中，进而导致水污染问题的产生。一是水污染会直接导致农作物污染，尤其是一些含有大量有毒有害及农药残留的水直接进入土壤，长此以往将会改变土壤的成分和结构，最终被污染的土壤也会导致农作物受到污染；二是没有经过任何处理的雨水进入河流，导致河水受到污染，将会产生一系列的问题，如威胁河水中各种生物的生长，尤其是对鱼类的危害较大；三是受到污染的水进入地下，污染地下水，最终影响农村饮用水的质量。

二、公民生态意识提升途径

生态环境部环境与经济政策研究中心 2023 年 6 月 26 日发布《公民生态环境行为调查报告（2022）》（以下简称《报告》）。《报告》显示，我国公众普遍具备较强环境行为意愿，但在不同领域实际行为表现存在差异。其中，行为表现较好的领域是"呵护自然生态""关注生态环境""减少污染产生""节约能源资源""选择低碳出行"和"分类投放垃圾"，受访者在这些领域基本能够做到"知行合一"；行为表现一般的领域是"践行绿色消费""参加环保实践"和"参与监督举报"。

《报告》显示，在环境状况感知方面，超八成公众认为其所在城市的生态环境问题不严重，部分公众认为其住处附近存在空气污染（23.1%）、噪声污染（15.6%）和垃圾废弃物污染

(15.3%)等突出环境问题。除均认为空气污染和垃圾废弃物污染是突出环境问题外，城镇居民更多感受到噪声污染(17.9%)，乡村居民则更多感受到水污染(13.2%)和土壤污染(11.6%)。

调查结果表明，公众对政府生态环保工作高度认可，普遍认为中央和地方政府生态环保工作力度都在不断增强，认为增强的人数占比分别为69.2%和64.7%。公众对所在城市的生态环境质量总体较为满意，东部地区公众的满意程度最高，东北地区公众的满意程度最低。超六成公众认可其获得感和幸福感整体上因政府的生态环保工作在不断增强，17.1%的公众认为其获得感和幸福感增强了很多。

◈ **实践活动**

过滤水的乐趣

一、背景知识

在自来水工厂里，细砂过滤会被重复很多遍，直到水干净为止，是一种至今仍然在使用的过滤饮用水的方法。当然，过滤之后的水不宜直接饮用，还需要消毒，因为过滤的方法只能除去不溶于水的杂质。

二、材料准备

1个干净的大塑料瓶(1250毫升左右)、干净的大塑料杯、小塑料杯、一团棉花、清洗过的细沙、清洗过的粗沙砾、1张纸巾(或卫生纸)、一些土、剪刀、清洁布、搅拌棒、pH试纸、10毫升醋、量筒。

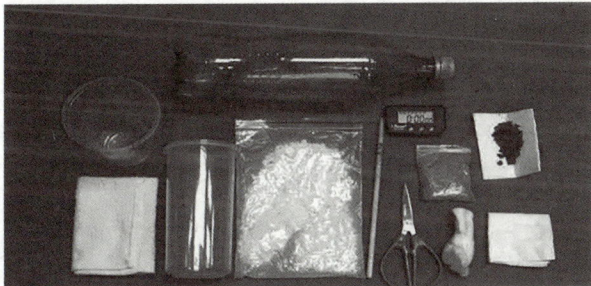

三、步骤

1. 剪掉大塑料瓶的底部，并把它倒过来，在瓶口处塞进棉花。

2. 向倒置的瓶子中放入粗沙砾(注意尽量不要使棉花团移动),然后向瓶中铺细沙,接着将纸巾铺在细沙的上面,这样一个过滤水的装置就做好了,我们把它称作过滤器。

3. 把过滤器瓶口朝下放在一个大塑料杯子上。

4. 将少量泥土与水在小塑料杯中混合并搅拌,得到一杯泥浆,倒出四分之一杯备用。

5. 小心地将剩下的泥浆倒入过滤器中,看看会发生什么现象。

6. 比较过滤之前的泥浆和过滤后的水,你有什么发现? 颜色、气味、透明度及其他方面各有什么变化呢?

四、活动现象

过滤前的水是有颜色的、浑浊的、不透明的,过滤后的水是无色的、清澈的、透明的。用过滤的方法可以去除水中不溶于水的杂质。

◈ 课后评价

评价项目	评价内容	权重
学习过程评价	对学生的出勤率、学习态度、提问和回答问题、交流讨论等情况进行评价	50%
实践活动评价	根据学生积极参与程度以及实验效果进行综合评价	50%

◈ 学习延伸

《公民生态环境
行为调查报告
(2020年)》发布

模块三

厚植绿韵底色，创新绿色发展

——现代林业与生态文明建设

近年来，为践行习近平新时代中国特色社会主义思想，深入贯彻习近平生态文明思想，牢固树立"绿水青山就是金山银山"发展理念。习近平总书记提出的关于生态文明建设的六项原则和实施森林质量精准提升工程的重要指示，对新时期的林业发展具有里程碑性的重大意义。在建设具有高度稳定性、适应性和高活力的森林生态系统总目标下，扎实改进森林质量精准提升的核心指标，深化"多功能、近自然、全周期"标志的精细化森林经营技术体系，持续建设和扩大国家森林经营样板示范基地，是持续推进适应我国自然和社会特征的多功能林业发展的重要工作。

持续学习和理解习近平总书记的这些重要思想和原则，定将激发出新的动力来深化我国现代林业技术体系的改革发展，使林业成为推动生态文明社会持续发展的根本力量，为实现"绿水青山就是金山银山"的生态文明社会发展及中华民族伟大复兴做出应有的贡献。

现代林业与生态系统功能

◈ **学习目标**

1. 认识现代林业和生态系统功能。
2. 能分析现代林业所处的地位。
3. 树立生态优先合理发展现代林业的理念。

◈ **学习建议**

根据案例，查阅相关文献和资料，总结林业的地位以及生态系统功能。

◈ **项目导入**

现代林业技术在水土保持中的运用

　　水土流失是我国生态环境面临的突出问题，长期以来，以牺牲生态环境为代价的发展观念使水土流失问题愈加严重，无论是山地还是平原地区都有不同程度的水土流失，若得不到有效解决，就会严重制约地区农业与经济的发展。因此，加快水土流失治理进程、加强对生态环境的有效保护和合理利用水土资源是当前重要且紧迫的任务。在这个过程中，要充分发挥现代农业技术的重要作用，即通过运用林业技术增加植被覆盖率，减少土壤流失，对经济的发展起到促进作用。现代林业技术在水土流失治理工作中的重要作用，主要体现在减缓地表径流、增加地表土壤的稳定性以及环境优化等方面。运用现代林业技术进行水土保持的方法有分水岭成林法、调节水流成林法、沟侧防侵蚀成林法。现代林业技术不仅在水土流失防治工作方面发挥重要的作用，更是根据实际情况结合开展了多样的造林法，使水土流失防治工作更具有针对性。笔者在对现代林业技术进行全面了解的过程中发现，该技术与时俱进地从自身特色出发，制定合适的治理方法，不仅使生物工程防护更具有长远发展的前景，而且能带来经济效益。因此，未来要进一步加强对该技术的重视。

　　启示：在保护生态环境的前提下，可以通过提升技术来实现水土流失防治、病虫害防治、提高经济效益等，加大现代林业建设，提高林业技术，建设生态文明。

◈ **知识链接**

一、现代林业概述

（一）什么是现代林业

现代林业是科学发展、以人为本、全面协调可持续发展的林业，能够体现现代社会主要特征，具有较高生产力发展水平，最大限度拓展林业多种功能，满足社会多样化需求。

1. 现代林业是高效的林业

现代林业是林地资源得到充分利用，林地利用率、林地生产力明显提高，森林结构和质量得到充分改善，功能和效益得到最大限度发挥的林业。未来几年，要努力实现建设高效型林业的目标，必须提高森林质量和效益，增强森林的功能；必须大力推进林业管理体制改革，盘活林业资产，为林业增添生机与活力；必须统筹科技、管理、机制等因素，提高投入产出比，提高林业发展效益。

2. 现代林业是节约的林业

现代林业是充分体现节约优先原则，开发与节约并重，林地和木材等林业资源的综合利用率大幅度提高，林业产业链条充分延长，循环经济充分发展，行政成本有效降低的林业。由于我国人口众多，人均资源不足始终是制约我国经济发展的因素。特别是森林资源，人均森林面积和蓄积量分别仅占世界平均水平的 1/5 和 1/8，短缺状况更为突出。发展节约林业，必须坚持开发节约并重，节约优先；必须完善资源节约管理体系，创新资源节约机制，努力节约资源能源；必须强化节约意识，鼓励节约消费模式，加快发展林业信息化与电子政务建设步伐，推进无纸化办公、网络化办公，努力降低行政成本。

3. 现代林业是法治的林业

现代林业是依法治国方略在林业上得到全面贯彻，具有完备的林业法律法规体系、规范的林业行政执法体系、高效的林业行政执法监督体系和健全的林业普法教育体系，把林业各项工作纳入法制化、规范化轨道，为实现林业又好又快发展提供强有力的法律保障的林业。建设法治林业，必须坚持良性准则，做到预防为主；必须树立民本观念，为民执法，执法为民，始终坚持以维护人民群众的切身利益为中心来开展工作；必须依法治林，制定和发展高产、优质、高效林业，快速实现森林资源增加；必须完善法律法规和规章制度，提高执法水平，做到有法可依，紧紧抓住森林经营这个关键，加强低产林的改造和管理。

（二）现代林业在生态文明中的地位和作用

近年来，随着环境问题的不断出现，生态文明建设成为世界性的重点建设内容。只有提高对生态文明建设的重视，采取有效的措施进行生态文明建设，才能促使生态环境得到可持续发展。生态环境是人类生存的基础，对于人类而言，真正的财富是良好的生态环境。

生态保护与修复：林业部门负责保护森林生态系统、湿地生态系统、荒漠生态系统以及野生动植物和生物多样性。例如，中国拥有超过 90 亿亩的林地、湿地和荒漠化土地，这些生态系统对于维护生态平衡和生物多样性至关重要。

应对气候变化：林业通过吸收和储存二氧化碳，以及作为碳汇的功能，对全球气候变化的缓解起到关键作用。森林作为陆地上最大的储碳库，其碳汇功能对于减少大气中的温室气体浓度具有重要意义。

经济与社会发展：林业不仅提供商品和服务，如木材、纸张等，还是农村发展和农民增收的重要途径。林业产业的发展有助于推动经济增长和就业，特别是在贫困地区，林业可以成为经济发展的驱动力。

生态建设与美丽中国建设：林业通过加快荒山绿化、城乡绿化、森林公园和湿地公园的建设，为建设美丽中国提供生态产品。这些措施不仅提升了生态环境质量，也改善了居民的生活质量。

综上所述，现代林业在生态文明建设中不仅是必要的组成部分，而且是关键的推动力量，对于维护生态安全、促进经济可持续发展和提升社会福祉具有不可替代的作用。

现代林业育苗与造林技术

二、生态系统功能

生态系统功能是生态系统整体在其内部和外部的联系中表现出的作用和能力。一个健康的生态系统，一定是能够自我维持、自我调节且自我修复的，这样就需要生态系统去做功。生态系统的基本功能包括能量流动、物质循环和信息传递。

（一）能量流动

物体做功需要能量，生态系统同样需要能量，但这个能量是生态系统自己制造的（严格来讲是转化的太阳能）。能量流动是指生态系统中能量输入、传递、转化和消失的过程。能量流动是生态系统的重要功能，在生态系统中，生物与环境、生物与生物间的密切联系，是通过能量流动来实现的。

生态系统的能量流动，始于生产者通过光合作用固定的太阳能，在陆地上由各类绿色植物完成，在海洋中则由各种藻类完成。流入生态系统的总能量，是生产者通过光合作用固定的太阳能的总量，能量通过食物链和食物网进行传递。流入某营养级的能量，是指被这个营养级的生物所同化的能量，一个营养级的生物所同化的能量一般用于四个方面：一是自身的呼吸消耗；二是用于生长、发育和繁殖，其能量贮存在构成有机体的有机物中；三是流入下一个营养级的生物体内未被利用的部分；四是供分解者使用，有机物中的能量有一部分存在于死亡的遗体、残落物、排泄物中，会被分解者分解掉。在生态系统内，能量流动与碳循环是紧密联系在一起的。

生态系统能量流动的特点是单向流动和逐级递减。单向流动是指生态系统的能量流动只能从第一营养级流向第二营养级，再依次流向后面的各个营养级，不能逆向流动。这是由于生物长期进化所形成的营养结构确定的。

能量逐级递减，是指输入到一个营养级的能量不可能全部流入下一个营养级，能量在沿食物链流动的过程中是逐级减少的。能量在沿食物网传递的平均效率为10%～20%，即一个营养级中只有10%～20%的能量被下一个营养级所利用。而多余的能量去哪里了呢？

从能量守恒的观点来看，能量是不会无缘无故消失的，只是从一种形式转换成另一种形式。其实，那些营养级传递之外的能量，大多作为热量消耗了。

（二）物质循环

生态系统的物质循环是指组成生物体的营养物质在生态系统的生物群落内部或其间，以及与非生物环境之间进行贮存、转化、迁移的往返转运过程。生态系统的物质循环可分为三大类型，即水循环、气体型循环和沉积型循环。

1. 水循环

水循环是指大自然的水通过蒸发、植物蒸腾、水汽输送、降水、地表径流、下渗、地下径流等环节，在水圈、大气圈、岩石圈、生物圈中进行连续运动的过程。水循环是生态系统的重要过程，是所有物质进行循环的必要条件。

2. 气体型循环

元素以气态的形式在大气中循环即为气体型循环，又称气态循环，气态循环把大气和海洋紧密联系起来，具有全球性。碳、氧循环和氮循环以气态循环为主。

3. 沉积型循环

沉积型循环发生在岩石圈内，元素以沉积物的形式通过岩石的风化作用和沉积物本身的分解作用，转变成生态系统可用的物质，沉积循环是缓慢的、非全球性的、不显著的循环。沉积循环以硫、磷、碘为代表，还包括硅以及部分碱金属元素。

（三）信息传递

生态系统中各生命成分之间存在着信息传递，信息传递是生态系统的基本功能之一，在传递过程中伴随着一定的物质和能量的消耗。信息传递不同于物质循环和能量流动，往往是双向的。

生态系统中包含多种多样的信息，大致可以分为物理信息、化学信息、行为信息等。

1. 物理信息

物理信息指通过物理过程传递的信息，它可以来自无机环境，也可以来自生物群落，生态系统中的光、热、声、电等都是物理信息。

2. 化学信息

生态系统的各个层次都有生物代谢产生的化学物质参与传递信息、协调各种功能，这种传递信息的化学物质统称为信息素，包括生物碱、有机酸及代谢产物等。信息素虽然量不大，但却涉及从个体到群落的一系列生物活动。

3. 行为信息

许多植物的异常表现和动物异常行动传递了某种信息，统称行为信息。行为信息可以在同种或异种生物间传递。行为信息多种多样，如蜜蜂的圆圈舞等。

✦ 实践活动

通过自学、查阅资料和案例分析，撰写一篇小论文，将所学知识总结归纳成自己的观点，由教师给予评价。

◈ 课后评价

评价项目	评价内容	权重
学习过程评价	对学生的出勤率、学习态度、提问和回答问题、交流讨论等情况进行评价	50%
实践活动评价	教师对各组提交的小论文进行评价	50%

◈ 学习延伸

发展林业：应对
气候变化的战略
选择

现代林业三大体系

◈ 学习目标

1. 认识现代林业三大体系。
2. 熟悉构建现代林业三大体系的主要任务。
3. 树立生态优先合理发展现代林业的理念。

◈ 学习建议

采用相关文献和资料查阅法快速熟练地掌握相关知识点，结合案例进行分析，共同讨论，达成共识。

◈ 项目导入

完善三大体系，全面提升现代林业示范市建设水平

构建完善的林业生态体系、发达的林业产业体系、繁荣的生态文化体系是现代林业建设的主要目标、核心内容和重要标志。益阳在推进国家现代林业示范市建设过程中，始终把构建和完善三大体系作为现代林业建设的重中之重，坚持从实际出发，把握工作切入点和着力点，使三大体系建设有机融入现代林业建设和绿色益阳建设之中，确保现代林业示范市建设又好又快向前推进。以加快创建国家森林城市为抓手，进一步巩固生态建设。国家森林城市是目前国家对一个城市在生态建设方面的最高评价，是最具权威性、最能反映城市生态建设整体水平的荣誉称号。近几年来，益阳按照国家森林城市建设要求，加快城乡绿化一体化步伐。目前，全市森林覆盖率达 53.84%，已形成了较为完备的森林生态体系，为创建国家森林城市奠定了坚实的基础。从 2022 年开始，益阳将再通过两年时间的努力，进一步加快创建国家森林城市步伐，着力构筑起主城带动、城乡一体、统筹推进的生态建设格局。到 2025 年，实现国家森林城市创建目标，那时候的益阳，必将林更美、天更蓝、水更清、空气更清新，人民群众幸福指数更高。

启示：构建完善的三大体系是建设现代林业的核心内容，主要目标是打好生态文明建设的基础。

◈ 知识链接

一、现代林业三大体系概述

林业的三大体系指现代林业建设的三大目标，即构建完善的林业生态体系、发达的林业产业体系、繁荣的生态文化体系。

现代林业的内涵是以人为本，全面协调可持续地发展林业，要求用现代的发展理念来引领林业，用多种经营的目标做大林业，用现代的科学技术提升林业，用现代物质条件装备林业，用现代的信息手段管理林业，用现代市场机制发展林业。

现代林业一定是为人民服务的林业。党的十八大将生态文明提到很高的高度，林业是陆地生态建设的主体，面临着更艰巨而光荣的新责任和任务。当前，中国林业的地位也得到了空前的提高。从20世纪五六十年代的"刨坑种树"发展到如今的多功能需求，但多功能需求还远未形成产业，差距还很大，需要大量投入科学研究，并且全方位地开展森林资源的经营管理。对此，我国在现代林业领域提出建设林业的三大体系。

林业生态产品要走向价值化，这是"绿水青山转变成金山银山"的重要机制和途径。用法律保障林业，用对外开放拓展林业，加大林业人才的培养，使林业生产全方位地提升生产力、利用率和劳动生产价值，使林业三大体系构建得更加完备。

林业三大体系的基本原则是以生态建设为主的林业发展战略；巩固树立人与自然和谐的重要价值，积极推动生态文化建设；坚持把改革作为推动林业又好又快发展的根本动力，努力发展和形成符合现代社会发展要求的林业生产力和生产关系。这些都是森林多功能利用和森林资源经营管理方面的变革，森林经理作为龙头学科应该做好全方位的安排和设计并开展工作，使林业为人类做出全方位的贡献，能做出更重要的、有支撑能力的体现，打造新的林业产业体系。

二、现代林业三大体系主要任务

林业面临的任务日益繁重，必须把握时代的脉搏和潮流，顺应林业发展的内在规律，积极推进现代林业建设。发展现代林业，应当高度重视林业的林地资源潜力、物种资源潜力、市场需求潜力和安置农村劳动力的潜力；必须充分发掘林业的生态功能、经济功能和社会功能；必须加速推进林业经营思想、技术、装备、劳动技能、管理模式等五大转变，积极构建森林生态体系、林业产业体系和森林文化体系。

我国经济社会发展已经进入了工业化、城镇化、市场化、国际化发展的新阶段，经济体制深刻变革，社会结构深刻变动，利益格局深刻调整，思想观念深刻变化。为实现经济社会又好又快发展，党中央作出了全面落实科学发展观、构建社会主义和谐社会、建设社会主义新农村、建设创新型国家、建设资源节约型和环境友好型社会等一系列重大战略决策。在这种新形势下，林业在经济发展和社会进步中的地位越来越重要，作用越来越突出，面临的任务也越来越繁重。必须把握时代的脉搏和潮流，适应国内外形势的深刻变化，顺应林业发展的内在规律，全面推进现代林业建设，拓展林业的生态功能、经济功能和社会功能，构建森林生态体系、林业产业体系和森林文化体系。

林业作为生态建设的主体，在生态文明建设中肩负着重要的历史使命。为了加快推进林业现代化进程，构建现代林业三大体系已成为当务之急。

1. 生态体系建设

增强生态意识教育需要推进生态文明建设，必须从思想认识上入手。加强对生态保护的宣传教育，引导人们树立正确的生态价值观，增强全民生态意识。同时，加强对领导干部的生态教育，增强其生态文明建设的意识和能力。加强生态保护与修复，加强对森林、湿地、荒漠等生态系统的保护与修复，确保生态系统的完整性和稳定性。同时，积极推进退耕还林、天然林保护、防护林建设等生态工程，提高生态系统的承载能力和自我修复能力。推进生态文明制度建设，建立健全生态文明建设的制度体系，包括资源环境管理制度、生态补偿制度、生态红线制度等，以保障生态体系的健康运行。同时，加大对破坏生态环境行为的惩处力度，形成有效的约束机制。

2. 林业产业发展

优化林业产业结构，加强对传统林业产业的升级和转型，推动林业产业向高端化、多元化方向发展。大力发展林下经济、森林旅游等新兴林业产业，培育新的经济增长点。推进和加强林业科技创新，推广先进的林业技术和设备，提高林业生产的效率和质量。同时，加强对林业新品种的研发和推广，提高林业产品的竞争力和附加值。加强林业产业品牌建设，提高其知名度和美誉度。同时，加强对林业产品的营销推广，拓展市场渠道，增强市场竞争力。

3. 生态文化建设

加强对生态文化的宣传教育，提高人们的生态意识和文明素质。通过各种渠道和形式，普及生态知识，弘扬生态文化，推动全社会形成尊重自然、保护环境的良好风尚。

加强对生态文化产业的支持和培育，推动生态文化产业的发展和创新。鼓励各类文化企业涉足生态文化领域，开发具有地方特色的生态文化产品和服务，促进生态文化与经济融合发展。

综上所述，构建现代林业三大体系的任务艰巨而紧迫。只有全面推进生态体系建设、林业产业发展、生态文化建设等方面的工作，才能实现林业现代化建设的目标，为社会可持续发展作出更大的贡献。

全市林业流动现场会提出发展新思路

⬧ **实践活动**

一、目的

通过讨论激发学生的主观能动性，提升学生的自学能力、语言表达能力、逻辑思维能力，以及对知识的总结能力。

二、说明

学生课前查阅相关资料，拓宽知识面；组内结合相关资料阐述自己的观点，小组讨论后达成共识，形成小组意见；推选代表向全班汇报。

三、规则

1. 老师为主持人、评委。

2. 以小组为单位，每组 6 人左右。

3. 现场讨论，老师规定讨论时间并给出提示，如林业三大体系是否可以继续扩展到四大体系或更多体系。

4. 各组汇报，学生自由提问。

5. 老师点评。

四、建议

讨论时间控制在 20 分钟内，老师负责控制讨论时间、调节气氛。

◈ 课后评价

评价项目	评价内容	权重
学习过程评价	对学生的出勤率、学习态度、提问和回答问题、交流讨论等情况进行评价	50%
实践活动评价	各组之间对参与实践活动情况进行评价；教师对各组上交的图片、资料等进行评价	50%（其中组间评价权重30%，教师评价权重20%）

◈ 学习延伸

强化三大体系　激发内生动力——江西省打造林长制升级版纪实

项目三

现代林业在生态文明
建设中的主体地位

✧ 学习目标

1. 认识现代林业在生态文明建设中占主体地位的原因。
2. 能分析现代林业在生态文明中的作用。
3. 认识到现代林业在生态文明建设中的重要性，并结合专业展望未来。

✧ 学习建议

明确现代林业与生态文明建设的紧密关系：

理解现代林业的内涵；认识生态文明建设的重要性；把握现代林业在生态文明建设中的主体地位。

✧ 项目导入

调节水流成林法

水流速度对于土地侵蚀的程度是不同的。根据相关研究，在耕地区域内存在坡度就会导致水流速度加快，现代林业技术根据此问题提出了具有针对性的解决方案，即在斜坡上统一建立水流调节林，这样既能有效避免水流对土壤的冲刷，还可以涵养地下水源，在一定程度上减轻洪涝的发生。但是，要建成水流调节林，除了要注意方法，还要在树木品种上做出调整，选择主根长、侧根宽的乔、灌木，进而达到更好的防护效果。

启示： 大力发展现代林业技术可以更好地实现生态文明建设，通过林业技术的革新，提高生态文明建设水平。

✧ 知识链接

我国的林业建设在森林资源保护和湿地保护发展方面发挥着积极的作用，对社会经济的发展起着重要的作用，而且现代林业建设正在积极推进水土流失的治理进程和治理方式，在净化空气、减少雾霾，甚至是解决一些重大的洪涝灾害影响等方面，都发挥着积极的作用，林业在发展中还具有强大的经济功能，对全球气候变暖也贡献着力量。

生态文明是人类在遭受了违背自然规律带来的灾难后，人类提出的新选择。生态文明以绿色科技和生态生产为重要手段，使人类的发展既能保持经济增长，又能保持生态平衡、资源永续利用。林业作为绿色科技的"排头兵"在生态建设中起着重要的作用。

一、生态文明建设概述

面对资源约束趋紧、环境污染严重、生态系统退化的严峻形势，必须树立尊重自然、顺应自然、保护自然的生态文明理念，走可持续发展道路。

生态文明建设其实就是把可持续发展提升到绿色发展高度，为后人"乘凉"而"种树"，不给后人留下遗憾而是留下更多的生态资产。生态文明建设是中国特色社会主义事业的重要内容，关系人民福祉，关乎民族未来，事关"两个一百年"奋斗目标和中华民族伟大复兴中国梦的实现。党中央、国务院高度重视生态文明建设，先后出台了一系列重大决策部署，推动生态文明建设取得了重大进展和积极成效。同时习近平同志在党的十九大报告中指出，加快生态文明体制改革，建设美丽中国。

1. 现代林业发展与生态文明建设的关系

(1) 现代林业对生态文明建设的促进作用

保护和恢复生态环境：现代林业通过科学种植和管理树木，有效改善土壤质量、保护水资源、减少土壤侵蚀，并净化空气等，从而维护生态环境的稳定性和完整性。现代林业技术的引进和应用，使得森林资源能够更加充分和科学的被利用和保护，有助于提高生态系统的稳定性和可持续性。

促进生物多样性的保护和增强：森林是地球上最大的生物多样性载体，现代林业的发展通过恢复栖息地、保护野生动植物种群、推动物种迁移和繁殖等方式，有助于保护和增强生物多样性。

推动生态旅游和文化传承：森林资源的丰富性和景观的优美性吸引了大量游客，推动了当地旅游业的发展。

同时，现代林业也传承了丰富的生态文化，将传统的林业技术和文化遗产发扬光大，有助于推动生态文明的传承和弘扬。

(2) 生态文明建设对现代林业发展的引领作用

提供发展平台：生态文明建设是一个系统性、综合性的任务，它要求整体生态系统的平衡与协调。这为现代林业提供了广阔的发展平台，使其能够在更加全面和系统的框架下进行发展。

推动科技创新和技术进步：生态文明建设要求提高林业资源的利用效率，减少砍伐数量，推动林业可持续发展。这促使现代林业依托科技创新，不断提高林业生产效率，减少对自然资源的消耗。

倡导绿色发展理念：生态文明建设强调节约资源和保护环境，倡导绿色发展理念。这促使现代林业更加注重生态环境的保护和可持续利用，通过推动林业生产方式的转变，实现林业和生态环境的良性循环。

(3) 现代林业与生态文明建设的共同目标

现代林业与生态文明建设的共同目标是实现可持续发展。通过双方的协同努力，可以实现生态环境的良好保护和可持续利用，为人类的可持续发展提供坚实支撑。这包括提高森林质量和效益、增强森林的功能、推进林业管理体制改革、完善资源节约管理体系等方面的能力。

综上所述，现代林业发展与生态文明建设之间存在着相互促进、相互支持的关系。它们共同推动着可持续发展的进程，为实现人类社会的长期繁荣和稳定贡献力量。

2. 现代林业在生态文明建设中的主体地位

(1)生态功能的核心作用

现代林业作为生态文明建设的核心组成部分，其生态功能在维护地球生态平衡中发挥着至关重要的作用。森林是地球上最重要的生态系统之一，具有调节气候、保持水土、净化空气、维持生物多样性等多重生态功能。这些功能不仅为人类提供了清新的空气、优美的环境，还保障了地球的生态平衡和可持续发展。

(2)经济与社会价值的双重体现

现代林业在生态文明建设中的主体地位还体现在其经济与社会价值的双重体现上。一方面，林业产业作为国民经济的重要组成部分，通过合理利用森林资源，推动经济结构的优化升级，实现了绿色发展；另一方面，林业产业的发展也带动了相关产业链的发展，如木材加工、家具制造、生态旅游等，为社会创造了更多的就业机会和收入来源。同时，林业还为人们提供了休闲、旅游、教育等服务，满足了人们对美好生活的需求，提升了人们的生活质量和幸福感。

(3)引领生态文明建设的示范作用

现代林业在生态文明建设中的主体地位还表现在其引领生态文明建设的示范作用上。林业作为生态文明建设的重点产业之一，其成功实践可以为其他行业提供示范和借鉴。通过发展现代林业，可以推动整个社会向生态文明方向迈进，促进生态系统的恢复和保护，推动经济结构的优化升级，提高人民的生活质量。

(4)政策支持与战略地位

党和政府高度重视生态文明建设，将林业作为生态文明建设的重点产业之一。通过制定一系列政策措施，如退耕还林、天然林保护、植树造林等，推动林业产业的持续健康发展。这些政策不仅有助于保护森林资源，还能够促进林业产业的转型升级和绿色发展。同时，现代林业在生态文明建设中的战略地位也日益凸显，成为实现经济、社会和环境的协调发展的重要力量。

综上所述，现代林业在生态文明建设中的主体地位体现在其生态功能的核心作用、经济与社会价值的双重体现、引领生态文明建设的示范作用以及政策支持与战略地位等多个方面。通过发展现代林业，可以推动生态文明建设的深入发展，实现经济、社会和环境的协调发展。

3. 新时代背景下生态文明建设的重要意义

生态文明是以人与自然、人与人、人与社会和谐共生、良性循环、可持续发展为基本宗旨的社会形态，也是人类文明发展的一个新阶段。近年来，在社会快速发展的同时，生态环境问题也越来越严重。例如，全球变暖问题越来越突出，北极冰山开始融化，会造成更多的自然灾害。建筑行业、化工行业的快速发展，使得环境污染问题、生态平衡问题越来越严重，这不仅会影响到人们的生活环境，也会导致各种自然灾害发生。在此背景下，生态文明建设就越来越受到重视。生态文明建设的目的在于协调好人与自然、人与社会之间的和谐统一发展，这对于促进生态环境的健康持续发展以及推动国家的健康持续发展都具有重要意义。生态文明建设不仅有着重要的生态效益，也有着重要的经济效益。因为生态文明建设有利于构建可持续发展的环境，对于人类而言是很珍贵的财富。所以在新时代背景下，加强生态文明建设尤为重要和必要。

二、现代林业在生态文明建设中的作用

1. 优化林分结构

为了改善恶劣生态环境，人与自然和谐发展的战略得到了高度重视。推动林业技术创新可以发挥森林防风固沙和抵御自然灾害的重要作用，在净化城市空气环境的同时，创造良好的社会效益和生态效益，满足绿水青山就是金山银山的发展要求。同时，根据生态林的基本功能和当地气候条件，能够合理规划林业建设面积和林木品种，也可以合理布局林业系统环境中的各种林木分布。通过合理应用现代化技术与设备，可以实现林木科学栽培和抚育管理，林木成活率得到了显著提升，生长速度更快，缩短了生态林的成林时间，生态功能也可以得到充分发挥。

2. 保护生物多样性

伴随着工业领域的快速发展，自然环境受到破坏，很多动植物因为人类生产活动而濒临灭绝。为了保护人们赖以生存的家园，关于动植物保护的相关法律规定相继出台，其目的是实现人与自然和谐发展。在此过程中，通过合理运用林业技术创新，在营造混杂林和原始生态林基础上，深入应用了林木混种和林地种草技术，林业生态系统中的动植物类型变得更加多样化，构成了庞大的动植物网络，生态系统也会变得更加稳定。另外，很多濒危动植物也获得了良好的栖息环境，危害性较大的检疫性病虫害也能够得到有效控制，为生态林可持续发展奠定了良好基础。

3. 提高林业产业经济效益

当前部分乡镇地区的经济发展过于依赖化工和建筑等产业，这些产业会对环境造成严重污染，不仅影响着周围水源环境和土壤环境，还会对人们的身心健康造成影响，不利于当地经济的稳定发展。应用林业技术创新可以构建以林业产业为基础的绿色经济发展体系，有利于实现美丽乡村建设目标。具体表现为：依靠现代化科学技术和当地文化优势，形成融合餐饮娱乐和住宿于一体的特色风景服务区；通过指导合理修剪和抚育林木，以及引入高品质林木，确保林木产品得到有效供给，进而推动林业产业不断发展；现代化林业技术的融入也可以吸引青年人才，从而使人力资源分配更加合理，有利于林业产业的高质量发展和乡村振兴战略的实现。

4. 打破林业发展瓶颈

从当前林业实际发展情况来看，限制林业发展的主要原因有两方面：一是林业技术水平较低，人们习惯采取传统的林业生产经营模式，先进技术在其中的占比相对较小，技术应用无法满足预期要求，导致林木树苗的成活率较低，无法对病虫害进行有效预防。二是粗放型经营模式降低了林业工作质量，由于缺少精细化管理，林业在经营期间遇到的各种

问题无法得到改善，一些工作内容无法实现量化处理，进而导致林业整体生产效率低下，林业产量也较低。通过林业技术创新可以帮助林业发展走出困境，合理利用现代化技术可以发展精细化经营管理模式，林业工作技术含量也会得到稳定提升，打破林业发展瓶颈，实现林业产业高质量发展目标。

5. 推动林业可持续发展

林业产业高质量发展可以创造良好经济效益，有利于地区经济水平的稳定提升。同时，还可以改善人们日常生活环境，实现生态系统可持续发展，对于林业高质量发展而言具有十分重要的现实意义。目前，随着林业技术的不断创新，出现了可持续经营技术，优化了湿地生态系统和森林生态系统，确保自然环境和林业发展能够相辅相成，进而实现物种多样性、林业系统和人类生活环境之间的协调统一。

6. 提高林业人员专业能力

林业技术创新促进了现代林业发展，间接提升了林业工作人员的专业能力。从林业技术创新角度来看，如果缺少高素质的优秀人才支持，那么创新也只是纸上谈兵。在林业技术创新开展过程中，林业部门重视人才的引进和聘用，进而对林业工作人员的能力提出了严格要求，这也是林业技术创新发展的重要意义之一。另外，还需要采取新技术来加强林木新品种的研发和发展，确保林木产品质量能够得到稳定提升，为林业产业稳定发展提供有力支持。在林业技术创新不断发展过程中，林业工作人员也要定期参与技术培训，在保证自身专业性的基础上，提升整体工作效果，进而能够满足可持续发展的需求。

✧ 实践活动

小组辩论赛

一、目的

通过小组辩论巩固所学知识。同时查阅与课程相关的课外知识，拓宽知识面，并总结出自己的观点。提升学生的自学能力、语言能力、逻辑思维能力。

二、说明

学生查阅资料。辩论选手分正、反两方，每方4人。辩题由教师给出，选手自行选择正、反方。

三、规则

1. 老师为主持人、评委。

2. 以小组为单位，每组4人。

3. 抽签分出正方组与反方组，并自由组合为一个完整的辩论组(一个正方组+一个反方组)。

4. 组合好的辩论组选取辩题，如现代林业在生态文明建设中可以完全取代传统林业。

5. 查阅相关资料，准备辩稿。

6. 现场辩论：

（1）辩论赛开始，宣布辩题。

（2）介绍参赛代表队及所持立场，介绍参赛队员。

（3）辩论赛(按正常辩论赛流程即可)。

（4）观众自由提问。

（5）评委点评发言。

（6）宣布比赛结果。

四、建议

时间不宜过长，主持人负责控制时间及气氛，避免激烈争执。

✧ 课后评价

评价项目	评价内容	权重
学习过程评价	对学生的出勤率、学习态度、提问和回答问题、交流讨论等情况进行评价	50%
实践活动评价	各组之间对参与实践活动的情况进行评价，针对辩论的主题依据进行评价；教师针对各组对传统林业与现代林业的知识点整理与总结，给予评价	50%（其中组间评价权重20%，教师评价权重30%）

✧ 学习延伸

森林生态产品价值实现对县域发展差距的影响

项目四

现代林业生态建设与林业产业发展

❖ 学习目标

1. 认识现代林业生态建设与林业产业发展的关系。
2. 能分析林业生态建设与林业产业的平衡发展。
3. 树立生态优先合理发展林业产业的理念。

❖ 学习建议

1. 明确学习目标其重要性

理解生态文明建设的核心；认识林业发展的重要性。

2. 深入学习现代林业知识

掌握现代林业的基本概念；学习森林资源保护与利用。

❖ 项目导入

转型优势

2010 年，云南省普洱市林业和草原局组成调研组到景东县深入实地调研，督导森林质量精准提升、原料林基地建设等林业产业资源整合工作。景东县按照普洱市委、市政府统一部署，围绕发展普洱市现代林业产业资源整合工作方案，结合景东县实际，成立现代林业产业发展、资源整合工作领导小组和督导工作组，统筹推进现代林业产业资源整合工作。调研组指出，发展现代林业产业意义重大，必须提高政治站位，以目标为导向，做细做实林业产业资源整合工作，积极探索"两山"转化新模式，坚持新思维、贯彻新理念，扎实推进景东县现代林业产业资源整合，以"双百"项目快速实现推进为突破口，把林业产业作为景东产业增长的新支柱，盘活林业资源，释放更多的绿色红利。真正把生态优势转变为经济优势、发展优势和产业优势，推动景东县现代林业产业绿色高效发展，成为助力经济发展、提升集体经济、增加林农收入的实力产业。

启示： 在生态保护的基础上，把生态优势转变为经济优势、发展优势和产业优势，推动现代林业产业绿色高效发展。

✦ 知识链接

一、林业生态建设与林业产业发展

在经济全球化发展背景下，林业现代化建设也在朝可持续发展方向前进，但是在多方面的影响下，林业生态建设并没有达到预期效果，整体发展实力提升较慢，这也是限制社会经济快速发展的主要因素之一。同时，当前林业发展整体水平依然有待提升，存在现代化建设目标不明确的问题，对可持续发展造成了一定的阻碍，再加上部分林业相关工作人员的创新思维落后，综合素质不高，导致林业工作在实际开展期间，从生产管理到销售，都没有实现管理技术的充分创新，虽然制定了一系列长远规划，但是在实际落实过程中却出现了与全球化经济发展趋势不适应的问题。随着各项环保政策的出台和人们环保意识的不断提升，造林绿化工程实现了良好发展，森林覆盖面积越来越大，但林业工程建设存在投入大和回报时间长的问题，部分地区对林业发展重视力度不够，进而导致林业在发展过程中缺少先进的技术支持，在一定程度上限制着林业技术创新的现代化发展。具体而言，一是在林木移栽过程中，人工操作方式占据主要位置，现代化技术设备的投入使用相对较少，进而影响着造林工程的开展；二是在抚育和育苗期间，传统技术占据着主要地位，林木出芽率和出土率较低，病虫害十分常见，对林业生态系统的稳定构建和林木优质产品供给都造成了影响。作为林业发展的核心要素，林业技术创新需要在资金、技术和人员高度整合的基础上才能够实现稳定发展。现如今，林业技术创新普遍缺少可靠的资金支持。一方面，随着社会经济从快速发展向协调发展阶段过渡，林业技术创新也面临着市场经济和政府经济投入不足的问题，在创新发展道路上受到了阻碍；另一方面，林业技术通常依靠林业企业自身投入，而大部分林业企业都难以在技术研发和成果转化方面给予足够的资金支持。商业银行参与林业技术创新资助的积极性不高，不愿意为林业技术创新研发承担更大风险，因为林业技术从研发到成果转化需要很长的周期。

二、现代林业生产的特点

林业在国民经济建设、日常生活需要和生态环境平衡的过程中，都有着重要和特殊的地位。在我国现阶段的发展过程中，对林业发展的需求是非常大的。林业生产具有以下几个特点：生产周期长；产业结果时间较长；需求量大；受地理和环境的影响大；基础材料具有可再生性。

三、现代林产业发展面临的挑战及对策

1. 森林资源短缺

随着人口的增加和经济的发展，森林资源的需求量不断增加，但森林资源的供给量却有限。因此，需要加强森林资源的保护和管理，提高森林资源的利用效率。

2. 森林病虫害防治难度大

森林病虫害是林业产业发展的重要障碍之一，需要加强森林病虫害的监测和防治，提高森林病虫害的防治效果。

3. 林业产业结构不合理

我国林业产业结构以木材生产为主，其他产业链环节相对薄弱，需要加强林业产业链的完善，提高林业产业的附加值。

4. 林业科技创新不足

林业科技创新是林业产业发展的重要支撑，需要加强林业科技创新，提高林业产业的技术含量和竞争力。

5. 林业人才短缺

林业人才是林业产业发展的重要保障，但目前我国林业人才短缺，需要加强林业人才的培养和引进。

6. 林业生态环境保护不足

林业生态环境保护是林业产业发展的重要前提，需要加强林业生态环境保护，提高林业产业的可持续发展能力。

7. 林业产业国际竞争力不足

我国林业产业在国际市场上的竞争力相对较弱，需要加强林业产业的国际化发展，提高林业产业的国际竞争力。

8. 林业产业融合发展不足

林业产业与其他产业的融合发展是林业产业发展的重要趋势，需要加强林业产业与其他产业的融合发展，提高林业产业的综合效益。

9. 林业产业信息化程度不高

林业产业信息化程度相对较低，需要加强林业产业的信息化建设，提高林业产业的管理效率和服务水平。

10. 林业产业政策支持不足

林业产业政策支持是林业产业发展的重要保障，需要加强林业产业政策的制定和实施，提高林业产业的发展速度和质量。

在我国当前社会发展的过程中，必须坚持可持续发展，在经济发展、社会发展等各个领域中都受到了重视。我国现阶段所面临的问题是森林资源和林业发展无法适应当代社会发展速度的需要，为此，我们要将林业的发展与有利于社会需求的发展相结合，将可持续发展深入到林业发展的整个过程中。建立一套适合我国国情发展的现代化林业发展体系，是我国目前林业发展的重中之重。

林业产业是指以森林资源为基础，通过合理利用和管理森林资源而产生的经济活动。随着全球经济的发展，森林资源的保护与利用成为各国政府和企业关注的焦点。林业产业不仅对经济发展具有重要意义，同时也对环境保护、生态建设和社会发展起到了积极的推动作用。

四、我国现代林业的发展

我国林业逐渐认识到大量开采林木对环境的影响，开始迈向新的发展之路，但速度十分缓慢，还有些地区受到经济发展速度的阻碍，无法满足现代林业发展的需要，为了经济发展，森林的破坏时常发生。为避免这一问题，找到将我国经济发展和林业发展有效结合的方法，保证在林业健康发展的前提下促进经济的持续增长，做到既能满足需要量也能满足消耗量。

我国现阶段林业发展的速度很难满足林木资源的需求速度，因此加快短周期工业原料和其他原料的生产速度，也是对于林业发展保护的重要措施，以便解决林业产业结构不合理的问题。调整林产工业产品结构，大力发展精深加工、优势产品，努力开拓林木产品的新用途，延伸产业链，增加附加值。也可以采用多样化的以林养林方式，如发展苗木养林、林木加工养林、经济果林养林。同时，林木培育技术的创新可以促进树种的多样性，增加林木抗病虫害能力，降低病虫害对森林生态系统的危害程度，提高林地产出和经济收益。

现代林业发展涉及林业管理学和植物保护学等多学科的知识，需要详细调查一定区域范围内林业现状和林木产品市场需求，将通信技术、人工智能技术及现代化生物技术等先进技术应用到林业发展过程中，从而对林木抚育间伐和播种移栽进行科学合理的指导，推动林业现代化发展进程，构建稳定生态林系统，使林业经济效益、生态效益和社会效益有机结合。现代林业发展能够研发出更多符合林业产品质量要求的产品，可以促进林业产业的转型发展，降低人员的劳动强度，提升了整体工作效率，保证了林业产业发展质量。

◈ 实践活动

小组讨论

一、目的

通过小组讨论的方式，巩固所学知识。同时通过提出各自的观点，来提升学生对所学知识的总结、抓重点的能力。通过小组最终总结观点来提升学生的组织能力、语言能力、逻辑思维能力。

二、说明

学生将所学知识总结归纳成自己的观点，小组内部讨论，最终小组内部形成一个统一的观点来进行展示。紧紧围绕案例提出的问题开展，不要跑题。小组互评时，不可将自己的观点强加于别人。

三、规则

以小组为单位（每小组为6人左右），针对案例围绕提出的问题开展讨论，形成小组意见后派出代表展示结果。其他小组给予评价，教师给予评价和点评。

四、建议

时间不宜过长，教师要控制好时间及气氛，避免激烈争执。点评时要尊重学生观点，点评要到位，将知识遗漏部分补充完整。

✥ 课后评价

评价项目	评价内容	权重
学习过程评价	对学生的出勤率、学习态度、提问和回答问题、交流讨论等情况进行评价	50%
实践活动评价	各组之间对参与的实践活动情况进行评价，针对其他组所提出的知识点进行评价；教师针对学生参与实践活动时所掌握的"现代林业生态建设与林业产业"知识点的深浅进行评价	50%（其中组间评价权重30%，教师评价权重20%）

✥ 学习延伸

院士助力云南核桃产业高质量发展　绘制全产业链科技创新路线图

项目五

林业重大生态工程建设支撑

◈ 学习目标

1. 了解当前生态环境现状及其形成原因，了解生态环境治理的措施，熟悉我国生态文明建设的有关政策制度。

2. 养成低碳、节俭、环保等的生态技能。增强生态文明意识，具备生态伦理道德，能遵守相关的环境保护法律法规，形成与生态文明社会相适应的价值观和责任感。

3. 树立科学的环境观、资源观、消费观，正确认识我国生态文明建设事业、强化绿色科技兴国的意识、激发艰苦奋斗的思想政治意识、增强文化自信。

◈ 学习建议

充分利用互联网资源，广泛查找有关林业生态工程的资料，教学中注重案例分析、交流研讨，课后深入进行实践活动。

◈ 项目导入

梁希精神

梁希在林业建设工作方面既有高瞻远瞩的战略思想，又非常注意工作作风和工作方法，善于抓重点，掌握要害，开创新的工作局面。旧中国没有林垦部的机构，新中国的一切都要从头开始，梁希和林垦部副部长李范五等商量，决定首先抓三件事：一是搭架子，组建林垦部机关和在全国范围内建立健全林业机构；二是摸清情况，查明全国现有森林资源；三是打好基础，为林业事业的大发展做好准备。为了办好这几件事，梁希常常是亲自动手，细查、细问、细算，并和周围同志反复研究，甚至连一个数字也不草率马虎。在中央领导的关怀和他的主持下，在全国范围内很快建立和恢复了一些林业机构，并根据中央民主改革工作的统一部署，进行了东北、内蒙古林区改造与建设工作，有秩序地将旧林区把头制改造成社会主义的企业，又将一部分手工作业逐步改造为半机械化或机械化作业，为中国林业建设奠定了初步的物质、技术基础。梁希领导工作最大的特点是"求实"的作风，他非常注意深入实际调查研究，一再表示："虽然我的年龄大了一些，只要我能行走，我就要争取到全国各地多跑跑、多看看。"1950—1955年，他先后六次，用300多天时间亲赴西北、东北及浙江等地林区进行实地考察，其中花时间最多、下功夫最大的是对黄河流域水土保持和林业建设问题的考察。

1950 年 9 月，梁希率领六位林业科技人员，赴渭水和小陇山林区调查，并与当地干部反复思考：在国家建设事业严重缺乏木材的情况下，风沙弥漫的大西北究竟如何解决采伐与营林的矛盾？黄河又如何彻底整治？这一连串的问题深深地困扰着他，甚至夜不能寐。渭河是黄河的缩影。梁希在宝鸡时，站在渭水桥头望着夹着泥沙浑浊的河水，心情十分沉重。他从渭水看到，土是怎样流失的，河床是怎样淤塞的，水灾是怎样酿成的。解决西北风沙、水土流失的根本办法就是"坚决地、勇敢地、不厌不倦地和它斗争，且必须和它做持久战。战争的武器没有别的，就是森林"。"要正本清源，只有护林造林"，这是他夜以继日地思索和实地调查的结论。

为了弄清在小陇山林区东岔河右岸修筑一条森林铁路进行采伐是否科学合理，梁希在考察完渭水后又亲赴小陇山考察。小陇山在渭水南岸，那里的森林起了保土作用，流出的水透明见底。如果继续大规模采伐，可能会导致河水变浊。林区道路十分难行，梁希只得乘牛车，然后换骑毛驴，再行走 20 千米才到伐木现场，在现场连续工作很多天，早出晚归，进行调查，最后作出决定：停建即将开工的运输木材而修的窄轨铁路，设立育林实验站，把秦岭林场在小陇山的业务范围扩充到护林造林，伐木为副业，调东北枕木支援大西北。这是一个富有远见而又大胆的决定。梁希离开小陇山时为伐木场负责人题写了两句诗："却顾所来径，苍苍横翠微"。这个愿望如今已经实现了，据当年在育林站工作的人讲，当时采伐迹地现在已经郁郁葱葱，长满了粗壮的树木。

1958 年 3 月，梁希因发高烧入北京医院治疗，退烧后不顾体弱有病，仍坚持工作，并为《人民日报》撰写了《让绿荫护夏，红叶迎秋》的文章，这是他最后一篇为林业建设事业而作的文章。当年 9 月，他参加了全国科联和科协召开的全国代表大会。这期间曾两次住院，两次出院。当他第四次住院时，被确诊为肺癌，涉及胸膜，超出手术及放射治疗的范围。他身体异常消瘦，体重只有 35 公斤。10 月 25 日，他还亲自写信给林业部办公厅主任："北京医院检查身体后，医生要我把休养延长到 12 月底，请办公厅替我向国务院续假。"病情如此严重，仍不忘请假，可见他工作纪律之严格。不幸病情加剧，抢救无效，1958 年 12 月 10 日凌晨 5 时，梁希与世长辞。人民的林学家、人民的教育家、政治活动家，模范的林业工作领导者告别了人民，告别了他为之奋斗的林业事业，停止了对"林钟"不断勤奋地敲击。

启示：梁希是著名林学家，新中国第一任林业部部长、研究员，早年对民主革命的幻想破灭之后，转向科学救国，在林业教育界奋斗了大半生，为改变中国林业落后面貌作出了杰出的贡献。作为新时代的青年，我们要听从党的召唤，在生态文明建设中艰苦奋斗、甘于奉献，创造属于我们自己的绿色奇迹，用实际行动去践行绿水青山就是金山银山的理念。

◈ 知识链接

加强生态建设，维护生态安全，是 21 世纪人类面临的共同课题，也是我国经济社会可持续发展的重要基础。全面建成小康社会，加快推进社会主义现代化，必须走生产发展、生活富裕、生态良好的文明发展道路，实现经济与人口、资源、环境的协调，实现人与自然和谐相处。森林是陆地生态系统的主体，林业是一项重要的公益事业和基础产业，承担着生态建设和林产品供给的重要任务，做好林业工作意义十分重大。六大林业重点工程意义在于发挥森林作为"大自然总调度室"的作用，同时提高我国森林资源的蓄积量，满足国民经济各部门对森林资源的需求。

一、天然林保护工程

天然林又称自然林，是指天然起源的森林，根据其退化程度一般分为原始林、过伐林、次生林和疏林。天然林是自然界中功能最完善的资源库、基因库、蓄水库、储碳库以及能源库，对维护和改善生态环境具有不可替代的作用，是人类赖以生存的物质基础和社会发展不可或缺的战略资源。然而，人类长期过度采伐利用森林资源而造成的森林退化和

天然林保护工程

破坏，导致水土流失、生物多样性减少、碳水循环失衡等环境问题。《中共中央 国务院关于加快林业发展的决定》中明确指出："要加大力度实施天然林保护工程，严格天然林采伐管理，进一步保护、恢复和发展长江上游、黄河上中游地区和东北、内蒙古等地区的天然林资源。"随着天然林资源保护工程的全面实施，我国天然林资源得到了有效保护和修复，逐步进入了良性发展阶段。天然林保护工程是我国投资最大的生态工程，主要解决长江上游、黄河上中游地区，东北、内蒙古等重点国有林区和其他地区的天然林资源保护、休养生息和恢复发展的问题。

1. 工程背景

第五次全国森林资源清查结果表明，我国有天然林 16 亿亩（1.07 亿公顷），其中有 11 亿亩（0.73 亿公顷）天然林分布在长江、黄河流域和东北、内蒙古及海南、新疆等 17 个省（自治区、直辖市）。国家林业局编制了《长江上游、黄河上中游地区天然林资源保护工程实施方案》和《东北、内蒙古等重点国有林区天然林资源保护工程实施方案》。经过两年试点，2000 年 10 月国家正式启动了天然林保护工程，简称"天保工程"。

2. 天然林资源概况

中国森林资源总量位居世界第五位，森林面积占世界森林面积的 5%，森林蓄积量占世界森林蓄积量的 3%。且我国森林面积、蓄积量自 20 世纪 90 年代以来持续增长，特别是进入 21 世纪后，我国森林资源进入快速增长时期，中国成为全球森林资源增长最快的国家之一。目前，我国天然林大体上分为三种状态：处于基本保护状态的天然林，主要包括自然保护区、森林公园、尚未开发的西藏林区和已实施保护的海南热带雨林等；急需保护状态的天然林，主要包括分布于大江大河源头和重要山脉核心地带等重点地区的集中连片的天然林；零星分布于全国各地且生态地位一般的天然林。根据第九次全国森林资源清查结果：全国森林覆盖率 22.96%，全国国土森林面积：22 044.62 万公顷，全国林地森林面积中，天然林 13 867.77 万公顷，占 63.55%；人工 7954.28 万公顷，占 36.45%。全国林地森林蓄积量中，天然林 136.71 亿立方米，占 80.14%；人工林 333.88 亿立方米，占 19.86%。与第八次森林资源清查结果比较，全国林地森林面积中，天然林和人工林的比例基本不变，全国林地森林蓄积量中，天然林比例下降了近 2 个百分点，人工林上升了 2

个多百分点。其中，天然林保护工程增加天然林面积 189 万公顷，占天然林面积增加总量的 88%；增加天然林蓄积量 5.46 亿立方米，占天然林蓄积量增加总量的 61%。因此，天保工程对天然林资源增长贡献较大。

我国天然林主要分布于东北、内蒙古林区，西南高山林区，西北亚高山林区和南方热带天然林复合林区，其中，东北、内蒙古林区处于寒温带和暖温带高纬度山区，主要包括大小兴安岭林区、长白山林区和张广才岭林区，是嫩江、松花江、黑龙江、图们江和鸭绿江等的水源源头地区；西南高山林区主要包括川西、滇西北以及西藏部分地区，是长江上游几条大河的水源源头地带；西北亚高山林区处于干旱半干旱地区，是嘉陵江、白龙江、洮河、黑河、石羊河、疏勒河、塔里木河、伊犁河和额尔齐斯河等上游水源源头地段；南方热带天然林复合林区主要包括海南、滇南、桂西南丘陵山地以及台湾、南海诸岛和藏南峡谷低海拔局部地带等。

（1）我国天然林保护存在的主要问题

由于历史上战争、自然灾害、人为砍伐等因素的长期影响，我国逐渐成为一个森林资源总量较少、天然林比例较低的国家。中华人民共和国成立后，为满足百废待兴的经济建设的需要，森工企业的主要任务就是采伐利用木材。由于对天然林大量减少的危害重视不够，未能有效制止天然林的过量采伐。其结果是，天然林面积急剧减少，质量下降，水源涵养能力、水土保持能力、生物多样性、非木质林产品供应能力普遍下降，对经济社会可持续发展的支撑能力明显削弱，林区群众与全社会的生活差距越来越大。近年来，每年因上游水土流失而进入长江、黄河的泥沙量达 20 多亿吨，导致江河湖库淤积不断抬高，水患不断，而西北地区则风沙肆虐，这些都给国民经济和人民生产生活带来巨大危害，并且这种危害还在日益加剧。

（2）天然林保护工程的启动

我国于 20 世纪 90 年代末推出了天然林保护工程。这是我国迄今为止规模最大的生态资源保护工程。1998 年特大洪水之后，根据《中共中央、国务院关于灾后重建、整治江湖、兴修水利的若干意见》关于"全面停止长江、黄河流域上中游的天然林采伐，森工企业转向营林管护"的要求，2000 年 12 月 1 日，国家林业局、国家计划委员会、财政部、劳动和社会保障部联合发出《关于组织实施长江上游、黄河上中游地区和东北、内蒙古等重点国有林区天然林资源保护工程的通知》。至此，天然林保护工程全面启动。

3. 工程目标和任务

（1）目标

①近期目标（到 2000 年）　以调减天然林木材产量、加强生态公益林建设与保护、妥善安置和分流富余人员等为主要实施内容。

②中期目标（到 2010 年）　以生态公益林建设与保护、建设转产项目、培育后备资源、提高木材供给能力、恢复和发展经济为主要实施内容。

③远期目标（到 2050 年）　天然林资源得到根本恢复，基本实现木材生产以利用人工林为主，林区建立起比较完备的林业生态体系和合理的林业产业体系，充分发挥林业在国

民经济和社会可持续发展中的重要作用。

（2）任务

①停止天然林商业性采伐　全面停止长江上游、黄河上中游地区天然林的商业性采伐，东北、内蒙古等重点国有林区大幅调减木材产量。一期工程中，东北、内蒙古等重点国有林区的木材产量由1997年的1853.6万立方米调减到2003年的1102.1万立方米，工程区年度商品材产量比工程实施前减少1990.5万立方米，减幅为62.1%。

②强化森林资源管护　建立健全森林管护网络体系，明确管护责任，落实管护人员和经费，对天然林进行常年有效的管护，防止森林火灾、病虫害、乱砍滥伐等对森林资源的破坏。一期工程建立了县、场、站三级森林管护网络体系，参加管护的国有林业职工由1998年的3.2万人增加到2009年的22.7万人，16亿多亩森林得到有效管护。

③公益林建设　积极开展人工造林、封山育林等公益林建设活动，增加森林面积，提高森林覆盖率。一期工程累计完成营造林任务2.45亿亩，森林面积净增1.5亿亩；二期工程建设公益林1.16亿亩。

④森林抚育　加强对天然中幼林的抚育，调整林分结构，改善林内通风透光条件，促进林木生长，提高森林质量和蓄积量。二期工程中幼林抚育2.63亿亩，培育后备资源4890万亩。

⑤安置富余职工　通过多种方式妥善分流安置国有林业企业富余职工，如发展森林旅游、林下经济、特色种植养殖等替代产业，提供就业岗位和创业机会，对职工进行再就业培训和扶持等。一期工程妥善分流安置了95.6万名森工职工；二期工程为林区提供就业岗位64.85万个，基本解决转岗就业问题。

4. 工程规划

一期工程规划：1998—2010年，主要对长江上游、黄河上中游地区的天然林全面停止商业性采伐，同时对东北、内蒙古等重点国有林区的木材产量进行大幅度调减，并加强森林资源的管护和培育等工作。通过实施封山育林、人工造林等措施，增加森林面积和蓄积量，提高森林覆盖率，改善生态环境。

二期工程规划：2011—2020年，在巩固一期工程成果的基础上，进一步扩大天然林保护范围，将天然林保护范围扩展到全国所有天然林分布区，包括集体林区和国有林区等。同时，加大森林资源培育力度，提高森林质量，加强森林生态系统的稳定性和服务功能，促进林区经济社会可持续发展，提升林区职工和林农的生活水平等。

5. 工程布局

长江上游、黄河上中游地区：涵盖云南、四川、贵州、重庆、湖北、陕西、甘肃、青海等省（市），以水源涵养林、水土保持林为重点，全面停止天然林商业性采伐，通过封山育林、人工造林等措施，恢复和重建森林植被，提高森林涵养水源、保持水土的能力，减少水土流失和泥石流等自然灾害的发生，保护长江、黄河流域的生态安全和水资源安全。

东北、内蒙古等重点国有林区：包括黑龙江、吉林、辽宁、内蒙古等省（区），逐步调减木材产量，实施森林分类经营，将森林划分为生态公益林和商品林，对生态公益林进行严格保护和重点培育，对商品林实行集约经营和可持续利用。同时，加强森林资源的管护和培育，提高森林质量和生态功能，发展林下经济、森林旅游等替代产业，妥善安置富余职工，实现林区经济转型和可持续发展。

其他天然林分布地区：在全国其他天然林分布的地区，如南方集体林区等，根据当地的森林资源状况和生态需求，采取相应的保护措施，加强森林资源的管理和保护，开展森林抚育和改造，提高森林质量，发展特色林业产业，促进森林资源的可持续利用和林区经济社会的协调发展。

二、三北和长江中下游地区等重点防护林体系建设工程

三北和长江中下游地区等重点防护林体系建设工程的实施，主要解决三北地区的防沙治沙问题和其他区域各不相同的生态问题。这是构筑覆盖全国的完整的森林生态体系、保护和扩大中华民族生存和发展空间的历史性任务。具体包括：三北防护林体系建设四期工程、长江流域防护林体系建设二期工程、珠江流域防护林体系建设二期工程、沿海防护林体系建设二期工程、太行山绿化二期工程、平原绿化二期工程。工程涉及 28 个省（自治区、直辖市）的 1696 个县，计划造林 2267 万公顷，管护森林 7187 万公顷。

1. 工程背景

为了从根本上改变我国西北、华北、东北地区风沙危害和水土流失的状况，国务院批准了三北防护林防护工程。1978 年 11 月 3 日，国家计划委员会以统计文件批准国家林业局《西北、华北、东北防护林体系建设计划任务书》。1978 年 11 月 25 日，国务院批准国家林业局《关于在西北、华北、东北风沙危害和水土流失重点地区建设大型防护林的规划》，至此，三北防护林工程正式启动实施。我国西北、华北北部及东北西部，风沙危害和水土流失十分严重，木料、燃料、肥料、饲料俱缺，农业生产低而不稳。大力造林种草，特别是有计划地营造带、片、网相结合的防护林体系，是改变这一地区农牧业生产条件的一项重大战略措施。

2. 工程概况

工程的建设范围东起黑龙江省的宾县，西至新疆的乌孜别里山口，东西长 4480 千米，南北宽 560～1440 千米，包括西北、华北、东北 13 个省（自治区、直辖市）的 551 个县（旗、市、区），区域总面积 406.9 万平方千米，占国土面积的 42.4%。第四期工程范围基本保持了三北防护林体系建设的完整性，根据《全国生态环境建设规划》的总体布局，经国务院批准，对第四期工程的范围做了适当调整，新调整的第四期工程范围共计 590 个县（旗、市、区），工程建设区土地总面积 39 990 万公顷，林业用地面积 5612 万公顷，其中有林地面积 2756 万公顷，森林覆盖率 8.63%。

3. 工程目标和任务

主要目标以恢复和发展水源涵养林和水土保持林为主，大幅度提高森林覆盖率，涵养水源，防止水土流失。黄土高原地区：主要任务是在水土流失严重的塬边、丘陵、黄土高原和河流两岸重点营造水土保持林；山区以水源涵养林为重点，加大飞播造林力度，切实全面加强封山（沙）育林，封育改造低效林，提高林地生产力和林分防护效益；

汾渭平原要加大完善和提高农田林网建设力度。华北北部地区：对有一定数量残存植被、萌蘖更新能力好的地段实行封山育林，尽快恢复森林植被；在河川上游和重点河流两侧的集水区，人工营造水源涵养林；水土流失严重的黄土丘陵和陡峭瘠薄的土石山地规划营造水土保持林；平原农区加速建设高标准农田林网，适度发展用材林和经济林。东北地区：在东北西部、科尔沁沙地大力营造防风固沙林、农田防护林和水土保持林等；在东北东部地区要充分发挥山地森林涵养水源的作用，严禁过量采伐和毁林开荒，重点管理保护好现有森林资源，同时通过人工造林、封山育林，提高森林覆盖率，增强水源涵养能力。

4. 工程规划和要求

在总体规划中三北地区，有八大沙漠、四大沙地，其中面积为133万平方千米，大于中国耕地面积的总和。这里曾经是水草肥美的农、牧区，如今已是遍地黄沙，年风沙日达30~100天，下游河床已高出地面10米以上。

总体规划要求：在现有森林草原植被基础上，采取人工造林，飞机播种造林，封山封沙育林育草等方法，营造防风固沙林、水土保持林、农田防护林、牧场防护林以及薪炭林和经济林等，形成乔、灌、草植物相结合，林草、林网、片林相结合，多种林、多种树种合理配置，农林牧协调发展的防护林体系。在沙区，40%的沙化土地得到治理沙尘暴发生频率降低。毛乌素、科尔沁、呼伦贝尔三大沙地基本得到治理，生态环境有较大改善。在水土流失区，使50%以上的水土流失面积得到基本治理，治理区的土壤侵蚀模数下降30%以上，流入黄河的泥沙量明显减少。在平原农区，以现有农田防护林为基本框架，建成多林种、多树种、网带片相结合的高标准农田防护林体系。

5. 工程成效

（1）三北防护林

①在黄土高原和华北山地等重点水土流失区，共营造水土保持林550多万公顷，水源涵养林100多万公顷，治理水土流失面积近14万平方千米，约40%的水土流失面积得到治理。

②共营造农田防护林200多万公顷，有2130万公顷农田实现林网化，占三北地区耕地总面积的64%。

③三北地区活立木蓄积量达9.97亿立方米，已发展经济林360多万公顷，建设了一批名、特、优、新果品基地，年产干鲜果品1255万吨，总产值达170亿元。

（2）长江中下游地区

①初步建立的防护林体系形成了区域农业生产和水利设施的生态屏障，增强了抵御旱、洪、风沙等自然灾害的能力，扩大了生物生存空间，珍稀动植物种群数量也不断增加。

②在坚持生态优先的原则下，建设了一批用材林、经济林基地，促进了当地群众脱贫致富和农村经济增长。

三、退耕还林还草工程

退耕还林还草工程是从保护和生态环境出发，将水土流失严重的耕地，沙化、盐碱化、石漠化严重的耕地以及粮食产量低而不稳的耕地，有计划、有步骤地停止耕种，因地制宜地造林种草，恢复植被。退耕还林工程始于 1999 年，是迄今为止我国政策性最强、投资量最大、涉及面最广、群众参与程度最高的一项生态建设工程，也是最大的强农惠农项目，是迄今为止世界上最大的生态建设工程。2002 年 1 月 10 日，确定全面启动退耕还林工程。

1. 工程背景

长期以来，由于盲目毁林开垦和进行陡坡地、沙化地耕种，造成了我国严重的水土流失和风沙危害，洪涝、干旱、沙尘暴等自然灾害频频发生，人民群众的生产、生活受到严重影响，国家的生态安全受到严重威胁。退耕还林是改善生态环境的迫切需要。保护资源环境就是保护生产力，改善资源环境就是发展生产力。2005 年，全国水土流失面积 356 万平方千米，占国土面积的 37%；我国沙化土地面积已达 174 万平方千米，占国土面积的 18.2%。造成我国水土流失和土地沙化的重要原因，主要是长期以来人们盲目毁林开荒。据全国土地资源调查材料，全国仅 25 度以上的坡耕地就超过 9100 万亩（606.67 万公顷），每年流入长江、黄河的泥沙量达 20 多亿吨，其中 2/3 来自坡耕地。若不控制水土流失和土地沙化，不从根本上改变生态环境恶化的状况，全国经济建设中心向中西部地区转移的战略就会落空。实施退耕还林，改善生态环境，是西部大开发的根本和切入点。退耕还林需要调整农村的产业结构，改变农民传统的耕种习惯。大力发展种植业、养殖业及农副产品加工业，加快产业化进程，调整农村产业结构，发展特色经济，增加农民收入，促进地方经济的发展，有利于缩小地区差距、促进社会稳定和民族团结。总之，退耕还林不仅对现阶段促进国民经济的健康发展具有十分重要的意义，而且对促进国家文明发展和人民生活水平不断提高，以及实现中华民族长远发展和子孙后代繁荣富足具有十分深远的历史意义。

2. 工程概况

工程覆盖了中西部所有省份及部分东部省份。规划在 2001—2010 年间，退耕还林 2.2 亿亩，宜林荒山荒地造林 2.6 亿亩。工程建成后，工程区将增加林草覆盖率 5 个百分点，水土流失控制面积 13 亿亩，防风固沙控制面积 15.4 亿亩。

3. 工程目标和任务

到 2010 年，完成退耕地造林 1467 万公顷，宜林荒山荒地造林 1733 万公顷（两类造林均含 1999—2000 年退耕还林试点任务），陡坡耕地基本退耕还林，严重沙化耕地基本得到治理，工程区林草覆盖率增加 4.5%，工程治理地区的生态状况得到较大改善。

4. 工程布局

工程实施范围包括北京、天津、河北、山西、内蒙古、辽宁（含大连市）、吉林、黑龙江（含黑龙江垦区）、安徽、江西、河南、湖北、湖南、广西、海南、重庆、四川、贵州、云南、西藏、陕西、甘肃、青海、宁夏、新疆 25 个省（自治区、直辖市）及新疆生产建设兵团，共 1897 个县（市、区、旗）。工程区土地面积 106.43 亿亩（7.10 亿公顷），占国土面积的 73.91%。其中，农业用地 14.48 亿亩(0.97 亿公顷)，林业用地 33.22 亿亩(22.15亿公顷)，牧业用地 26.95 亿亩(1.80 亿公顷)，分别占土地总面积的 13.60%、31.21%和25.32%。区内总人口 7.12 亿人，其中农业人口 5.53 亿人，占总人口的 77.64%。

5. 工程成效

退耕还林工程全面实施后，可以有效地控制工程治理地区的水土流失和风沙危害，带来巨大的生态、经济和社会效益。开展退耕还林试点工作，在确保生态目标的前提下，因地制宜地发展经济林、竹林、速生丰产林，为培植绿色产业、发展特色经济奠定了基础。实现了"树上山、粮下川、羊进圈"，促进了农林牧结构的合理调整，也为农民增收和区域经济发展提供了新的机会。退耕还林工程区的森林覆盖率平均提高超过2%。退耕还林使 3200 万农户、1.23 亿农民直接受益，人均获得粮食和生活费补助 700多元。

四、京津风沙源治理工程

京津风沙源治理工程是首都乃至中国的"形象工程"，也是环京津生态圈建设的主体工程，主要解决首都周围地区的风沙危害问题。

1. 工程背景

自 20 世纪 90 年代以来，我国北方地区的沙尘天气越来越频繁，严重地影响着北京及周边地区的生态环境。据资料记载，我国北方地区 20 世纪 50 年代沙尘暴发生 5 次，90 年代则发展到 23 次，而 2000 年 3~4 月，短短一个月时间内，沙尘暴就 12 次影响京津地区，给人民的生产生活带来了很大影响，造成了越来越严重的经济损失。主要表现为：土地沙化急剧蔓延，对北京及周边地区的生态安全构成了直接的威胁；土地生产力衰退，致使环北京地区的大部分农牧区土质下降，产量降低，严重制约了该区域的农牧业生产；河流淤塞，水库淤积，严重影响着水资源的开发与利用；空气遭受严重污染，造成了整体生态环境的严重恶化；风沙危害使环北京地区自然环境遭到严重破坏，导致生产力低下，严重制约着区域经济和社会的发展。

2. 工程概况

工程范围内的 75 个县共完成造林 43.48 万公顷，其中人工造林 13.04 万公顷，飞播造林 7.3 万公顷，无林地和疏林地新封山育林 23.14 万公顷。草地治理面积 18.53 万公顷，小流域治理面积 12.67 万公顷，治理总面积达到 74.68 万公顷。建设完成水利配套设施1.13 万处，生态移民 4264 人，涉及 1578 户。完成投资 45.67 亿元，其中，林业建设完成投资 40.32 亿元，占 88.28%。

3. 工程目标和任务

到 2010 年，通过封沙育林、飞播造林、人工造林、退耕还林、草地治理等生物措施和小流域综合治理等工程措施，治理沙化土地 15 175.29 万亩(1011.69 万公顷)，工程区现有植被得到有效保护；增加林草植被 7821 万亩(521.4 万公顷)，森林覆盖率由 8.7%提高到 20.1%，净增 11.4%。治理区生态环境明显好转，风沙天气和沙尘暴天气明显减少，从总体上遏制了沙化土地的扩展趋势，使北京周围生态环境得到明显改善。

4. 工程规划布局

工程建设区西起内蒙古的达茂旗，东至内蒙古的阿鲁科尔沁旗，南起山西的代县，北至内蒙古的东乌珠穆沁旗，地理坐标为东经 109°30′~119°20′，北纬 38°50′~46°40′。范围涉及内蒙古、河北、山西、北京和天津的 75 个县(旗、市、区)，总土地面积为 45.8 万平方千米。

5. 工程成效

(1)工程区的植被盖度和生物多样性显著改善

工程区的生物多样性指数显著上升，群落层片由单一的草丛植被或灌草丛植被，逐渐转变为乔、灌、草或灌、草结合的复合植被系统，植被生态系统的稳定性增强，提高了防护效益。

(2)土壤的侵蚀强度明显下降，风沙或浮尘天气明显减少

通过从实地采集数据和模型模拟测算，工程区的土壤风蚀、水蚀总量总体呈现下降趋势。

(3)工程区的经济社会发展保持了高速增长

生态建设对当地经济社会可持续发展作出了贡献，促进了经济发展。

(4)农民收入持续快速增长

10 年来，工程区农民人均纯收入从 2178 元增长到 5788 元，年均增长速度 11.5%，高于全国的平均水平。

(5)工程区经济社会发展方式转型成效初显

经过 10 年的建设，工程区产业结构发生了重大的变化，已初步实现从游牧放养到舍饲圈养、从毁林开荒到植树种草、从传统农业向设施农业的转变。

五、野生动植物保护及自然保护区建设工程

野生动植物保护及自然保护区建设工程是一个面向未来、着眼长远、具有多项战略意义的生态保护工程，主要解决基因保存、生物多样性保护、自然保护、湿地保护等问题。该工程于 2001 年 6 月经国家计划委员会批准启动。

1. 工程背景

为进一步加大野生动植物及其栖息地的保护和管理力度，增强全民野生动植物保护意识，加大对野生动植物保护及自然保护区建设的投入，促进其持续、稳定、健康发展，并在全国生态环境和国民经济建设中发挥更大的作用。1999 年 10 月国家林业局组织有关部门和专家对今后 50 年的全国野生动植物及自然保护区建设进行了全面规划和工程建设安排。2001 年 6 月由国家林业局组织编制的《全国野生动植物保护及自然保护区建设工程总体规划》得到国家计划委员会的正式批准。

2. 工程概况

主要解决物种保护、自然保护、湿地保护等问题。工程实施范围包括具有典型性、代表性的自然生态系统、珍稀濒危野生动植物的天然分布区、生态脆弱地区和湿地地区等。到 2010 年，全国自然保护区总数达到 1800 个，其中国家级 220 个，自然保护区面积占国

土面积的比例达到 16.14%。

3. 工程目标和任务

通过实施全国野生动植物保护及自然保护区建设总体规划，拯救一批国家重点保护野生动植物，扩大、完善和新建一批国家级自然保护区和禁猎区。到 2025 年，使我国自然保护区数量达到 2500 个，其中，国家级自然保护区 350 个，总面积 1.728 亿公顷，占国土面积的 18%。形成一个以自然保护区、重要湿地为主体，布局合理、类型齐全、设施先进、管理高效、具有国际重要影响的自然保护网络。加强科学研究、资源监测、管理机构、法律法规和市场流通体系建设及能力建设，基本上实现野生动植物资源的可持续利用和发展。

4. 工程规划布局

根据国家重点保护野生动植物的分布特点，将野生动植物及其栖息地保护总体规划在地域上划分为东北山地平原区、蒙新高原荒漠区、华北平原黄土高原区、青藏高原高寒区、西南高山峡谷区、中南西部山地丘陵区、华东丘陵平原区和华南低山丘陵区共八个建设区域。

5. 工程成效

①有效保护着我国 40% 的自然湿地、300 多种重点野生动物和 130 多种重点野生植物主要分布地，初步形成布局较为合理、类型较为齐全、功能较为完备的保护区网络。

②珍稀物种拯救取得显著成效。全国共建立野生动物拯救繁育基地 250 多处，野生植物种质资源保育或基因保存中心 400 多处，已对珍稀濒危的 200 多种野生动物、上千种野生植物建立了人工种群，使一批极度濒危的物种在人工保护下免于灭绝，有的物种已开始回归自然。

③野生动植物资源人工培育形成规模。全国有经济类野生动物繁殖单位 2.45 万家，野生植物培植单位 1.7 万家，野生动物园、动物园 243 个，植物园、树木园 115 个，年产值 560 多亿元，不仅努力满足了社会需要，也促进了野外资源保护。

④随着工程的实施，野生动植物、湿地和自然保护区管护体系建设得到明显加强，已初步形成较为健全的法律法规体系、行政管理体系、执法监管体系和科技支撑体系。

六、重点地区速生丰产用材林基地建设工程

重点地区速生丰产用材林基地建设工程（以下简称"速丰林工程"）是我国林业产业体系建设的骨干工程，主要解决我国木材和林产品的供应问题。这是解决我国林产品供需矛盾的根本之策，也是推进天然林资源保护工程和其他生态建设工程顺利实施的根本保障。

1. 工程背景

以木材为主要代表的林产品是国民经济和人民生活的重要物质资料。随着国民经济的飞速发展和人民生活水平的不断提高，社会对林产品的需求量会越来越大，特别是木浆造纸用材、人造板用材、大径级木材等与经济发展和人民生活密切相关的木材需求量增长显著。这一时期的林业建设由以木材生产为主转变为以生态建设为主，这是我国林业定性、

定位和指导思想的重大转变。实施速生丰产用材林基地建设工程，通过加速人工林的培育进程，逐步实现由采伐天然林为主向采伐人工林为主的转变，是解决我国木材和其他林产品供应。

2. 工程概况

重点地区速生丰产用材林基地建设工程主要解决木材供应问题，同时也减轻木材需求对天然林资源的压力，为其他五项生态建设提供重要保证。工程布局于我国400毫米等降水量线以东，地势比较平缓，立地条件较好，自然条件优越，不会对生态环境产生不利影响的18个省（自治区、直辖市），以及其他条件具备适宜发展速丰林的地区。截至2003年年底，重点地区速丰林基地建设工程内的18个省（自治区、直辖市）共投资70 283万元，新造和改培速丰林18.3985万公顷，经济效益日益明显。

3. 工程目标和任务

速丰林工程发挥劳动力密集、产业关联度高、示范和拉动作用显著的优势，创造数以百万计的工作岗位，大量吸纳企业富余人员和农村剩余劳动力就业。速丰林工程的实施，有力地推动了林业产业与造纸等木材利用行业的协调发展，为缓解我国木材供需矛盾、实现由采伐天然林为主向采伐人工林为主的转变、统筹城乡发展、促进农民增收、提升林业产业化水平、落实全面协调可持续的科学发展观奠定了坚实基础。

4. 工程规划布局

根据森林分类区划原则，在现有速生丰产用材林基地建设的基础上，工程区域主要选择在400毫米等雨量线以东，优先安排600毫米等雨量线以东范围内自然条件优越、立地条件好、地势较平缓、不易造成水土流失和对生态环境构成影响的地区，涉及河北、内蒙古、辽宁、吉林、黑龙江、江苏、浙江、安徽、福建、江西、山东、河南、湖南、湖北、广东、广西、海南、云南18个省（自治区）、886个县（市、区）、114个林业局（场）。

5. 工程成效

2009年，在中央林业工作会议精神的推动下，在市场拉动、利益驱动和企业带动等影响下，速丰林工程取得较大进展，农户造林和国有（集体）林场造林大幅增长。全年在荒山荒地中营造速生丰产用材林21.19万公顷，占用材林建设总面积的26.44%。重点地区速生丰产用材林基地建设工程共造林2.69万公顷，其中荒山荒地造林面积2.08万公顷。

❖ **实践活动**

弘扬绿色精神，齐建生态校园

一、活动主题

弘扬绿色精神，齐建生态校园。

二、活动背景

1979年全国人大常委会把3月12日定为我国的植树节。同时，3月12日刚好是惊蛰之后，春分之前，对全国来说，这时候植树是最适宜的。植树节是一个营造绿色环境、期待绿水青山、呼唤人们爱护环境的特别日子。在 3 月 12 日植树节到来之际，人们纷纷走向田野山岗，履行公民的植树义务。许多人用种植纪念树、营造纪念林的形式，铭志于树，寄情于林。

三、活动目的

呼吁广大同学加入到爱护树木的行列当中来。使同学了解植树节方面的知识，认识树木对环境和人类的重要作用以及影响，从而让广大同学树立起爱护环境和保护树木的意识。

四、活动时间

每年植树节前后。

五、活动地点

校园植树区。

六、活动对象

在校学生。

七、活动安排

1. 集合时间及地点

任意课堂时间，校园指定地点。

2. 人员安排

根据人数平均分组，以小组为单位。

3. 植树具体过程

(1) 挖坑：根据根系的长、宽挖大小适宜的树坑。深度一般以 50 厘米为宜。挖坑时要将表面的熟土、下面的黄土分倒在坑两侧。然后定植苗木，向坑底回填适量地表土。

(2) 回填：种树前按树根的长、宽及其根系顶端长度，在坑内回填部分熟土。一般回填熟土 20~30 厘米。

(3) 栽植：谨记"三二一"——三埋、两踩、一轻提。放置树苗时要将根部扶正，枝要展开，这是前提。栽树时，须分三次填土。第一次填土少许，在距坑顶一定距离的地方先停止填土，在已填的土上绕树一周，用均力踩实，然后轻提树干、抖松，以保证树根的呼吸畅通。第二次填土后，再绕树踩实。在第三次填土尽量与坑面平齐。树根放置时要与南北、东西方向的树对齐。然后，在坑面上围一个大圆盘，便于日后浇水养护。

(4) 浇水：定植完毕取水浇灌新植树木，一定要浇透，浇足"成活水"。

(5) 覆土保墒：将树苗栽好后，覆盖一层薄土，以保持水分。

4. 资料积累

收集植树过程中的相关照片。

❖ **课后评价**

评价项目	评价内容	权重
学习过程评价	对学生的出勤率、学习态度、提问和回答问题、交流讨论等情况进行评价	50%
实践活动评价	各组之间对参与实践活动情况进行评价；教师对各组上交的图片及植树过程等进行评价	50%（其中组间评价权重30%，教师评价权重20%）

❖ **学习延伸**

江西赣江源国家
级自然保护区

模块四

争当生态使者，践行绿色使命

——林业重点生态保护实践

习近平生态文明思想是我们党在新时代推进生态文明建设的行动指南，作为新时代的大学生，要积极响应党的号召，积极投身到生态文明建设中去，用自己的实际行动践行生态文明理念，为建设美丽中国贡献自己的力量。

　　随着城市化、工业化的加速推进，我们的环境受到了越来越严重的破坏和污染。空气污染、水污染、土地退化等问题已经成为全球关注的焦点。在经济发展过程中，我们必须考虑环境的承载能力，积极推进绿色发展。良好的生态环境可以让人们享受到更美好的生活，提高人们的幸福感。

　　生态文明建设是推动经济社会发展的重要动力。绿色产业、环保产业的发展将带动经济的可持续发展，为未来的发展提供强大的支撑。

项目一

自然保护地体系
建设与管理

❖ **学习目标**

1. 认识自然保护地体系。
2. 熟悉自然保护地分类体系与功能定位。
3. 掌握自然保护地体系建设与管理工作内容及工作方法。

❖ **学习建议**

查阅相关文献和资料，快速熟练地掌握相关知识点，结合案例进行分析，共同讨论，达成共识。

❖ **项目导入**

建立自然保护地体系，推进生态文明建设

党的十九大报告提出，要构建国土空间开发保护制度，完善主体功能区配套政策，建立以国家公园为主体的自然保护地体系。2019 年 6 月，中共中央办公厅、国务院办公厅印发《关于建立以国家公园为主体的自然保护地体系的指导意见》（以下简称《指导意见》），要求加快建立以国家公园为主体的自然保护地体系，提供高质量生态产品，推进美丽中国建设。习近平总书记于 2023 年 7 月 17~18 日在全国生态环境保护大会上的讲话指出，要加大生态系统保护力度；加快建设以国家公园为主体、以自然保护区为基础、以各类自然公园为补充的自然保护地体系，把有代表性的自然生态系统和珍稀物种栖息地保护起来；推进实施重要生态系统保护和修复重大工程，科学开展大规模国土绿化行动，持续推进三北防护林体系建设和京津风沙源治理，集中力量在重点地区实施一批防沙治沙工程，特别是全力打好三大标志性战役；推进生态系统碳汇能力巩固提升行动；实施一批生物多样性保护重大工程，健全生物多样性保护网络，逐步建立国家植物园体系，努力建设美丽山川。

启示：自然生态保护是生态文明建设的重要任务之一。

❖ **知识链接**

一、自然保护地体系

自然保护地是由政府依法划定或确认，对重要的自然生态系统、自然遗迹、自然景观

及其所承载的自然资源、生态功能和文化价值实施长期保护的陆域或海域。

保护自然、服务人民、永续发展是自然保护地的三大理念。在全面建设美丽中国的新阶段，应该按照山水林田湖草是一个生命共同体的理念，创新自然保护地管理体制机制，实施自然保护地统一设置、分类保护、分级管理、分区管控，把具有国家代表性的重要自然生态系统纳入国家公园体系，优先布局建设国家公园。

2019 年印发的《指导意见》明确了"三步走"的目标：到 2020 年，构建统一的自然保护地分类分级管理体制；到 2025 年，初步建成以国家公园为主体的自然保护地体系；到 2035 年，自然保护地规模和管理达到世界先进水平，全面建成中国特色自然保护地体系。自然保护地占陆域国土面积 18% 以上。

2024 年 1 月 11 日发布《中共中央 国务院关于全面推进美丽中国建设的意见》，明确指出，要提升生态系统多样性稳定性持续性；全面推进以国家公园为主体的自然保护地体系建设，加强生态保护修复监管制度建设；实施山水林田湖草沙一体化保护和系统治理，推行草原森林河流湖泊湿地休养生息；实施生物多样性保护重大工程。

二、自然保护地分类体系与功能定位

2019 年印发的《指导意见》将我国的自然保护地分为国家公园、自然保护区、自然公园三大类型。其功能定位分别是：国家公园是以保护具有国家代表性的自然生态系统为主要目的区域；自然保护区是保护典型的自然生态系统、珍稀濒危野生动植物种的天然集中分布区、具有特殊意义的自然遗迹的区域；自然公园是保护重要的自然生态系统、自然遗迹和自然景观，具有生态、观赏、文化和科学价值，可持续利用的区域。

《指导意见》明确了自然保护地生态价值和保护强度高低强弱顺序，依次为国家公园、自然保护区、自然公园。

三、自然保护地体系建设与管理

建立自然保护地，是为了维持自然生态系统的正常运作，为物种生存提供庇护所，具有保护物种和遗传多样性，保持特殊的自然和文化特征，为公众提供高品质的公共生态产品，为社会经济发展提供生态安全屏障，提供科学研究、教育、旅游娱乐、文化价值，可持续利用自然资源等多重目的。

在开展自然保护地建设与管理工作时，首先需确定自然保护地类型，调查分析具体自然保护地建设与管理现状，详细研究在顶层设计、空间布局、管理目标、法治体制、自然产权、资源开发与利用、历史遗留等方面存在的问题。

结合自然保护地建设目标和现状，以其建设和管理存在的问题为导向，采取基本的建设与管理工作方法：摸清家底，开展评估，优化整合；与国土空间规划"三区三线"（城镇、农业、生态空间，以及城镇开发边界、永久基本农田保护红线、生态保护红线边界）无缝衔接，重点评估保护地与生态红线有冲突的地方；确权登记和勘界立标，解决遗留问题；加强体制机制建设，顺应形势精准高效等。

◈ 实践活动

小组讨论

一、目的

通过课前查阅与课程相关的课外知识，拓宽知识面。之后开展小组讨论，举例阐述观点。提升学生的自学能力、语言能力、逻辑思维能力。

二、说明

同学自己查阅资料。每组结合相关资料阐述自己的观点，小组讨论后达成共识，形成小组意见，派代表向全班汇报。

三、规则

1. 教师为主持人、评委。

2. 以小组为单位，每组6人左右。

3. 现场讨论，老师给出讨论时间，并做提示(如结合自然保护地的分类体系和功能进行讨论)。

4. 各组汇报，同学自由提问。

5. 老师点评发言。

四、建议

时间不宜过长，主持人负责控制时间及气氛。

◈ 课后评价

评价项目	评价内容	权重
学习过程评价	对学生的出勤率、学习态度、提问和回答问题、交流讨论等情况进行评价	50%
实践活动评价	各组之间对参与实践活动情况进行评价；教师对各组上交的图片、资料等进行评价	50%（其中组间评价权重30%，教师评价权重20%）

◈ 学习延伸

一条风景道，一个"两山"转化样板——环武夷山国家保护发展带实现最严保护与更好发展

项目二

生态公益林体系
与国土安全

❖ 学习目标

1. 认识生态公益林体系。
2. 熟悉生态公益林体系与国土安全的关系。

❖ 学习建议

查阅相关文献和资料，快速熟练地掌握相关知识点，结合案例进行分析，共同讨论，达成共识。

❖ 项目导入

我国将坚守自然生态安全边界

自然资源是高质量发展的物质基础、空间载体和能量来源。我国将坚守自然生态安全边界，严守资源安全底线、优化国土空间格局、促进绿色低碳发展。

自然资源部部长王广华在首届自然资源与生态文明论坛上讲道，通过深入推进"多规合一"改革，报请党中央、国务院印发全国国土空间规划纲要，我国加快构建国土空间开发保护新格局。通过划定"三区三线"，确定 18.65 亿亩耕地、15.46 亿亩永久基本农田保护目标，划定陆域和海域生态保护红线面积 319 万平方千米。

守住自然生态安全边界，就要筑牢国家生态安全屏障。围绕"三区四带"（青藏高原生态屏障区、黄河重点生态区、长江重点生态区，东北森林带、北方防沙带、南方丘陵山地带、海岸带）国家生态安全屏障，实施全国重要生态系统保护和修复重大工程总体规划，我国组织实施山水林田湖草沙一体化保护和修复工程，完成治理面积 8000 万亩，完成历史遗留矿山生态修复近 435 万亩，整治修复海岸线 2000 千米，修复滨海湿地 60 万亩，成为世界上少数几个红树林面积净增加的国家。

启示： 自然生态安全屏障建设是国土安全任务之一。

❖ 知识链接

一、生态公益林体系

在《森林资源规划设计调查技术规程》（GB/T 26424—2010）中，生态公益林的概念为：

以保护和改善人类生存环境、维持生态平衡、保存物种资源、科学实验、森林旅游、国土保安等需要为主要经营目的的森林、林木、林地，包括防护林和特种用途林。按照《国家级公益林区划界定办法》和《国家级公益林管理办法》，以及地方制定的公益林管理办法开展建设、保护和管理，按事权等级划分为国家生态公益林、地方生态公益林（包括省级、市级和县级）体系。

目前，我国生态公益林的管理以国家主导，各级相关部门分级分部门管理为方针，形成了一个各业务部门分级负责、互相配合的良性互动管理模式。生态公益林管理办公室是各级管理层次均会设立的机构，用于协同其他同级部门完成生态公益林的管理工作。协同部门包括资源林政、野生动植物保护、森林病虫害防治检疫、森林营造、森林公安、财物预算管理等。实现不同业务部门的相互合作，制定符合实际的生态公益林管理模式，是保障整个生态公益林管理体系上下协同健康发展的基础。

生态公益林的利用途径主要有：

①积极鼓励与生态公益林主导功能密切的利用方式，如科学考察、定位观察、试验研究、科普教育、种质标本采集、生态旅游、物种与基因保存和自然遗产留存等。

②有条件的，允许利用林下多种资源进行非木质资源开发。

③严格控制对公益林的采伐更新，严格禁止以生产木材为主要目的的采伐、抚育和改造活动。

④对公益林的利用以及公益林区的工程建设，必须在进行可行性研究时，同步进行环境影响评价。

二、生态公益林与国土安全

生态公益林包括水源涵养林、水土保持林、防风固沙林和护岸林等，自然保护区的森林和国防林等。生态公益林的建设、保护和管理，直接对国土生态安全、生物多样性保护和经济社会可持续发展具有重要作用。

国土安全涵盖领土、自然资源、基础设施等要素，核心是领土完整、国家统一、边疆边境、海洋权益等不受侵犯或免受威胁的状态，以及持续保持这种状态的能力。国土安全是立国之基，是国家生存和发展的基本条件。

云南省全力构建科学合理的自然保护地体系

近年来，我国生态公益林面积不断增加，建设和保护好生态公益林对保护好国家的自然资源生态环境、生态安全屏障、国土生态安全具有举足轻重的作用。

❖ 实践活动

植　树

一、目的

通过亲手植树，提高学生对植树造林重要性的认识，增强学生对森林生态公益的环保意识，培养实践能力和团队协作精神。

二、说明

安排专业植树指导，让大家了解植树的方法和注意事项，确保植树成活率高。组织志愿者分组进行植树，每组有专人负责协调和指导，确保活动有序进行。

三、规则

1. 老师为组织者、负责人。
2. 同学以小组为单位，每组 6 人左右。
3. 现场讨论，结合种植指导提问，并做提示(如结合生态公益林体系的重要性)。
4. 各组观察成活率，统计汇报。
5. 老师点评发言。

四、建议

合理确定树苗成活率统计的时间、数量和质量。

五、总结

通过提问、启发的形式激发学生的主观能动性，引发种植过程中自主解决问题，同时激发学生自我分析总结重点的学习能力。

✧ 课后评价

评价项目	评价内容	权重
学习过程评价	对学生的出勤率、学习态度、提问和回答问题、交流讨论等情况进行评价	50%
实践活动评价	各组之间对参与实践活动情况进行评价；教师对各组上交的图片、资料等进行评价	50%（其中组间评价权重 30%，教师评价权重 20%）

✧ 学习延伸

建生态屏障，保国土安全——浙江省建德市林业生态建设辉煌 60 年

项目三

森林城市与人居
环境改善

◈ 学习目标

1. 了解国家森林城市的由来，掌握国家森林城市的定义，掌握国家森林城市评价指标体系；掌握绿美城市定义，了解绿美城市重要指标计算方法。

2. 能根据《国家森林城市评价指标》对城市进行初步评价；能根据计算方法，计算城市绿地率、人均公园绿地面积、公园服务半径覆盖率等绿美城市重要指标。

3. 力所能及参与森林城市或绿美城市建设，共同打造和谐美丽家园。

◈ 学习建议

课前对森林城市和绿美城市相关知识进行预习；课上采用案例法和小组讨论法进行学习，重点是能运用《国家森林城市评价指标》和绿美城市重要指标对城市环境进行评价；课后运用本项目所学知识开展实践活动。

◈ 项目导入

景洪市塑绿美风貌　提雨林颜值

一、景洪市简介

景洪市，城区面积 83.63 平方千米（建成区 37.77 平方千米），下辖允景洪街道、江北街道、嘎洒街道、曼弄枫街道、嘎栋街道。2022 年末，城区人口约 11.88 万人。自 2022 年启动绿美云南雨林城市建设以来，景洪市结合实际，上下联动，紧扣"美丽中国雨林城市"定位，以"生物多样性进城、进街道、进社区"为工作措施，努力把景洪建设成为热带雨林之中的城市，改善城乡人居环境，展示雨林物种多样性，营造全民共植、共享、共护的氛围，擦亮"雨林景洪，柔情傣乡"名片。

二、典型经验

（1）规划引领，突出雨林城市定位

先期规划，对照《云南省城乡绿化美化三年行动（2022—2024 年）》要求，以"绿美云南新标杆、中国雨林第一城"为建设定位，成立绿美城市工作领导小组，组建城市园林绿化专家库，借力知名设计团队，构建战略合作关系；结合实际，制定科学实施方案，委托专业机构编制《城市绿地系统规划》等指导性文件，以科学规划为绿美景洪建设指明方向、规范实施。

（2）管建并重，构筑绿美长效机制

坚持"管建并重、管培并进、管监并行"原则，邀请园林绿化专家现场指导，定期组织业务培训，以"一树一策略""一路一方案"标准推进城市绿化精细化管理养护，提升管养水平和质量；在绿化提升改造时同步安装喷灌、雾化、灯光等配套设施，确保后期管养成效；发挥新闻媒体和群众监督作用，曝光查处毁绿情况，提升城市管护监督水平。

（3）示范带动，着力提升绿化品质

以"一街一景"和"增绿提质"为原则，以景洪市"生物多样性进城市、进街道、进社区"示范项目为引领，积极推动绿美云南建设。示范项目以增绿提质的方式对主城区的道路、公园游园、节点绿地等进行绿化景观的提升改造，丰富了主城区的植物种类、结构层次、色彩程度，展现了具有生物多样性的雨林特色城市风貌。截至目前，示范项目累计提升改造面积约 7.83 万平方米，城市道路、公园、节点绿化美化水平和效果得到明显提升，"人在城中，林城掩映"的雨林城市风貌初显。

（4）共建共享，助力全民爱绿护绿

以"可持续发展、产业带动"为发展指引，积极组织开展义务植树活动、乡镇捐苗活动、志愿者爱绿卫生服务活动，谋划组织市民开展认种认养活动，提升全民爱绿护绿建绿意识和水平。谋划打造了一定规模的自有绿化苗木基地，为市政供给和培育苗木，进一步推进城市绿美事业的可持续发展，以及绿美城市建设夯实基础，推动生态经济与社会效益共赢局面不断形成。

思考：景洪市开展绿美城市建设的特色是什么？在绿美城市建设定位时，主要考虑哪些因素？

◈ 知识链接

一、森林城市建设

（一）森林城市的由来

人类起源于森林，走过弱小的原始文明后，在农业文明中得以发展壮大，在短短三百余年的工业文明中人类掌握了自己的命运。从农村走向城市，人类的生产生活条件改善巨大，但"城市病"却随之产生且愈发严重，人口膨胀、交通拥堵、住房紧张、供水不足、能源紧缺、环境污染、秩序混乱、就业困难等问题表现突出，加剧了城市负担，制约城市化发展，引发市民身心疾病。城市病是几乎所有国家曾经或正在面临的问题，我国经济尚处于由高速发展向高质量发展的转型阶段，城镇化率仍在增长中，部分"城市病"表现还比较明显。久居城市的人们渴望回归自然、拥抱自然，希望能够改变居住城市的人居环境，森林城市应运而生。

1904 年，英国生物学家帕特里克·盖迪斯在其《城市开发》和《进化中的城市》两书中，开始尝试把生态学的原理和方法应用于城市研究。1962年，美国肯尼迪政府在户外娱乐资源调查中，首先使用"森林城市"这一名词。森林城市建设蓬勃发展，极大推动生态城市的建设水平。欧洲一些如德国、芬兰等森林资源丰富的国家，各城市的绿化率几乎超过总面积的50%，绿化遍及城市、生存环境宜人、环保意识深入人心。日本对森林城市的建设也十分重视，城市中的森林具有一定的规模和质量。而且赋予了浓厚的文化氛围。进入新世纪，世界森林城市建设呈现积极的发展态势，各国都把建设森林城市作为新世纪生态城市发展的重要内容。

我国森林城市建设始于20世纪80年代，相对于欧美国家起步较晚。但是在国家相关部门的推动下，全国各地积极响应，森林城市建设发展迅猛，并且取得了显著成效。从2004年起，全国绿化委员会、国家林业和草原局启动了"国家森林城市"评定程序并制定了《国家森林城市评价指标》和《国家森林城市申报办法》。同时，每年举办一届中国城市森林论坛。通过近30年的研究与实践，我国森林城市发展理念日渐清晰，城市中的森林生态系统建设日渐完善，城、林、水一体化城市森林生态系统建设成效显著，"森林环城，林水相依"的森林城市建设理念得到广泛认同，而"生态兴则文明兴"的城市文明观早已深入人心。

党的十八大以来，国家林业和草原局坚持多措并举，编制了《关于着力开展森林城市建设的指导意见》，印发了《全国森林城市发展规划（2018—2025年）》，修（制）订了《国家森林城市评价指标》等行业和国家标准，出台了《国家森林城市管理办法（试行）》等，各地积极响应森林城市建设工作，发展势头良好。

（二）森林对于城市的作用

城市中的森林具有良好的生态功能：能吸收有害气体，净化城市空气；能吸滞烟尘和粉尘，减少有害气体；可以减菌、杀菌，提供森林保健；能减弱和消除噪声；可以调节和改善小气候；能涵养水源，防风固沙，防止城市水土流失；对维护生物多样性也有重要意义。同时，在城市中的森林能美化绿化环境，改善人居环境，提高城市综合吸引力，吸引和留住人才，吸引游客游览和旅居，促进地方经济和社区发展，增强城市和周边地区经济活力。

（三）国家森林城市创建

1. 森林城市的内涵

森林城市是指在城市行政管辖范围内形成以森林和树木为主体，城乡一体、健康稳定的森林生态系统，且各项建设指标达到该标准要求并经国家林业行政主管部门批准的城市。

创建"国家森林城市"是贯彻落实习近平生态文明思想，坚持科学发展观，构建和谐社会，体现以人为本，全面推进我国城市走生产发展、生活富裕、生态良好发展道路的重要途径；是加强城市生态建设，创造良好人居环境，弘扬城市绿色文明，提升城市品位，促进人与自然和谐，构建和谐城市的重要载体。

2. 我国创建情况

2004 年 11 月，全国绿化委员会、国家林业局授予贵阳市"国家森林城市"称号，贵阳成为我国首座获此殊荣的城市。截至 2023 年 6 月，全国共评选出 219 个国家森林城市。按照创建时间，国家森林城市名单如下：

2004 年，贵州省贵阳市。

2005 年，辽宁省沈阳市。

2006 年，湖南省长沙市。

2007 年，四川省成都市，内蒙古自治区包头市，河南省许昌市，浙江省临安区。

2008 年，广东省广州市，河南省新乡市，新疆维吾尔自治区阿克苏市。

2009 年，浙江省杭州市，山东省威海市，陕西省宝鸡市，江苏省无锡市。

2010 年，湖北省武汉市，内蒙古自治区呼和浩特市，辽宁省本溪市，贵州省遵义市，四川省西昌市，江西省新余市，河南省漯河市，浙江省宁波市。

2011 年，辽宁省大连市，吉林省珲春市，江苏省扬州市，浙江省龙泉市，河南省洛阳市，广西壮族自治区梧州市，四川省泸州市，新疆维吾尔自治区石河子市。

2012 年，内蒙古自治区呼伦贝尔市，辽宁省鞍山市，江苏省徐州市，浙江省衢州市、丽水市，河南省三门峡市，湖北省宜昌市，湖南省益阳市，广西壮族自治区柳州市，重庆市永川区。

2013 年，江苏省南京市，山西省长治市、晋城市，内蒙古自治区赤峰市，辽宁省抚顺市，浙江省湖州市，安徽省池州市，福建省厦门市，山东省临沂市，河南省平顶山市、济源市，广西壮族自治区贺州市、玉林市，四川省广安市、广元市，云南省昆明市，宁夏回族自治区石嘴山市。

2014 年，山东省淄博市、枣庄市，河北省张家口市，江苏省镇江市，浙江省温州市，安徽省合肥市、安庆市，江西省吉安市、抚州市，河南省郑州市、鹤壁市，湖北省襄阳市、随州市，湖南省郴州市、株洲市，广东省惠州市，四川省德阳市。

2015 年，河北省石家庄市，内蒙古自治区鄂尔多斯市，辽宁省营口市、葫芦岛市，浙江省绍兴市、义乌市，安徽省黄山市、宣城市，福建省漳州市、龙岩市，江西省南昌市、宜春市，山东省济南市、青岛市、泰安市，湖北省荆门市、咸宁市，湖南省永州市，广东省东莞市，云南省普洱市，青海省西宁市。

2016 年，吉林省长春市，黑龙江省双鸭山市，江苏省常州市，浙江省金华市、台州市，安徽省六安市，福建省三明市，江西省九江市、鹰潭市，山东省烟台市、潍坊市，河南省焦作市、商丘市，湖北省十堰市，湖南省常德市，广东省珠海市、肇庆市，广西壮族自治区来宾市、崇左市，四川省绵阳市，陕西省西安市、延安市。

2017 年，河北省承德市，吉林省通化市，安徽省铜陵市，福建省福州市、泉州市，江西省上饶市、赣州市、景德镇市，山东省日照市、莱芜市（现济南市莱芜区），湖南省张家界市，广东省佛山市、江门市，广西壮族自治区百色市，四川省攀枝花市、宜宾市、巴中市，云南省临沧市，陕西省安康市。

2018 年，北京市平谷区，河北省秦皇岛市，江苏省南通市，浙江省舟山市、桐庐县、安吉县、江山市，安徽省芜湖市，福建省莆田市，江西省萍乡市、武宁县和崇义县，山东省济宁市、聊城市、滕州市、邹城市、曲阜市，河南省濮阳市、驻马店市、南阳市，湖北省黄石市、宜都市，湖南省湘西土家族苗族自治州，广东省深圳市、中山市，广西壮族自治区贵港市，重庆市荣昌区，湖南省湘潭市。

2019 年，北京市延庆区，河北省唐山市、保定市、廊坊市，吉林省敦化市，江苏省盐城市，浙江省东阳市、永康市，安徽省马鞍山市、淮北市、宿州市，福建省南平市、宁德市、平潭综合实验区，山东省胶州市，河南省安阳市、信阳市，湖北省荆州市、恩施市，广东省汕头市、梅州市，广西壮族自治区防城港市，四川省眉山市，云南省曲靖市、景洪市，陕西省榆林市、汉中市、商洛市。

2022 年，北京市石景山区、门头沟区、通州区、怀柔区、密云区，河北省邢台市、邯郸市，辽宁省辽阳市，江苏省连云港市，安徽省滁州市，山东省滨州市，河南省开封市，广东省韶关市、阳江市、茂名市，重庆市涪陵区、北碚区、大足区、梁平区，四川省达州市，贵州省六盘水市、铜仁市、黔南布依族苗族自治州，陕西省咸阳，甘肃省平凉市，西藏自治区林芝市。

（四）国家森林城市评价指标

根据《国家森林城市评价指标》（GB/T 37342—2019），国家森林城市评选对象包括地级及以上城市、县级城市两类，其中地级及以上城市评价共有五大体系 36 项指标，县级城市评价共有五大体系 33 项指标。五大体系包括森林网络、森林健康、生态福利、生态文化、组织管理五个方面。具体评价指标见表 4-3-1 和表 4-3-2 所列。

表 4-3-1　国家森林城市（地级及以上）评价指标

评价体系	指标名称	指标要求
森林网络	林木覆盖率	年降水量 400 毫米以下的城市，林木覆盖率达 25%以上。 年降水量 400~800 毫米的城市，林木覆盖率达 30%以上。 年降水量 800 毫米以上的城市，林木覆盖率达 35%以上。 湿地及水域面积占国土总面积 10%以上的城市，林木覆盖率达 25%以上
	城区绿化覆盖率	城区绿化覆盖率达 40%以上
	城区树冠覆盖率	城区树冠覆盖率达 25%以上，下辖的县（市）城区树冠覆盖率达 20%以上
	城区人均公园绿地面积	城区人均公园绿地面积达 12 平方米以上
	城区林荫道路率	城区主干路、次干路林荫道路率达 60%以上
	城区地面停车场绿化	城区新建地面停车场的乔木树冠覆盖率达 30%以上
	乡村绿化	乡镇道路绿化率达 70%以上，村庄林木绿化率达 30%以上，村旁、路旁、水旁、宅旁基本绿化美化
	道路绿化	铁路、县级以上公路等道路绿化与周边自然、人文景观相协调，适宜绿化的道路绿化率达 80%以上

（续）

评价体系	指标名称	指标要求
森林网络	水岸绿化	注重江、河、湖、库等水体沿岸生态保护和修复，水体岸线自然化率达80%以上，适宜绿化的水岸绿化率达80%以上
	农田林网	按照《生态公益林建设技术规程》（GB/T 18337.3—2001）要求建设农田林网
	重要水源地绿化	重要水源地森林植被保护完好，森林覆盖率达70%以上，水质净化和水源涵养作用得到有效发挥
	受损弃置地生态修复	受损弃置地生态修复率达80%以上
森林健康	树种多样性	城市森林树种丰富多样，形成多树种、多层次、多色彩的森林景观，城区某一个树种的栽植数量不超过树木总数量的20%
	乡土树种使用率	城区乡土树种使用率达80%以上
	苗木使用	注重乡土树种苗木培育，使用良种壮苗，提倡实生苗、容器苗、全冠苗造林，严禁移植天然大树
	生态养护	避免过度的人工干预，注重森林、绿地土壤的有机覆盖和功能提升，城区绿地有机覆盖率达60%以上
	森林质量提升	注重森林质量精准提升，每年完成需提升面积的10%以上，培育优质高效森林
	动物生境营造	保护和选用留鸟引鸟、食源蜜源植物，大型森林、湿地等生态斑块通过生态廊道实现有效连接
	郊区灾害防控	建立完善的有害生物和森林火灾防控体系
	资源保护	划定生态红线。未发生重大涉林犯罪案件和公共事件
生态福利	城区公园绿地服务	公园绿地500米服务半径对城区覆盖达80%以上
	生态休闲场所服务	建设森林公园、湿地公园等大型生态休闲场所，20千米服务半径对市域覆盖达70%以上
	公园免费开放	财政投资建设的公园向公众免费开放
	乡村公园	每个乡镇建设休闲公园1处以上，每个村庄建设公共休闲绿地1处以上
	绿道网络	建设遍及城乡的绿道网络，城乡居民每万人拥有的绿道长度达0.5千米以上
	生态产业	发展森林旅游、休闲、康养、食品等绿色生态产业促增收致富
生态文化	生态科普教育	所辖区（县、市）均建有1处以上参与式、体验式的生态课堂、生态场馆等生态科普教育场所。在城乡居民集中活动的场所，建有森林、湿地等生态标识系统
	生态宣传活动	广泛开展森林城市主题宣传，每年举办市级活动5次以上
	古树名木	古树名木管理规范，档案齐全，保护措施科学到位，保护率达100%
	市树市花	设立市树、市花
	公众态度	公众对森林城市建设的知晓率、支持率和满意度达90%以上

（续）

评价体系	指标名称	指标要求
组织管理	建设备案	在国家森林城市建设主管部门正式备案 2 年以上
	规划编制	编制规划期限 10 年以上的国家森林城市建设总体规划，并批准实施 2 年以上
	科技支撑	建立长期稳定的科技支撑体系，专业技术队伍健全，技术规程完备
	示范活动	积极开展森林社区、森林单位、森林乡镇、森林村庄、森林人家等多种形式示范活动
	档案管理	档案完整规范，相关技术图件齐备，实现科学化、信息化管理

表 4-3-2　国家森林城市（县级）评价指标

指标体系	指标名称	指标要求
森林网络	林木覆盖率	年降水量 400 毫米以下的城市，林木覆盖率达 25% 以上 年降水量 400~800 毫米的城市，林木覆盖率达 30% 以上 年降水量 800 毫米以上的城市，林木覆盖率达 35% 以上 湿地及水域面积占国土总面积 10% 以上的县（市），林木覆盖率达 25% 以上
	城区绿化覆盖率	城区绿化覆盖率达 40% 以上
	城区树冠覆盖率	城区树冠覆盖率达 25% 以上
	城区人均公园绿地面积	城区人均公园绿地面积达 12 平方米以上
	城区林荫道路率	城区主干路、次干路林荫道路率达 60% 以上
	城郊成片森林、湿地	建设 20 公顷以上的成片森林或湿地 2 处以上
	乡镇绿化	乡镇建成区绿化覆盖率达 30% 以上，建有 2000 平方米以上公园绿地 1 处以上
	村庄绿化	林木绿化率达 30% 以上，村旁、路旁、水旁、宅旁全部绿化美化，建设 1 处以上公共休闲绿地
	道路绿化	铁路、县级以上道路绿化注重与周边自然、人文景观相协调，适宜绿化的道路绿化率达 85% 以上
	水岸绿化	注重江、河、湖、库等水体沿岸生态保护和修复，水体岸线自然化率达 85% 以上，适宜绿化的水岸绿化率达 85% 以上
	农田林网	按照《生态公益林建设技术规程》（GB/T 18337.3—2001）要求建设农田林网
	受损弃置地生态修复	受损弃置地生态修复率达 80% 以上
森林健康	树种多样性	城市森林树种丰富多样，形成多树种、多层次、多色彩的森林景观，城区某一个树种的栽植数量不超过树木总数量的 20%
	乡土树种使用率	城区、乡镇建成区、农村居民点乡土树种使用率达 80% 以上
	苗木使用	注重乡土树种苗木培育，使用良种壮苗，提倡实生苗、容器苗、全冠苗造林，严禁移植天然大树
	生态养护	避免过度的人工干预，增加绿地有机覆盖，实现森林、绿地的近自然管护
	森林质量提升	注重森林质量精准提升，每年完成需提升面积的 10% 以上，培育优质高效城市森林

（续）

指标体系	指标名称	指标要求
森林健康	动物生境营造	保护和选用留鸟引鸟、食源蜜源植物，大型森林、湿地等生态斑块通过生态廊道实现有效连接
	森林灾害防控	建立完善的有害生物和森林火灾防控体系
	资源保护	有效保护乡村风水林和风景林，未发生重大涉林犯罪案件和公共事件
生态福利	城区公园绿地服务	公园绿地500米服务半径对城区覆盖达80%以上
	生态休闲场所服务	建设森林公园、湿地公园等大型生态休闲场所，10千米服务半径对县域覆盖达70%以上
	公园免费开放	财政投资建设的公园向公众免费开放
	绿道网络	城镇建有绿道网络，居民每万人拥有的绿道长度达0.5千米以上
	生态产业	发展森林旅游、休闲、康养、食品等绿色生态产业，促进农民增收致富
生态文化	生态科普教育	建有参与式、体验式的生态课堂、生态场馆等生态科普教育场所5处以上。在城乡居民集中活动的场所，建有森林、湿地等生态标识系统
	生态宣传活动	广泛开展森林城市主题宣传，每年举办县级活动5次以上
	古树名木	古树名木管理规范，档案齐全，保护措施科学到位，保护率达100%
	公众态度	公众对森林城市建设的知晓率、支持率和满意度达90%以上
组织管理	建设备案	在国家森林城市建设主管部门正式备案2年以上
	规划编制	编制规划期限10年以上的国家森林城市建设总体规划，并批准实施2年以上
	示范活动	积极开展森林社区、森林单位、森林乡镇、森林村庄、森林人家等多种形式示范活动
	档案管理	档案完整规范，相关技术图件齐备，实现科学化、信息化管理

二、绿美城市建设

（一）绿美城市内涵

在人类工业化进程中，城市环境污染和生态破坏几乎成为世界各国无法避免的问题。随着全球范围内人们环保意识的觉醒，城市人居环境改善越来越受到广泛重视。19世纪末，英国社会改革家埃比尼泽·霍华德提出了"田园城市"的思想，被视作绿色城市思想的源头。第二次世界大战之后，发达国家城市建设快速扩张，城市环境急剧恶化，美国城市理论研究家刘易斯·芒福德反对城市无节制扩张，侵占乡村用地和绿色空间，提倡建设规模适中、自给自足的城市。其后，绿色城市思想不断演进，相近概念也不断出现，但核心理念基本包括城市与自然和谐共处、城市可持续发展、城市人文关怀等。

绿美城市与绿色城市概念相近、理念相通，都是人们追求美好生活的新方向，是我国生态文明建设进程中的具体实践。目前，云南、广东等省份秉持城乡一体化推进原则，相继启动绿美建设工作，绿美城市建设和绿美乡村建设同步推进。

绿美城市是指通过遵循城市山水格局，改善城市绿地系统，提高城市绿化和美化质量，改善城市人文环境，实现城市与自然和谐共生、经济与社会可持续发展。广义的绿美城市建设应包括城市绿化美化、城市绿色生产和绿色生活，狭义的绿美城市建设主要指城市绿化美化。

城市绿地系统是绿美城市建设的载体，由城市各类绿地构成，并与区域绿地相联系，具有优化城市空间格局，发挥生态、游憩、景观、防护等多重功能的绿地网络系统，主要包括城市公园、城市绿道、城市林荫道、绿美街道、绿美社区等。

城市绿道是以自然要素为依托和构成基础，串联休闲游憩等绿色开敞空间，以游憩、健身为主，兼具市民绿色出行和生物迁徙等功能的廊道，不包括道路、人行道。绿美街道指由城市道路、道路绿化、附属设施和沿线建筑等诸多元素共同构成，具有观赏性、艺术性、特色性，能体现城市风貌、展现人文特点、突出绿化景观效果，给人印象深刻且美好的城市街道。城市林荫道是指城市中两侧树木茂密、浓荫围绕，林荫覆盖率85%以上的人行道及非机动车道。

城市公园是城市绿地系统的重要组成部分，是指向公众开放的、以游憩为主要功能、具有一定的游憩设施和服务设施的绿化用地，兼具生态、美化景观、科普教育和应急避险等多种功能，不仅为居民提供了休闲娱乐的场所，还通过绿道等设施将公园与日常生活紧密联系，形成"自然中的城市"面貌。绿美社区是指以城市(乡镇)主街道小区和单位、旅游景点周边小区、改造提升的老旧小区等为重点，按照"后院前置、后绿前移"的思路，建设社区和美、生态恬美的社区其目标是实现社区增绿提质，形成"特色鲜明、景观优美、类型丰富、幸福宜居"的社区环境。

(二)重要指标计算方法

1. 城市绿地率

城市绿地率是建成区内各类绿地面积(公园绿地、防护绿地、广场用地、附属绿地和位于建成区范围内的区域绿地面积)占建成区面积的百分比。计算方法如下：

城市绿地率=建成区内各类绿地面积(平方千米)/建成区面积(平方千米)×100%

2. 人均公园绿地面积

人均公园绿地面积是建成区内城区人口人均拥有的公园绿地面积(平方米/人)。其中，城区人口包括户籍人口和暂住人口；毗邻建成区能够满足百姓日常休闲游憩的公园绿地可纳入统计。计算方法如下：

人均公园绿地面积(平方米/人)=公园绿地面积(平方米)/建成区内城区人口数量(人)

3. 公园服务半径覆盖率

公园服务半径覆盖率是公园服务半径覆盖的居住面积(平方千米)占居住用地总面积(平方千米)的百分比。5000平方米及以上公园绿地活动场地按500米服务半径测算；400~5000平方米的公园绿化活动场地按300米服务半径测算。计算方法如下：

公园服务半径覆盖率=公园服务半径覆盖的居住面积(平方千米)/

$$居住用地总面积（平方千米）×100\%$$

（三）绿美城市建设实践

1. 云南实践

党的十八大以来，云南省以习近平生态文明思想为指引，贯彻落实习近平总书记两次考察云南重要讲话精神，筑牢国家西南生态安全屏障，争当全国生态文明建设排头兵，全力推进生态文明建设。

2022 年 7 月，云南省委办公厅、省政府办公厅印发了《云南省城乡绿化美化三年行动（2022—2024 年）》；2022 年 8 月，云南省住房和城乡建设厅印发《云南省绿美城市建设三年行动实施方案（2022—2024 年）》（以下简称《方案》）。

《方案》提出以"增绿提质"为主线，围绕"绿美、宜居、特色、韧性"的要求，通过十年规划，三年行动，着力构建和不断优化城市绿地系统和山水空间格局，打造大中小"特色鲜明、景观优美、类型丰富、幸福宜居"的云南绿美城市。以绿色惠民、节俭务实，规划引领、品质提升，生态优先、协同推进，政府主导、广泛参与为原则，通过三年行动，实现城市与自然和谐共生、城乡人居环境显著改善、城市绿地系统格局日趋优化、城市绿地总量明显提高、公共空间品质大幅提升、城市特色逐步彰显、城市区域影响力持续扩大，打造和推选一批生态丰美、环境优美、城市谐美、人文醇美、建筑韵美、生活恬美、社区和美的绿美城市和绿美社区。

《方案》以 11 个"高"为重点工作内容，统筹全省绿美城市建设：高起点编制实施方案和绿地系统规划；高要求保障绿化用地增加城市绿量；高颜值营建城市山水之美和人文之美；高水平构建城市公园体系；高质量推进绿美社区建设；高品质打造绿美街区街道；高覆盖建设城市"绿道网"；高水平实施绿化管理维护；高目标打造典型示范；高效率推进园林城市创建；高层级开展城市园林绿化苗木产业发展。同时，在各项重点工作中明确负面清单：从禁止类和限制类两个方面，提出严禁违法违规占用耕地开展绿化建设，禁止破坏城市绿地、搞"面子工程""形象工程"等多项具体要求。

2. 广东实践

广东是我国的制造业大省，是改革开放的前沿阵地。自 1989 年起，广东省地区生产总值连续居全国第一位，是中国名副其实的第一经济大省。在经济社会高速发展的同时，广东同样高度重视生态建设，绿美建设也优先纳入政府决策。

2022 年 12 月，中国共产党广东省第十三届委员会第二次全体会议审议通过《中共广东省委关于深入推进绿美广东生态建设的决定》（以下简称《决定》）。2023 年 1 月，"深入推进绿美广东生态建设"被列入广东省政府工作报告。《决定》强调要突出绿美广东引领，构建绿美广东生态建设新格局，推动生态优势转化为发展优势，打造人与自然和谐共生的绿美广东样板，走出新时代绿水青山就是金山银山的广东路径。为进一步促进高质量发展，广东省提出绿美广东生态建设"六大行动"，包括：森林质量精准提升行动、城乡一体绿美提升行动、绿美保护地提升行动、绿色通道品质提升行动、古树名木保护提升行动、全民爱绿植绿护绿行动。

　　2022 年 12 月，《广州市贯彻落实〈中共广东省委关于深入推进绿美广东生态建设的决定〉的行动方案》印发，制定了《绿美广州五年行动计划（2023—2027 年）》，确立"树葱茏、道千里、惠万民"的愿景目标，以华南国家植物园体系建设为统领，全面实施"八大工程"，即森林质量优化提升、城乡一体绿美家园优化建设、保护地建设提升、生物多样性保护培育、活力精品绿廊提升美化、古树名木保护修复、现代惠民林业集聚发展、全民爱绿护绿植绿，全覆盖推进广州绿化美化工作。2023—2027 年，广州计划森林提质增绿 100 万亩，建设森林步道 1000 千米。

◈ **实践活动**

"我为创森来献计"建议征集活动

　　为深入贯彻落实习近平生态文明思想，各地纷纷把创建国家森林城市作为擦亮城市生态名片、构建人与自然和谐共生的美丽家园的重要抓手。为进一步营造创建或维护国家森林城市工作的浓厚氛围，引导广大大学生关注创森、支持创森，并以城市主人翁姿态投身到创建或维护国家森林城市的活动中，建议以自己家乡所在城市为对象，参照国家森林城市评价指标，分析所在城市是否符合国家森林城市的要求，为自己的家乡创建或维护国家森林城市建言献策，培育大学生树立健康向上的生态文明观念，争做绿色生态文明的倡导者和宣传者。

一、征集主题

　　我为创森来献计。

二、征集时间

　　每年 9 月 1 日至 12 月 31 日。

三、征集内容

　　围绕创建或维护国家森林城市，以国家森林城市评价指标为参照，聚焦其中的 1~2 个具体指标，提出具有实践性的建议。

四、征集要求

　　1. 所提建议应有较强的可行性，具有决策参考价值，方案翔实，措施具体。

　　2. 所提建议一事一议，字数不限，条理清晰，主题突出，围绕一个核心内容提出明确的方案措施，如果有多个建议事项，应分别提出。

五、征集应用

　　对收集到的意见建议，以班级为单位认真梳理汇总，对实用性强的意见建议，予以汇总并分享学习。如有可能，将反馈给当地林草部门作为决策参考。

✧ 课后评价

评价项目	评价内容	权重
学习过程评价	对学生的出勤率、学习态度、提问和回答问题、交流讨论等情况进行评价	50%
实践活动评价	教师对每人上交的资料等进行评价	50%

✧ 学习延伸

绿色城市

海绵城市

项目四

森林乡村与美丽乡村建设

◈ 学习目标

1. 掌握森林乡村的内涵，了解我国森林乡村的建设情况，掌握国家森林乡村的评价内容和评价标准。

2. 掌握和美乡村的内涵，了解和美乡村建设任务。

3. 能根据国家森林乡村评价标准对乡村进行初步评价。

4. 力所能及参与森林乡村或绿美乡村建设，共同打造和美乡村。

◈ 学习建议

课前对森林乡村和美丽乡村相关知识进行预习；课上采用案例法、小组讨论法等进行学习，重点是掌握国家森林乡村的评价内容和评价标准，根据《国家森林乡村评价指标》目标乡村进行初步评价；课后运用本项目所学知识开展实践活动，利用知识延伸进行拓展学习。

◈ 项目导入

云南腾冲：森林乡村"含绿量"赋能"含金量"

近年来，腾冲市以森林乡村建设为抓手，持续推进乡村绿化美化，助力乡村振兴，谱写了生态美、产业兴、乡风淳、百姓富的绿美腾冲新篇章。

森林乡村建设提升腾冲人居环境。全市绿道长度 664.31 千米，乡镇建成区绿化覆盖率达 42.68%，乡镇建有 2000 平方米以上公园绿地 23 处，村庄建有公共休闲绿地 312 处。新建、提升各类道路绿化 798 千米，种植以油茶为主的绿化苗木 74.94 万株，道路林木绿化率达 93.68%。

造林用种用苗全部具备"两证一签"。全市培育苗木 1870 万株，可供造林绿化 1570 万株，良种使用率 71%，乡土树种使用率达 100%，优先使用保障性苗圃培育的苗木开展乡村绿化，提升森林质量效益。同时，培育健康稳定的多功能森林，构建优美森林生态景观，让公众亲近森林、感知森林、享受森林。

生态打底，产业铺路。腾冲将森林乡村建设与林草产业发展相结合，因地制宜培育林草产业品牌，提升林草产业品质，推进一、二、三产业融合发展。做好"特"字文章，编制《腾冲市油茶产业发展三年行动（2023—2025 年）实施方案》，计划三年时间建设油茶产业基地 30.5 万亩，当年完成油茶种植 0.5 万亩，低效林改造 6 万亩。

2023 年，全市林下经济经营和利用面积 162.33 万亩，林下经济产值 14 亿元。其中，林下种植 2.97 亿元，林下养殖 4249 万元，林产品采集加工 1.38 亿元，森林景观利用 9.23 亿元。特色经济林产业产值达 6.57 亿元。

森林乡村建设串联起城乡自然与人文景观。腾冲打造康养度假、避暑休闲、森林民宿等特色生态旅游产品，带动林农增收致富。2023 年，生态旅游利用林地 41.8 万亩，从业人员 2.07 万人，全年接待游客 564.33 万人次，实现产值 12.21 亿元。全市森林康养基地 115 个，A 级以上生态旅游森林康养景区 42 个，康养步道 207.3 千米；开发森林食品饮品系列产品 100 多个，种植森林药材 800 多种，开展健康运动 30 多种，康复疗养项目 20 多项，森林康养产值达 7.18 亿元。

思考： 腾冲市在推动乡村振兴过程中是如何践行"两山"理念的？

◈ 知识链接

一、森林乡村建设

（一）森林乡村的内涵

根据国家林业和草原局发布的《国家森林乡村评价认定办法（试行）》，森林乡村是指乡村自然生态风貌保存完好，乡土田园特色突出，森林氛围浓郁，森林功能效益显著，涉林产业发展良好，人居环境整洁，保护管理有效的生态宜居乡村。

根据《国家森林乡村评价指标》（LY/T 3312—2022），森林乡村指在村域范围内以森林生态系统为主体，湿地、荒漠、草地等为辅助，形成山水林田湖草协调布局，结构合理、生态环境优良、发展模式绿色环保、自然生态系统稳定健康，并具有地域生态文化特色的行政村。

（二）森林乡村建设情况

为贯彻习近平总书记关于持续推进森林乡村建设的重要指示精神，推进落实《乡村振兴战略规划（2018—2022 年）》和《农村人居环境整治三年行动方案》，国家林业和草原局于 2019 年起组织开展国家森林乡村创建工作。随后，全国各地积极响应，纷纷组织开展了省级森林乡村的创建工作。

1. 国家森林乡村建设

按照各地县级林业和草原主管部门推荐、省级林业和草原主管部门评审公示、国家林业和草原局审查的程序，目前共认定了两个批次 7586 个国家森林乡村。2019 年 12 月 25 日，国家林业和草原局公布了第一批 3947 个国家森林乡村；2019 年 12 月 31 日，国家林业和草原局公布了第二批 3639 个国家森林乡村。

2. 各地森林乡村建设

据不完全统计，截至 2023 年，全国 32 个省份中有 12 个开展了省级森林乡村的创建评选活动，呈现出蓬勃的生机，具体如下：

河北省从 2019 年开始，共评选出 5 批次 1649 个省级森林乡村；

安徽省从 2019 年开始，共评选出 5 批次 1948 个省级森林村庄；

福建省从 2019 年开始，共评选出 5 批次 1400 个省级森林村庄；

江西省从 2020 年开始，共评选出 4 批次 2011 个省级森林乡村；

湖北省从 2021 年开始，共评选出 3 批次 684 个省级森林乡村；

广东省从 2021 年开始，共评选出 1 批次 622 个省级森林乡村；

四川省从 2023 年开始，共评选出 1 批次 27 个省级森林村庄；

贵州省从 2018 年开始，共评选出 6 批次 2148 个省级森林村寨；

云南省从 2020 年开始，共评选出 4 批次 4152 个省级森林乡村；

广西壮族自治区从 2019 年开始，共评选出 5 批次 528 个省级森林村庄；

上海市从 2023 年开始，共评选出 1 批次 47 个省级森林乡村。

北京计划在"十四五"期间，建设 250 个首都森林村庄。

（三）森林乡村建设意义

森林乡村建设是践行习近平生态文明思想的重要载体，也是落实乡村振兴战略的具体举措，森林乡村建设具有积极的价值和意义。

1. 有助于改善乡村生态环境

森林是陆地生态系统中最重要的组成部分，具有涵养水源、防止水土流失、防风固沙、提高负氧离子、改善空气质量、调节局部小气候等作用，提高乡村绿化美化程度，对改善乡村生态、生产、生活三个空间环境都具有显著影响，能提高生态空间的生物多样性，能帮助抵御生产空间的气象灾害和减少病虫害，能改善乡村生活空间的人居环境。

2. 有助于改善乡村产业结构

森林乡村建设将改善植被结构，从功能价值的角度，可选用栽种供观赏、食用、药用、饲用等多种价值的植物，对其加以合理开发具有很高的经济价值。此外，以森林为题材的休闲、运动、康养、旅游项目也备受游客推崇，有利于乡村经济结构由第一产业为主向第一、二、三产业复合式发展转型，带动村民增收致富。

3. 有助于促进乡村社会和谐

以森林为环境的公共活动场所建设，将为乡村公共活动空间增加更大吸引力，让村民劳作之余愿意参加更多丰富多彩的活动，从而有利于村民情感沟通，有利于乡村传统文化的继承和创新，减少赌博、过量饮酒等不良活动发生，有助于乡村自治，促进社会和谐。

（四）国家森林乡村评价认定

国家森林乡村是指国家林业和草原局组织指导各地并运用一定的评价方法、量化指标和评价标准，将乡村绿化美化达到评价标准的乡村认定出来。

1. 2019 版国家森林乡村评定指标

国家森林乡村在全国范围内于 2019 年评选过两批次，当时认定的依据是 2019 年国家林草局发布的《国家森林乡村评价认定办法（试行）》。国家森林乡村的评定对象为行政村，评价内容主要包括乡村自然生态风貌保护、山水林田湖草系统治理、森林绿地建设、森林质量效益、乡村绿化管护、乡村生态文化 6 个方面。

（1）乡村自然生态风貌保护

全面保护乡村自然生态系统的原真性和完整性，村庄原有地形地貌、自然景观、护村林、风水林、古树名木、小微湿地等自然生境及野生动植物栖息地得到有效保护。古村落、古民居、古建筑等人文历史遗迹保护完整，人文景观与自然景观协调统一。

（2）山水林田湖草系统治理

科学编制村庄规划并严格执行，土地利用空间布局合理，注重乡土田园特色，统筹考虑生态保护修复、乡村产业发展、居民点建设等，山水林田湖草系统治理，水源涵养、防风固沙、水土保持等生态防护功能良好。

（3）森林绿地建设

坚持适地适树，以乡土树种为主。荒山荒地等全部绿化，村旁、宅旁、路旁、水旁等应绿尽绿，庭院绿化美化、公园绿地建设符合实际，造林绿化成效显著，生态绿量增长明显，乡村森林氛围浓郁。

（4）森林质量效益

森林树种、层次结构合理，植物种类丰富多样、乡土树种比例高，森林质量和健康状况良好；特色经济林、林下经济、森林旅游、森林康养等乡村林业产业发展突出地方特色，效益好，带动农民就业增收能力强。

（5）乡村绿化管护

有专门的乡村绿化、美化管护人员队伍，制定了育林护林、生态保护、防火防虫、防止乱砍滥伐等方面的村规民约并严格执行，管护措施到位，管护效果良好。

（6）乡村生态文化

爱护森林、保护自然的乡村名人故事、乡贤事迹等传统生态文化得到充分挖掘和保护，科普宣教、传统生态文化历史传承和弘扬措施有效，村民有良好的植绿爱绿、保护生态、爱护环境的风俗习惯和意识，乡村生态文化丰富活跃。

2. 2022 版国家森林乡村评价指标

2022 年，《国家森林乡村评价指标》（LY/T3312—2022）林业行业标准发布，国家森林乡村的评价标准进一步细化。按照此标准，国家森林乡村评价指标分基本指标和特色指标两类。基本指标包括生态建设、自然保护、绿色惠农、森林文化和保障措施 5 个方面 13 个指标；特色指标包括生态健康、环境优美和特色鲜明 3 个方面 8 个指标。

国家森林乡村基本指标应全部达标。特色指标总分 100 分，每项指标由专家根据标准进行评判打分，取平均值为最终得分。

3. 2024 版国家森林乡村评价指标

2024 年 10 月 26 日，由北京林业大学、国家林业和草原局、国家林业和草原局西北调查规划院共同起草的《国家森林乡村评价指标》（GB/T 44733—2024）国家标准开始发布实施。该指标体系由 6 个一级指标、23 个二级指标构成。其中，生态保护和人居环境方面包括乡村风貌、自然景观、生态防护、生物多样性、人居环境等内容；乡村绿化方面包括村庄绿化覆盖率、四旁绿化、场院绿化、公共绿地、废弃地绿化等内容；

国家森林乡村评价指标

绿化质量方面包括植物选择、苗木选择、绿化配置等内容；绿化管护方面包括林长制、管护制度、绿化成果管护、灾害防控等内容；绿色产业方面包括群众增收、特色产业发展等内容；乡村生态文化方面包括古树名木保护、民俗林等生态文化传承、自然科普教育、公众参与等内容。详细标准可查阅国家标准全文公开系统。

二、和美乡村建设

中国自古以来崇尚"和"的理念，"和"蕴藏着中华文明几千年的哲理智慧和价值追求。在治国安邦上，中国讲究政通人和、内和外顺、协和万邦；在农业生产中，中国讲求不违农时、适地之宜。

改革开放以来，中国乡村发生了翻天覆地的变化，从"包产到户、包干到户"到"统筹城乡发展"，从建设社会主义新农村到建设美丽乡村，再到建设和美乡村，既是乡村建设的"版本升级"，更是乡村发展的"美丽蜕变"。

2022年中央农村工作会议上，习近平总书记强调"农村现代化是建设农业强国的内在要求和必要条件，建设宜居宜业和美乡村是农业强国的应有之义"。这是以习近平同志为核心的党中央正确处理工农城乡关系作出的重大战略部署，为今后一个时期我国建设什么样的乡村、怎样建设乡村指明了方向。

2022年10月，党的二十大报告提出"建设宜居宜业和美乡村"，这是在美丽乡村建设的基础上，面向新发展阶段做出的新部署，是政策继承、实践延续和理论创新的最新成果。

2023年2月，中央一号文件《中共中央　国务院关于做好2023年全面推进乡村振兴重点工作的意见》正式发布，强调要扎实推进宜居宜业和美乡村建设。

2024年1月，中央一号文件《中共中央　国务院关于学习运用"千村示范、万村整治"工程经验有力有效推进乡村全面振兴的意见》提出，打好乡村全面振兴漂亮仗，绘就宜居宜业和美乡村新画卷。

(一)和美乡村内涵

和美乡村是对乡村建设内涵和目标的进一步丰富和拓展，是具有良好人居环境，能满足农民物质消费需求和精神生活追求，产业、人才、文化、生态、组织全面协调发展的农村，是美丽乡村的"升级版"。和美乡村的理想形态是产业兴旺、生态宜居、乡风文明、治理有效、生活富裕。其中，"和谐"强调的是精神文明建设、乡村社会治理和传统文化传承等方面，注重的是物质美、生活美、内在美的提升；"美丽"则侧重于生态文明建设、村容村貌塑造和村民行为习惯的养成，着重于生态美、环境美、外在美的塑造。

建设宜居宜业和美乡村，内涵十分丰富，总体上要把握好四个方面的要求：一是农村要逐步基本具备现代生活条件；二是农村要创造更多农民就地就近就业机会；三是农村要保持积极向上的文明风尚和安定祥和的社会环境；四是城市和乡村要各美其美、协调发展。

中国农业大学朱启臻教授认为，宜居宜业和美乡村有三方面内涵，一是宜居乡村，至少包括住房舒适、整洁卫生、生活便利、办事快捷、方便交往五个方面，能满足村民衣、食、住、行、购物、交往、娱乐等诸多方面的现代化基本需求；二是宜业乡村，创造就业机会，促进村民就近就地就业，吸引各类人才尤其是年轻人返乡从事现代农业，在乡村建筑业、物业与老年服务、民俗经营、乡村文化建设与服务等方面具有广阔的就业空间；三是和美乡村，不仅要注重外表的形式美，更要重视人与自然的和谐、人与人的和谐、城市与乡村的和谐，要尊重自然、顺应自然、善待自然和保护自然，讲求"和而不同"的社会观，弘扬"和善有爱"的道德观，实现资本、技术、劳动力等要素在城乡之间自由流动。

（二）和美乡村建设任务

建设宜居宜业和美乡村要抓好七个方面的重点任务：一是构建现代乡村产业体系；二是巩固拓展脱贫攻坚成果；三是扎实稳妥实施乡村建设行动；四是加强和改进乡村治理；五是加强农村精神文明建设；六是加快县域城乡融合发展；七是健全宜居宜业和美乡村建设推进机制。

中国农业科学院农业经济与发展研究所研究员刘合光在解读 2023 年中央经济工作会议和中央农村工作会议后提出，和美乡村建设应采取五大举措：一是促进产业兴旺发展，夯实宜业发展基础；二是补齐基础设施短板，不断完善宜居设施；三是增强公共服务能力，持续缩小城乡差距；四是推进人居环境整治，美化优化宜居环境；五是创建和美社会风尚，营造和谐社会秩序。

❖ 实践活动

"森林乡村我来创"建议征集活动

开展森林乡村建设是示范带动乡村绿化美化，推进落实乡村振兴战略、建设生态宜居乡村的重要举措。建设森林乡村对于加快乡村绿化美化、促进提升村容村貌、建设美丽宜居乡村具有重要意义。为进一步营造创建或维护国家森林乡村工作的浓厚氛围，引导广大学生关注森林乡村创建工作，投身到家乡村庄的绿美创建活动中，建议以自己家乡村庄为对象，参照国家森林乡村评价指标，分析所在村庄是否符合要求，为自己家乡的村庄创建或维护国家森林乡村建言献策，培育大学生树立健康向上的生态文明观念，为乡村振兴贡献一份微薄力量。

一、征集主题

森林乡村我来创。

二、征集时间

每年 9 月 1 日至 12 月 31 日。

三、征集内容

围绕创建或维护国家森林乡村，以《国家森林乡村评价指标》为参照，聚焦其中的 1~2 个具体指标，提出具有实践性的建议。

四、征集要求

1. 所提建议应有较强的可行性，具有决策参考价值，方案翔实，措施具体。

2. 所提建议一事一议，字数不限，条理清晰，主题突出，围绕一个核心内容提出明确的方案措施，如果有多个建议事项，应分别提出。

五、征集应用

对收集到的意见建议，以班级为单位认真梳理汇总，对实用性强的意见建议，予以汇总并分享学习。如有可能，将反馈给当地林草部门和村庄作为决策参考。

✛ 课后评价

评价项目	评价内容	权重
学习过程评价	对学生的出勤率、学习态度、提问和回答问题、交流讨论等情况进行评价	50%
实践活动评价	教师对每人上交的资料等进行评价	50%

✛ 学习延伸

云南省绿美乡村
建设

林业生态文明实践
基地挖掘与建设

◈ **学习目标**

1. 掌握林业生态文明实践基地挖掘与建设的理论要点。
2. 能够对目前众所周知的林业生态文明实践基地进行分析。

◈ **学习建议**

在学习过程中注重理论与实践结合，根据评估依据，从面积、功能及所发挥的生态效益对身边的林业生态文明实践基地现状进行优势分析。

◈ **项目导入**

云南新增五个省级生态文明教育基地

2023 年云南省林业和草原局云南省教育厅、共青团云南省委员会联合印发了《关于命名 2022 年全省生态文明教育基地的通知》，包括曲靖市马龙区沈家山森林公园、普洱糯扎渡省级自然保护区、保山青华海国家湿地公园、龙陵小黑山省级自然保护区、昌宁县天堂国有林场，云南省林业和草原局、云南省教育厅、共青团云南省委员会联合开展创建工作以来，云南已建成全省生态文明教育基地 42 个。基地充分发挥各自优势，担负起生态文明教育的社会责任，发挥生态文明教育基地引领示范和辐射作用，创新工作机制，开展生态文明宣教活动，生态文明教育水平和质效不断提升，成为生态道德教育的重要平台。

1. 曲靖市马龙区沈家山森林公园

曲靖市马龙区沈家山森林公园，位于马龙城区西南端，马龙河以东，是集休闲、娱乐、游憩、科普、健身于一体的城市多功能综合性公园。公园总面积 1500 亩，公园内植被葱郁，森林覆盖率达 90% 以上。

公园内建设观光步道超 5760 米，是马龙区群众休闲娱乐的重要场所和宣传林草政策法规、生态文明示范的重要阵地，对促进人与自然和谐价值观形成，推进马龙生态文明、美丽马龙建设具有积极引领示范作用。

2. 普洱糯扎渡省级自然保护区

普洱糯扎渡省级自然保护区，位于澜沧江下游，地跨普洱市思茅区、澜沧拉祜族自治县，辐射面较广，地理环境复杂，气候类型多样，生物资源丰富多样，糯扎渡水电站与保护区毗邻。

保护区及周边景观集生态文明、工业文明、农耕文明、民族文化等于一体，具有较高的观赏、科研、文化价值。具备打造生态文明教育精品研学路线的巨大潜力。

据了解，每年到保护区芒坝鹦鹉观测站观鸟的观鸟爱好者有 3 万余人次。

3. 保山青华海国家湿地公园

保山青华海国家湿地公园，位于保山市隆阳区中心城区，距离市中心 3 千米，区位优越，湿地公园总面积 1359.19 公顷，生态系统及物种丰富。

公园建有湿地教育科普馆 1 个，占地 1996 平方米，科普宣教设施、宣教人员配备齐全。公园充分结合自身资源禀赋及传统文化积极开展生态文明教育活动，周边文创产品丰富多样。

4. 龙陵小黑山省级自然保护区

龙陵小黑山省级自然保护区，位于高黎贡山国家级自然保护区、永德大雪山国家级自然保护区、南滚河国家级自然保护区和铜壁关省级自然保护区的中心腹地。由古城山、小黑山、大雪山、一碗水和江中山 5 个相对独立的子片区组成。

保护区面积 5805 公顷，自然资源丰富。保护区周边分布有傣族、阿昌族、傈僳族等民族，有傣族色树文化、阿昌族护林传统、图腾文化、自然祭祀文化以及松山战役抗战文化等。

保护区生态资源与人文资源丰富多样，生态文化繁荣，保护区范围分散，与周边群众联系紧密，宣教条件及必要性突出，宣教设施齐全，宣教体系完备，具有较强的引领和辐射作用。

5. 昌宁县天堂国有林场

昌宁县天堂国有林场，位于昌宁县城以北、碧罗雪山南沿部分的天堂梁子，距县城 27 千米。林场林区总面积为 8.3399 万亩，森林覆盖率达 98.1%。生态类型多样，生物资源丰富，生态景观优美。

辖区内分布有山、水、林、田、湖、草等生态系统，周边有龙潭河护林碑、红豆河古造纸房、大炉河炼铁炉址、狮子坛神狮等人文景观。生态教育资源丰富，具有高山草甸、小微湿地、万亩杜鹃林等户外实践场所，具备一定规模的生态、科普宣教设施，区域代表性和社会知名度较高，具有较强的生态文明宣教意义。

思考： 各生态文明教育实践基地的亮点分别在哪里？

◈ 知识链接

林业生态文明实践基地是专注于林业生态修复和可持续发展的实践场所。通常是用来展示林业生态文明建设成果、推广林业科技、进行林业生态教育等。实践基地往往具备优美的森林景观和丰富的生物多样性，为游客和参观者提供亲近自然、了解生态、体验林业科技的机会。在中国，许多地方都建立了林业生态文明实践基地，如福建的宁德、万木林、仙山牧场、上杭白砂国有林场等地。基地通过植树造林、水土保持、生态修复等措施，改善了生态环境，促进了林业可持续发展。同时，它们也为公众提供了了解林业生态、参与生态保护的平台。例如，长汀县河田镇的露湖村就是一个典型的林业生态文明实践基地。这个村庄曾经遭受严重的水土流失问题，但通过多年的努力，村民积极参与植树造林和水土保持工作，成功地改善了环境，使得昔日的"火焰山"变成了如今的"绿满山""花果山"。露湖村还结合生态优势，发展了生态林业、生态农业和生态旅游产业，成为乡村振兴的典范。

一、林业生态文明实践基地挖掘

林业生态文明实践基地的挖掘是一个深入探索和实践的过程，旨在充分发挥基地的潜力，进一步推动林业生态文明建设。这涉及对基地资源的全面评估、科学规划、合理利用和持续发展等方面。

1. 对基地的资源进行全面的评估

包括土地、水资源、植被、野生动植物等自然资源的状况，以及人力资源、科技支撑等社会资源的配置。通过评估，可以了解基地的优势和潜力，为后续的规划和发展提供依据。

2. 进行科学的规划

在评估的基础上，结合基地的实际情况和发展需求，制定科学合理的规划方案。规划应充分考虑基地的自然承载能力，遵循生态优先、可持续发展的原则，明确发展目标、定位和功能分区，推动基地的全面建设和发展。

3. 合理利用和持续发展基地的资源

在规划和建设过程中，要注重资源的节约和循环利用，避免资源浪费和环境污染。通过推广先进的林业科技和管理经验，提高资源利用效率，促进基地的可持续发展。此外，还要加强基地的对外交流与合作，学习借鉴国内外的先进经验和技术，不断提升基地的建设水平和管理能力。

4. 重视基地的社会效益和生态效益

林业生态文明实践基地不仅要注重经济效益的发展，还要充分发挥其在生态保护、科普教育、文化传承等方面的作用。通过组织各类生态活动和公益活动，增强公众的生态意识和环保意识，促进人与自然的和谐共生。

二、林业生态文明实践基地建设过程

林业生态文明实践基地建设是一个综合性的过程，涉及多个方面。下面将从选址规划、基础建设、生态保护、经济发展以及资金保障等方面详细介绍林业生态文明实践基地的建设过程。

1. 选址规划

选址规划是基地建设的首要任务。选址应考虑生态环境良好、面积适中（如不少于1000亩）的山地或森林区域。同时，选址区域应具备完善的交通、通信、供水、供电、排水等基础设施，以确保基地的正常运行和发展。

2. 基础建设

基地需要建立现代化的农、林、牧、渔一体化生产体系，以及林下经济体系，这包括蜜蜂养殖、菌类培育、草坪养护等经济活动，以充分利用基地资源，提高经济效益。同时，基地还应建立科学的森林康养旅游体系，为游客提供休闲、娱乐、健身等服务，增加基地的吸引力。

3. 生态保护

生态保护是林业生态文明实践基地建设的重要任务之一。要加强森林管理，制定科学的森林保护和管理规划，确保森林资源的可持续利用。此外，通过植被覆盖和人工造林等方式增加森林覆盖率，推广林下草本种植和生态修复，以改善生态环境，保护生物多样性。

4. 经济发展

基地应推广农村集体经济，发展林下经济、特色农业和乡村旅游等产业。通过开发林下资源，加强森林康养、采摘、旅游等生态旅游产业，促进农民增收，降低贫困率，提高生活水平。这不仅可以提高基地的经济效益，还可以推动当地经济的发展。

5. 资金保障

资金保障是林业生态文明实践基地建设的重要保障。要充分利用财政资金、金融机构贷款和社会捐赠等渠道筹集资金，确保基地建设的顺利进行。同时，制定严格的经费使用策略，确保资金合理用于工程建设、运行维护及人员管理等方面，提高资金的使用效率。

三、林业生态文明实践基地建设方案编制

1. 项目背景与目标

随着全球生态环境日益恶化，加强林业生态文明建设已成为刻不容缓的任务。本项目旨在通过建设林业生态文明实践基地，推动林业可持续发展，增强公众生态意识，促进人与自然和谐共生。

2. 选址与规划

①选址　选择生态环境良好、面积适中的山地或森林区域，确保基地具备良好的自然条件和生态基础。

②规划　根据选址区域的地形、气候、植被等条件，制定科学合理的规划方案，明确基地的功能分区、发展方向和建设目标。

3. 基础建设

①道路建设　修建通往基地的道路，确保交通便利。

②设施建设　建设办公区、实验区、展示区、休息区等必要区域，满足基地的运行和管理需求。

③绿化美化　加强基地的绿化美化工作，提高基地的生态环境质量。

4. 生态保护与修复

①森林管理　制定科学的森林保护和管理规划，加大森林资源的监测和保护力度。

②生态修复　通过植被恢复、水土保持等措施，修复受损的生态系统，提高生态

功能。

③野生动植物保护　保护基地内的野生动植物资源，维护生物多样性。

5. 经济发展与产业培育

①林下经济　发展林下种植、养殖等产业，提高土地利用效率和经济效益。

②生态旅游　开发森林康养、生态旅游等产业，吸引游客前来参观和体验。

③特色产业　培育具有地方特色的林业产业，推动当地经济发展。

6. 宣传教育与培训

①宣传教育　通过举办讲座、展览等活动，普及林业生态知识，增强公众生态意识。

②培训　组织培训课程，提高基地管理人员和从业人员的专业技能和素质。

7. 资金保障与管理

①资金筹集　充分利用财政资金、社会资本等渠道筹集资金，确保基地建设的顺利进行。

②经费管理　制定严格的经费使用策略和管理制度，确保资金用于工程建设、运行维护及人员管理等方面。

8. 实施步骤与时间安排

①前期准备　完成选址、规划、资金筹集等前期工作。

②建设阶段　按照规划方案进行基础设施建设、生态保护与修复等工作。

③运营管理　完成建设后，制定科学的运营管理方案，确保基地的正常运行和发展。

④时间安排　本项目计划分为×个阶段实施，预计总时长为×年。

9. 预期成效与影响

通过本项目的实施，预计将实现以下成效：

①生态环境得到显著改善，生物多样性得到有效保护。

②林业产业得到发展壮大，推动当地经济增长。

③公众生态意识得到提高，形成全社会共同参与林业生态文明建设的良好氛围。

总之，本林业生态文明实践基地建设方案旨在通过科学规划和实施，推动林业生态文明建设向更高水平发展，为实现人与自然和谐共生贡献力量。

✧ 实践活动

一、实践目的

通过实践，指导学生能将自己的专业所学运用到身边的林业生态文明实践基地的建设中。

二、实践内容

总结身边或家乡周围生态环境现状，挖掘可实施的林业生态文明实践基地项目，并结合专业所学，模拟申报一个林业生态文明实践基地项目，并对此项目进行可行性分析，总结该项目中的技术要点和实施方案，并撰写调查报告。

三、实践要求

1. 对林业生态文明实践基地分析准确。
2. 所模拟的项目具有可行性。
3. 调查报告撰写规范，结构完整。

◈ **课后评价**

评价项目	评价内容	权重
学习过程评价	对学生的出勤率、学习态度、提问和回答问题、交流讨论等情况进行评价	50%
实践活动评价	教师对每人上交的报告进行评价	50%

◈ **学习延伸**

福建片区林业生
态文明实践基地

项目六

林业生态修复与林长制

◈ **学习目标**

1. 认识林业生态修复的必要性和相关措施。
2. 能结合实际分析在林业生态修复中自己所学专业的价值所在。
3. 熟悉林长制及云南省林长制的系列文件精神。
4. 树立林业生态修复与林长制在"两山"理念中的实践运用。

◈ **学习建议**

查阅相关文献和资料，结合身边林业生态修复及林长制案例，总结林业生态修复及林长制在现实中的运用，并结合专业进行实践。

◈ **项目导入**

东川蜕变

森林覆盖率从 2005 年的 20.77% 上升到 2020 年的 40.55%；水土流失面积从 2000 年的 1309.56 平方千米减少到 2020 年的 983.5 平方千米；历史遗留损毁土地复垦率达到 65%；亚洲单体规模最大、科技领先的全产业链蛋鸡养殖项目在泥石流冲积扇上建成投产；尾矿库上打造出的 500 亩壮观七色花海成为网红打卡点……如果不是亲眼所见、亲耳所闻，简直难以相信这就是曾经满目疮痍的云南省昆明市东川区如今的模样。

1. 曾经的东川——靠山吃山长期无序开发导致生态灾难

东川境内自西汉以来长期开采矿产资源，伐木毁林后的穷山秃岭岩石大量裸露风化，山体到处崩塌滑坡，泥土石块不断随水流往沟床聚集，造成极其严重的恶果。小江流域蒋家沟发生的罕见泥石流曾经载入中学语文课本，《一次大型的泥石流》一文让人们对东川生态窘境的印象极为深刻。

一直以来，生态环境脆弱成为东川发展之痛，尤其是小江流域泥石流灾害成为阻碍当地经济建设、威胁人民安危的大患。

2. 变化的东川——爱山护山抓实生态修复换来绿水青山

党的十八大以来，东川区坚持把绿色发展根植于全区经济社会发展的方方面面，将生态修复纳入全区经济社会发展总体布局、系统规划，各级各部门协同联动，各族群众团结一心，经过艰苦卓绝的探索，真正走出了一条生态修复的蜕变之路。

着眼"森林覆盖率每年提高一个百分点"的目标，东川以荒山荒坡、城区面山、交通沿线、公共绿地造林绿化，生态廊道建设等为重点，持续打好生态修复接力战，仅"十三五"期间就完成营造林13.2万亩，义务植树392万株。2020年，东川区森林覆盖率上升为40.55%，2022年空气质量优良率99.4%。

3.当前的东川——转型发展昔日荒山秃岭变成金山银山

新时代的东川区牢固树立"绿水青山就是金山银山"理念，以"保护小江就是保护长江"的使命担当，在实践中奋力探索"资源型城市转型发展""生态涵养示范"的绿色发展、"两山"转化新路子，逐步把昔日荒山秃岭变成了群众看得见、摸得着、享得到的金山银山。

在东川区政府组织召开的生态修复助力经济高质量发展情况通气会上，全区林业和草原、水务、农业农村、自然资源、发展和改革、工业和科技信息化、园区管委会等多个部门逐一揭底亮招，东川推进荒山变绿洲、荒滩变园区、荒滩变良田、荒滩变乐园的过硬举措和取得的阶段性实质进展显露真容。

东川区立足实际积极发展绿色矿业，培育发展大健康产业、绿色食品产业、循环经济产业、文化旅游业、商贸物流业，打造"1+5"产业体系，不断走深走实产业生态化和生态产业化的"两化"路子。

在探索实践林下经济、农业综合体、荒山荒滩治理等生态价值转换路径方面，汤丹镇把500亩尾矿库打造成"七色花海"，变尾矿库为"花园"；积极开展"清河西瓜"项目建设，种植白花桃1500余亩，变荒山为"果园"；将修复小清河荒滩生态环境作为河道绿化的主战场，打造乡村体验游，变荒滩为"乐园"。开发农业综合体项目，实现生态环境保护及经济效益的互利协调发展，达到了山、水、路、田、村综合整治效果。

思考：东川区在生态修复中采取了哪些措施？取得了哪些成效？

◈ 知识链接

森林是陆地生态系统的重要组成部分，在保护生态安全、涵养水源、防风固沙、净化空气方面发挥了重要的作用。20世纪，我国经济发展以牺牲生态环境为代价，大量的林地植被砍伐，生态环境逐渐恶化，生态系统遭受严重破坏。

党的十八大召开以来，提出了绿水青山就是金山银山的理念，高度重视生态环境保护，加强了对林业资源的保护和修复，能够使被破坏的生态环境逐渐好转，维护整个生态系统的安全并营造复杂的生态群落，增强生态环境的抵抗能力，避免受到外来不良因素的入侵。

一、林业生态修复

（一）林业生态修复的概念

森林对地球生态系统具有不可替代的作用，与人类社会的各个方面紧密相连，森林生态系统的健康和稳定性对全球具有至关重要的意义。然而在全球气候变化和生态恶化的大背景下，伴随着经济快速发展和城市化进程的加速，我国林地被大规模破坏，不可持续的土地利用、非法砍伐、生物多样性丧失以及气候变化等多种现象接踵而来，生态问题日益凸显，所面临的挑战日益严峻，还对社会经济发展带来了诸多负面影响。此时，林业生态修复成为各国科研机构关注的重点。

林业生态修复是指通过一系列的方法和技术手段，修复受损或退化的森林生态系统，以恢复其健康、稳定和可持续的状态，从而减少对林业生态环境的损害，实现良好的生态环境。林业生态修复主要包括植被恢复、土壤改良、水资源保护、生物多样性保护等多个方面。具体来说，林业生态修复可以通过植树造林、退耕还林、封山育林等方式来增加森林植被，提高森林覆盖率，改善生态环境。同时，也可以通过土壤改良、水土保持等措施来改善土壤质量，提高土壤保持能力，防止水土流失。例如，在受破坏的林区进行人工植树造林，可以快速形成闭合林相，提供防风、保水、防治水土流失等功能。此外，引入适宜的濒危植物和动物，也可以促进生态系统的恢复和保护。

总的来说，林业生态修复是一个综合性的工作，需要采取多种手段和技术来修复受损的森林生态系统。这不仅可以改善生态环境，还可以促进可持续发展，为未来的生态安全和社会经济发展奠定基础。

（二）林业生态修复的必要性

森林生态系统在维护地球生态平衡方面发挥着至关重要的作用，森林生态系统是经过长时间的历史选择和自然选择所形成的一个复杂的植物群落，林中的生物和森林环境形成了一个相互作用的和谐整体，具有较强的抗逆性能。通过开展林业生态修复工作，可以根据可持续发展要求，维持森林与环境生态系统的健康和平稳，进一步激发水土资源、生态资源的生产潜力，避免水土大量流失，改善大气环境。其必要性主要表现为以下五方面：

1. 林业生态修复有利于经济和社会生产的持续发展

林业生态修复在人类的生存和生产发展中有着十分重要的作用，不仅可以提供重要的物质保证、创建良好的生态环境，同时，林业生态修复还可以对生态环境进行净化，吸收空气中的大量二氧化碳，释放出大量氧气，从而解决环境污染问题。除此之外，林业生态修复对林业生态环境起到很好的保护作用，提升生产力，为经济和社会生产的可持续发展提供重要的保障。此项工作的落实，也推动了环境保护工作的持续发展，对生态环境进行有效改善，更好地维护林业资源，对林业资源规模进行扩充，为林业领域的发展提供保障。

2. 林业生态修复有利于调整林业结构

林业生态修复对环境质量进行有效改善，例如，防风固沙，减少恶劣环境的侵袭等方面。同时，针对各个区域林业结构生产的实际情况，在林业生态修复期间，对结构进行调整，从而提升林业生产力。除此之外，根据现有情况，可以对林业资源进行有效开发，在增加收入的情况下，避免对林业生态环境造成较大影响的同时取得良好的经济效益。

3. 林业生态修复有利于协调人与自然环境的关系

林业生态修复对传统的开发模式进行了转变，注重人与自然的关系，做好两者的协调工作，从而减少对环境的影响。在林业生态修复期间，将绿色理念贯穿其中，在该理念的引导下，有效展开各项修复工作，从而保证林业生态环境的平衡性。

4. 林业生态修复有利于保护生物多样性和维护生态平衡

林业生态修复有助于恢复和保护森林生态系统，为各种野生动植物提供适宜的生存环境，维护生物多样性，调节气候、保持水土、净化空气等多种生态功能从而维护生态平衡。

5. 林业生态修复有利于应对气候变化和提高生活质量

森林是地球上最重要的碳汇之一，能够吸收大量的二氧化碳。林业生态修复有助于增强森林的碳汇功能，从而应对气候变化。林业生态修复还可以改善人们的居住环境，提高生活质量。例如，通过植树造林可以增加城市的绿化面积，改善空气质量，减少噪声污染等。

（三）目前我国在林业生态修复方面存在的问题

1. 林业生态修复中生物多样性受到威胁

虽然我国在森林覆盖率提升方面取得了显著成绩，但这并不意味着生物多样性得到了有效保护。实际上，一些大规模的植树造林项目常常侧重于种植经济价值高或生长速度快的树种。这种做法容易导致生态系统的单一化，从而削弱了生态系统对外部压力，包括对病虫害和气候变化的抵抗能力。单一或低多样性的森林系统生态服务功能往往不如多样性丰富的自然森林。为了快速实现生态修复目标，一些项目选择引入外来或耐逆性较强的物种，这样做可能会带来意想不到的生态后果，例如，某些外来物种在新环境中变得更具侵略性，从而威胁当地生态系统的稳定性和多样性。数据显示，中国有100多种外来入侵植物，其中一些已经在特定区域造成了严重的生态影响。

2. 林业生态修复中存在气候变化干扰

气候变化不仅对自然生态系统构成威胁，还可能制约或逆转林业生态修复的成果。近几十年内全球气温显著提升，与此同时各种极端气候事件如干旱、洪涝等也日趋频繁。这些气候因素对林木生长造成了直接和间接的影响。在一些地区，原本适宜的植物种群由于气候变暖而逐渐失去了生长的优势，导致修复工程的失败或效益下降。据统计，近20%的林业修复项目受到了气候变化的不利影响，包括树木生长缓慢、病虫害增多等。气候变化和生态系统之间存在着复杂的相互作用。修复成功的森林能够吸收大量的二氧化碳，有助于缓解全球气候变化。然而由于全球温度升高和极端天气事件的影响，这些新生或修复的森林更容易受到火灾、干旱和病虫害的影响，进一步释放出存储的碳，从而形成恶性循环。近年来，中国东北和西北地区的森林火灾频发，导致大量碳排放，逆转了之前修复工作的部分成果。

3. 林业生态修复保护意识薄弱

当前的生态环境问题十分严峻，在进行林业生态修复工程时，应当保持紧迫感，同时要有强烈的林业保护意识，此点也正是林业生态修复的痛点。林业修复的目的是保证自然资源持续发展、生态环境问题改善，所以一定要具备正确的林业保护意识，要高度重视林业保护。如果重视林业生态修复，那么修复效果不仅会大打折扣，而且会拉低整个环境保护建设工作进程，进而使林业发展也受到制约。就目前情况来说，林业生态环境问题还是十分严重的，并且在林业生态修复的时候，也存在着一定的压力，较弱的林业保护意识是限制林业生态修复工作开展的重要因素。

主要表现在实际工作中，管理人员和相关工作人员虽然具有林业保护意识，却难以深化，意识薄弱，导致一些工作流程停留于表面，无法严格落实到具体工作体系中，无法精准地展开林业修复工作，使该项工作变得粗放，这样修复效果就会大打折扣，并且还会给其他工作带来一定的影响，进而在修复过程中难以高效、高质量完成既定的修复任务。例如，在森林林区修复期间，往往重视植被的覆盖和种植，对方案的可行性重视度不够，这样就会影响修复的效果，并且不是所有林业区域都可以使用植被覆盖的修复方式，由于地区的不同，土壤和地质都存在着很大的不同，需要结合实际情况，否则就算是大面积种植植被体系，也无法高质量存活，还会提高成本，且修复工作无法达到预期的目的。

除此之外，林业生态修复需要公众的广泛参与和支持。目前公众参与林业生态修复的程度还比较低，缺乏足够的环保意识和责任感，影响了修复工作的效果。

4. 林业生态修复效益发挥不突出

在当前的林业生态修复中，相关林业部门所执行、制定的生态修复方案缺少针对性、过于模板化问题，降低了林业效益。首先，不同的林业问题应当有不同的修复方案，就像矿山的生态修复和森林的生态修复，如果使用同一套方案，那么显然无法达到预期的修复要求。其次，林业生态修复是一个动态过程，同一个区域的生态修复可能要分为多个阶段，每个阶段应该有不同修复方案，否则也会降低林业效益。从实际角度出发，除了上述的修复方案没有针对性之外，林业修复过程中自然灾害预防、病虫害防治也十分重要。许多修复工程在完善方案后，却忽略了对自然灾害和病虫害的防治，进而一些修复进程都已经过半，突发性的自然灾害和有害生物危害，使得生态修复工程功亏一篑，难以顺利完成修复工作，林业效益难以维持。而且这两种不稳定因素不仅在修复中有所发生，在修复后依然会出现。例如，泥石流、山洪等地质灾害，对于林业是毁灭性的打击，一旦发生，多数不可能再次进行林业修复。有害生物对森林林区的动植物多样性有极大影响，且在当前有害生物的自然习性有所改变，动态性更强，对森林林区的危害面积不断扩大，数量众多，林业效益难以长久维持。除此之外，林业修复生态效益与经济效益发生冲突，例如，在农村地区，农民往往依赖土地谋生，而退耕还林或退牧还草的政策会对他们造成直接的经济损失。若项目没有得到当地社群的支持和参与，即使在生态上获得短期成功，也无法长期实施。很多林业生态修复项目需要长达数十年甚至更长时间的投入和管理，这在很多情况下与当地社会和政府更迫切的经济发展需求存在冲突。

5. 林业生态修复技术有待完善

科学是第一生产力，也是第一推动力，任何一项工作都需要技术支持，林业生态修复工作也不例外，如遥感监测、生态评估、植被恢复等技术，只有对相关的科学技术合理应用，才能保证林业生态修复的生态效益、经济效益、社会效益。但是就目前而言，林业生态修复的科学技术应用较少，先进技术的引入不到位，基层林业部门严重缺乏技术型人才，难以发挥出林业修复的真正作用。现代化修复技术需要使用到信息化管理系统，技术、设备配置完全才能真正实现高质量、高效率的林业修复。尽管近年来林业生态修复领域的科学研究和技术应用有了显著进步，但仍然存在一系列技术局限。例如，对于基层林业单位的现代修复技术、设备、网络覆盖等严重不到位，不仅无法扩充当地的林业数据库，甚至部分档案资料还要进行人工收集，准确性低，且影响修复工程进度。对于一些特殊生态系统如高山、沙漠、湿地等或特定树种，现有的修复技术往往难以达到预期的效果。这些限制可能来自种子繁殖、土壤改良、病虫害防治等多个方面。

6. 林业生态修复中资金投入和政策支持力度不足

林业生态修复需要大量的资金投入，包括人力、物力、技术等方面的投入。然而，多种原因会导致林业生态修复的资金投入不足，影响了修复工作的进展和效果，如政府财政压力、社会投入不足等。同时政府在林业生态修复方面的政策支持还不够完善，如政策执行力度不够、法律法规不完善等，影响了修复工作的推进和效果。

（四）林业生态修复的技术要点和原则

1. 合理调整树种结构

过去的造林侧重材用，人工纯林面积大幅增加，导致森林生物多样性降低，林业有害生物种类及病虫害发生严重，森林抵抗外界干扰及自我调节修复能力衰退等一系列问题，因此调整森林树种结构是当前林业生态修复工作的重点，只有通过调整森林树种结构，增加森林物种多样性，构建多样化的植被结构，才能有效提高森林生态系统的多样性和抵御能力，提高森林抵抗外界干扰的能力，达到修复林业生态的效果。

在选择新增树种时，一是应该秉持乡土树种优先原则，减少外来生物入侵，避免当地原有植被遭到破坏；二是要做好原有植被的调研工作，确保种植树种与本土树种化感作用兼容，避免树种之间出现互斥的情况；三是适当提高阔叶树种的比例，根据相关研究发现，阔叶林在水土保持、涵养水源、净化空气、维护生物多样性、丰富森林景观等方面的功能远高于针叶林，因此如果在森林结构中，阔叶树种达到一定占比，则说明森林资源管护和经营措施得力，树种结构比较合理。

2. 培育林木壮苗

为保证林业生态修复成效，要做好苗木种类的选择，一般以适宜当地环境条件的乡土树种为最优，在选定苗木种类的同时，要做好苗木的前期催芽和育苗工作。林木壮苗能保证后期造林成活率，成活率直接决定了林业生态修复的效果，因此，催芽和育苗是重要的营林造林环节，为确保林木种苗有良好的生长态势和抗逆性，相关技术人员要把好苗木质量关，为后续移植提供良好基础。

3. 适时合理移植苗木

适时移植是保证苗木健康生长的重要条件，林业生态修复应结合所在林区的气候特征和土壤条件，根据苗木萌发情况，有序开展移植工作。考虑到林业生态修复工程的经济性，应尽可能选择温差较小且温度适宜的雨季，以此来提高苗木的成活率。在移植过程中，应做好施工人员组织工作，在运输途中要做好补水保湿工作，避免苗木出现脱水死亡，送达后应及时种植入土。若林区土壤较干旱，也应合理浇灌，适当补充水分，保证土壤含水量，为后续苗木的生长提供良好的水分环境。

在种植苗木时，应根据不同树种生长习性，制定合理移植方案。首先，针对常绿阔叶树种，移栽时应做好定干预截干工作并适当修剪枝叶，减少叶片蒸腾，降低苗木水分和养分消耗，提高苗木的成活率。其次，针对落叶阔叶林，要做好定干预截干工作，同时尽量选择在植株休眠期（落叶期）进行移栽种植，可将移栽带来的伤害降至最低。最后，针对移植后不容易成活的树种，可采用带土球移植或根系覆土运输的方式，避免水分流失，有效提高移栽成活率。针对长势较差的苗木，应及时清除并进行补种，为后期人工养护与修复技术的应用提供有利条件。

4. 加强后期管护抚育

一是死亡苗木要及时补植补造，确保林业生态修复工程顺利推进，将补植补造算入预算。二是针对环境较恶劣的造林区域，应采取针对性保护措施，保证苗木生长初期环境条件适宜，保障苗木成活率，如使用保水剂、客土栽培、全面整地等技术措施。三是在林业生态修复工程中应重点加强病虫害防治水平，充分调查林区树木病虫害发生情况，在此基础上有针对性地开展林木病虫害绿色防控技术研究，提高预防和治理效果，保证林区树木良好生长的同时，减少化学药剂使用对生态系统的破坏，提高林业生态修复成效。四是加大保护力度，尤其是加强森林防火，扎实开展森林保护"六个严禁"执法专项行动，加大公益林管护力度，严格执行森林采伐限额制度等，使森林资源得到有效保护，通过实施封山育林、低产低效林改造、中幼林抚育等森林经营措施，强化经营管理水平，使森林生态功能等级的"二等"比例逐步提高，让"三等"和"四等"逐渐转变为"二等"。

（五）林业生态修复的措施

1. 加强前期调研规划设计

在制定林业生态修复方案时，应加强前期调研规划工作，避免方案设计不合理，影响林业生态修复效果。因此，为提高林业生态修复成效，保证林业生态修复方案的可行性和可持续性，需整合历史信息数据，并通过实地考察全面了解所在地的生态环境、土壤条件以及病虫害发生特点，根据林地现有问题有针对性地展开林业生态修复工作，同时在造林工程实施前，做好相应准备工作，通过相应营林造林措施，为后续林木的健康成长奠定良好的环境基础。

2. 调整产业结构，合理规划林业布局

林业森林资源一旦被破坏，就会导致地区生态环境恶化，而且需要很长时间才能恢复。需要认识到这一点，在开展生态保护修复工作时依据本地区实际情况，合理制定修复方案，实现林业产业发展和林业保护的有机融合，同时在地区林业部门的引导下，正确处理林业保护和经济发展之间的关系，优化林业产业结构，合理布局种植区域，实现经济和生态相统一。

加快林业产业发展不仅可以确保生态效益，还可以促使经济效益提升，在具体修复工程建设中，要突出修复的重点，保证修复地区满足经济发展。首先，规范林区资源的开发利用行为，对乱砍滥伐进行坚决抵制和严厉惩罚，采用得当的方式进行合理开发利用。例如，发展林下经济可以对林草资源起到保护作用，在保护林业资源的基础上发展林业经济，建立协调的小型生态圈，维持地区生态平衡；其次，以服务业为切入点，构建林业生态旅游发展模式，积极开发地区特色生态旅游项目，实现对林业资源的循环利用，既起到保护作用又促进经济发展。

3. 加强生态修复技术应用，推动科技创新

林业生态保护修复工程，不仅是改善地区生态环境的有力措施，也是防止土地荒漠化、避免水土流失的重要途径。在当前林业技术广泛应用形势下，要结合地区林业保护实际，加强技术应用实效性，优化地区生态系统，加大科技创新力度。

首先，合理利用林业生态系统的自我修复能力，在对林区资源进行开发利用时，要根据其修复能力规范利用行为，留出足够多的时间，必要时设置林区封闭保护期，让林区资源有足够的时间进行自我修复；其次，加大对林业技术的应用力度，以技术优势来强化林区生态保护和修复，实现生态系统的长远发展。

林业生态系统的修复是一项综合性工程，林业部门可以综合利用补植、补造、更新造林、人工造林等多种手段，加大环境绿化美化力度，同时积极应用现代化建设管理理念，在信息技术运用下，构建智慧平台，利用技术手段对区域生态环境进行实时监测，一旦发现破坏行为，可以在第一时间进行制止。此外，也可以在林业新技术运用下，优化林木品种培育，提高林业抚育管理水平，进而起到修复和保护作用。

应将最新的修复技术和管理模式引入实际的项目中并通过与企业和社区的合作，加速科研成果的市场化和商业化。林业生态修复是一个高度复杂和多学科交叉的领域，因此推动科技创新需要强调多学科交叉和国际合作。在多学科交叉方面，除了生态学、林学和土壤学等传统学科外，还需要吸纳计算机科学、社会学、经济学等其他学科的研究方法和视角。在国际合作方面，除了吸收和引进国外的先进技术和管理经验外，还可以通过参与国际研究计划和合作项目，加强与全球同行的交流和合作。

4. 树立林业保护意识

加强林业保护宣传是确保林业生态修复工程顺利开展的关键，要充分认识到生态修复是功在当代、利在千秋的大事，要清醒认识到保护生态环境的紧迫性和艰巨性，清醒地认识到加强生态文明建设的重要性和必要性，要利用大数据平台，进行多渠道宣传，向全社会贯彻生态环保理念，充分调动其对林业生态保护及修复工作的重视程度，将"护绿"与"复绿"从口号落实到行动，形成社会合力，保障林业生态修复执行力度。

应加强树立林业保护意识，从而推动产业结构优化升级，进行精细化的林业生态修复工作。相关林业管理人员要加强内部建设，从管理层开始，不断强化林业保护意识、重视林业保护，以管理层带动基层，使得整体林业工作具备一定紧迫感。

加强林业保护意识的方法有多种，可以进行宣传，也可以进行内部培训。对于林业管理部门，可以使用内部培训的方式，加强研究、分析主管部门的政策规范，并增加部门之间的联动性，定时定期进行林业知识交流沟通。林业保护工作并不是单方面的工作，在生态修复中还需要社会各层面来共同治理。对于各个建设单位以及开发方，应当

对其进行合理的监督管理，督促其树立正确林业保护意识，严厉禁止过度开发行为，鼓励发展绿色产业。对于农林项目、绿色项目、新能源项目等具有高生态环保意识的建设项目，要合理扩大其产业范围，将林业保护从意识转为行动。

5. 建立林业生态系统

林业生态系统是将生态学、经济学，以及环境保护有机结合在一起，科学合理地应用自然资源，为人类的生存和发展提供良好的环境的学科。建立林业生态系统可以提升林业生态修复质量，不仅可以完善数据收集、汇总，也能够建立当地的林业数据库，进而不断优化调整林业修复方案。林业生态工程不仅对环境保护有重要的意义，还能够促进社会经济的可持续发展，所以，应当全方位加强林业生态系统的建设，从而促进人类社会和生态环境之间的和谐共处。

当前，我国的林业生态系统的研究取得了突破性的发展，有利于实现生态稳定和可持续发展，但由于我国的自然地理情况复杂多样，不同区域的林业生态系统的建设又需要结合当地区域的地域特色来开展，因此也给我国的林业生态系统建设技术提出了较高的要求。首先，人工林业生态系统的整体性和系统性有待于进一步改进和完善；其次，需要结合当地不同区域的植被特点与自然地理情况合理开展建设工作；再次，要协调好林业生态系统与生态水资源之间的平衡问题；最后，当地的林草部门应该进一步加强林业生态的管理和保护工作。

二、林长制

（一）林长制的概念

林长制是以保护发展森林草原等生态资源为目标，以压实地方党委政府领导干部责任为核心，以制度体系建设为保障，以监督考核为手段，由各级地方党委、政府主要领导担任林长，其他负责同志担任副林长，构建省市县乡村五级林长体系，实行分区（片）负责制，聚焦森林草原资源保护发展重点难点工作，构建党委领导、党政同责、属地负责、部门协同、全域覆盖、源头治理的长效责任体系，实现"山有人管、林有人造、树有人护、责有人担"。

（二）林长制的提出背景

一些地方为了经济发展，违法侵占林地草地，破坏森林草原资源的现象时有发生；森林草原资源保护与地方政府行政领导职责约束不强，仅靠林草部门管理往往力不从心。一些地方通过实施林长制，实现了森林草原资源保护从林草部门唱"独角戏"到党政各部门齐抓共管的"大合唱"。实践证明，林长制改革顺应时代发展潮流，符合人民群众期待。

新修订实施的《中华人民共和国森林法》提出，"地方人民政府可以根据本行政区域森林资源保护发展的需要，建立林长制"。党的十九届五中全会也明确提出要"推行林长制"。中央全面深化改革委员会第十六次会议提出全面推行林长制。这些都是党中央、国务院决定全面推行林长制的基础和背景，全面推行林长制将是今后一个时期森林草原资源保护发展的重大制度保障和长效工作机制。具体表现在：

生态文明建设的需求：随着中国社会经济的快速发展，生态文明建设被提上了前所未有的高度。为了实现可持续发展，保护自然环境，维护生态平衡成为国家和社会的共同目标。

森林资源保护的重要性：森林作为地球上最重要的自然资源之一，对于保持生物多样性、调节气候、净化空气等方面起着至关重要的作用。因此，加强森林资源的保护和管理是实现生态文明建设的基础。

地方党委和政府的责任：在生态文明建设中，地方党委和政府承担着重要责任。为了更好地落实保护发展林草资源的责任，各级地方党委和政府开始探索实施林长制，以压实领导干部的责任，形成有效的保护机制。

改革经验的借鉴：林长制的推行借鉴了河（湖）长制的改革经验。通过在地方试点并逐步推广，林长制旨在探索森林资源保护的新模式，提高治理能力和效率。

（三）推行林长制具有什么重大意义

林业发展涉及因素广泛、复杂，林业绿色发展和持续保护必须取得地方党委和政府的全力支持。为此，建立各级林长负责制下部门深度参与、分工负责的林业发展体制，有助于统筹各方力量，形成一级抓一级、层层抓落实的林业工作格局。

推行林长制改革，强化地方党委政府保护发展林草资源的主体责任和主导作用，是全面贯彻习近平生态文明思想和新发展理念的重大实践，也是守住自然生态安全边界的必然要求，将有效解决林草资源保护的内生动力问题、长远发展问题、统筹协调问题，不断增进人民群众的生态福祉，更好地推动生态文明和建设美丽中国。

（四）林长的工作职责是什么

县总林长负责全面推进林长制的落实的督导。在辖区内贯彻落实党中央、国务院关于生态文明建设的决策部署、省和市的工作安排，组织完成森林草原资源保护发展任务，坚持依法治林治草，协调解决具体问题，建立森林草原资源源头管理组织体系，对辖区内森林草原资源保护发展负总责。县副总林长负责协助总林长全面推进林长制的落实，督促、指导责任区内森林草原资源湿地保护发展任务，并确保按时保质保量完成；督促责任区做好森林草原资源保护工作，及时组织查处责任区内破坏森林草原资源的违法犯罪行为。按照省市要求和权责相当原则，林长制主体责任在县级，县总林长和县副总林长为第一责任人，林长为主要责任人。县级林长负责统筹推进责任区域内森林草原湿地资源保护发展工作，督导落实责任区域内依法全面保护森林、草原、湿地资源，全面完成保护发展森林草原湿地资源目标责任制。县级林长每两个月至少率队巡查责任区域林、草、湿资源一次，协调解决资源保护发展中的重大问题。

乡镇级总林长、副总林长负责在辖区内开展森林草原资源保护发展工作；负责护林员选聘、培训、检查指导、管理考核工作，组织实施森林草原湿地资源源头管理，对辖区林长制工作负总责；乡镇级林长对责任区内森林草原湿地资源保护发展工作具体负责，及时处置森林草原资源保护发展中的具体问题，及时发现、制止各类破坏森林草原湿地资源行为。乡镇级林长每月至少率队巡查辖区资源一次。

村（社区）林长、副林长主要负责在责任区内组织开展森林草原湿地资源保护发展工作；划分管护责任区，落实管护责任，实现全覆盖；负责护林员出勤考核，督导护林员按要求进行巡护及巡护信息报送，做到及时发现、制止责任区内破坏森林草原湿地资源行为，并向上级林长报告，村级林长每周至少率队巡查辖区资源一次。

下级林长对上级林长负责，上级林长对下级林长负有指导、监督、考核责任。国有林场、自然保护地等经营管理单位林长按照属地原则接受指导、监督、考核，工作职责结合本地本单位实际予以明确。

（五）各级林长如何开展巡林工作

县级林长每两个月至少巡林一次，乡镇级林长每一个月至少巡林一次，村级林长及国有林场林长每周至少巡林一次。重点时期、重要节点、敏感区域及问题多发频发的地区，各级林长应作为巡林重点，加密巡林频次。

林长巡林应坚持问题导向、突出重点、务求实效的原则。各级林长深入责任区域，通过明察暗访、调研指导、蹲点督导、座谈交流、现场办公、召开会议等方式督促指导落实森林草原资源保护发展和安全任务，及时研究并协调解决重点难点问题。

县级林长开展巡林工作应以解决问题为导向，巡林前，应当提前收集掌握责任区域森林草原资源保护发展和安全中存在的盗伐滥伐林木、非法占用林地、违规野外用火、林业有害生物入侵等突出问题，征询有关地方需要协调解决的重点难点问题，了解基层干部职工和群众意见。

乡镇、村级林长及国有林场林长开展巡林工作应以发现问题为导向。重点检查森林草原日常管护情况，巡查护林员、监管员等履职情况，及时劝阻、制止涉林违法违规行为，不能解决的应及时报告上级林长或林长办公室、有关部门和单位。

对巡林发现的问题，县林长办公室、各乡镇、村及国有林场应当建立问题台账，实行销号管理，及时将问题移交相关单位调查处理或整改，并向上级林长和县林长办公室报告。除了林长之外，还有"三员"，分别是指警员、技术员、护林员。

警员由各乡镇派出所主要负责同志担任。技术员由各乡镇农业综合服务中心主要负责同志担任；护林员是指护林、护草防火人员，由森林经营管护单位推荐，经乡镇人民政府、国有林场审核批准，县级林业和草原部门登记备案，从事森林草原资源保护的专职人员。

警员职责：及时制止并查处破坏林草资源等违法行为；技术员职责：为责任区内林草资源保护发展提供技术指导；护林员职责：学习宣传林草资源保护的有关法律法规、政策；清楚管护责任区范围，了解管护区域内林草资源状况，开展日常巡护，填写巡护日志，发现火情、火灾、有害生物危害、滥砍盗伐林木、毁坏古树名木、乱捕滥猎野生动物、乱采滥挖野生植物、乱垦滥占林地、违规放牧等破坏林草资源以及毁坏宣传碑、标志牌、界桩、界碑、围栏、管护房、摄像头等管护设施的行为，及时向有关部门报告；协助管理野外用火，制止林区野外违规用火行为，及时消除火灾隐患，防火期内对进入林区人员和车辆进行询问登记，坚持日常巡逻，保持信息畅通，发现火情和火烧痕迹应在第一时间向村级或乡镇级林长报告，可直接拨打森林防火报警电话（12119），并协助有关机关调查森林草原火灾案件；完成管护劳务协议约定的其他林草资源管护工作。

❖ 实践活动

一、实践目的

通过实践，指导学生能将自己的专业所学运用到身边的林业生态修复项目中。

二、实践内容

总结身边或家乡周围生态环境现状，挖掘可实施的林业生态修复项目，并结合专业所学，模拟申报一个林业生态修复项目，并对此项目进行可行性分析，总结该项目中林业生态修复的类型及措施，并撰写调查报告。

三、实践要求

1. 对生态环境现状分析准确。
2. 所模拟的项目具有可行性。
3. 调查报告文本撰写规范，结构完整。

❖ 课后评价

评价项目	评价内容	权重
学习过程评价	对学生的出勤率、学习态度、提问和回答问题、交流讨论等情况进行评价	50%
实践活动评价	教师对每人上交的报告进行评价	50%

❖ 学习延伸

云南省林长制各项制度

内蒙古呼伦贝尔草原水土保持生态修复

澄江市九龙晟景拆除覆绿项目

项目七

生态旅游与森林康养

✧ 学习目标

1. 了解生态旅游产生的背景，掌握生态旅游的定义和基本内涵，掌握森林生态旅游的定义；了解国内外森林康养发展情况，掌握森林康养的作用、重要参考指标。

2. 会用森林康养的参考指标衡量某地是否适合开展森林康养活动。

✧ 学习建议

课前预习森林生态旅游和康养相关知识；课上采用小组讨论法、角色扮演法等进行学习，重点掌握生态旅游的内涵并能付诸实践，能运用森林康养的参考指标对森林康养环境适宜性进行评价；课后运用本项目所学知识开展实践活动。

✧ 项目导入

明溪县夏阳乡紫云村积极探索"生态观鸟+森林康养"发展路径

紫云海拔 800 多米，坐落于高山台地，森林覆盖率达 91.55%，村庄常年云雾缭绕，宛如隔世仙境。境内有君子峰国家级自然保护区、紫云省级森林公园，在村里可遥望远方形似卧佛的均峰山，苍莽广阔的原始林野间有包括黄腹角雉、白颈长尾雉、白鹇等在内的 93 种珍稀鸟类，以及其他各类珍稀野生动植物，原始的自然生态保持着生机野性。

十多年前，紫云村村民杨美林和白鹇结缘，他能用独有的号子召唤白鹇出来觅食，就像熟识的老友。人与自然和谐相处的画面令许多网友神往，紫云是鸟儿天堂的印象渐渐深入人心。

自 2016 年深山唤鸟人的故事被各级媒体宣传报道以来，来自全国各地和海外 32 个国家的生态观鸟摄影爱好者慕名前来观鸟、拍鸟，小山村越来越热闹。

杨美林一家瞅准机遇，整修自家小院，开起村里第一家观鸟主题民宿"云海人家"，良好的效益带动了其他乡邻一起参与，共同创收。目前，全村已培育 18 个观鸟点，建成观鸟主题文化民宿四家，迎来送往，人气火爆。

明溪县委县政府则顺势而为，将紫云村纳入全县全域森林康养产业规划布局，指导成立"紫云·鸟生态"创业团队，创办明溪县"云海人家"生态旅游开发有限公司，推广"村社一体、合股联营、利益共享"的观鸟旅游管理模式，积极探索"生态观鸟+森林康养"发展路径。

近年来，紫云村高品质的民宿越开越多，村民组建的"村嘀"车队往来接送观鸟爱好者、掌握编草鞋、制作擂茶等技术的村民当起了民俗推介员。厦门大学、福建农林大学、吉林大学、北京林业大学等院校师生在这里开展课题研究，全国鸟类环志中心、北京林业大学、中国鸟网等在村里开讲座、办展览、开展摄影比赛，全国大学生"绿色营"、闽学书院等12个机构打造研学基地、开设研学课程，古老的紫云村焕发出前所未有的年轻活力。

2018年，连接紫云村与三元小蕉村的公路建设完成，班车为村里带来了更多人气，紫云全村月均接待游客超过1000人，生态观鸟产业带动了77名村民在家门口就业，年人均收入增加了3.5万元，累计为村里带来超过150万元的收入，已成为紫云乡村振兴的新引擎。紫云村村民吃上了"生态饭"，而紫云村也成了践行生态发展理念的明星村。

思考： 紫云村开展观鸟生态旅游活动，是如何在保护的前提下实现经济价值的？

✦ 知识链接

一、生态旅游

（一）生态旅游的产生背景

生态旅游兴起于工业文明后期，在物质财富和精神财富极大丰富的同时，资源问题、环境问题、生态问题等一系列全球性生存危机使人类的环境意识开始觉醒，绿色运动及绿色消费席卷全世界。人类开始思考自身生存方式和发展模式，可持续发展思想应运而生。而随着可持续发展思想的传播和渗透，旅游业的可持续发展也日渐成为人们关注的问题。人类社会在过去数百年的发展中一直表现出对经济高速增长的追求，甚至不惜以牺牲环境为代价，在这样的发展模式下，人类的生存环境急剧恶化，出现以下现象：水土流失和土壤沙化，森林资源减少，海洋资源破坏，能源急剧消耗，自然灾害频繁，化学物质滥用，人口与经济的发展、资源环境的矛盾日益突出等。面对这些严重问题与矛盾，人类不得不重新认识人与自然的关系，人类必须在继承传统的发展模式和重新探索新的发展模式之间做出选择。

生态旅游是在全球环保意识逐步提高的社会背景下产生的。随着全球人口的不断增长和经济的持续发展，人们对自然环境的破坏越来越明显，生态环境的问题也越来越突出。同时，旅游业的快速发展也给环境造成了不小的影响。人们开始反思旅游业对生态环境的影响，并提出了保护环境和生态的理念。随着经济的发展和人们环保意识的提高，生态旅游逐渐成了一种全球性的旅游模式和生活方式。

在中国，生态旅游产生于改革开放后。20世纪80年代后期，中国旅游市场开始逐渐增长，人们对环境友好、文化学习、亲近自然和休闲度假性的旅游需求日益增加，生态旅游应运而生。生态旅游的发展得到了政府的大力支持和推广。1991年，国家旅游局发布了《中国旅游业发展十年规划和第八个五年计划》，明确提出了生态旅游和绿色旅游的概念。随后，政府相继制定了一系列有利于生态旅游发展的政策，如《中华人民共和国旅游法》《全国生态旅游发展规划（2016—2025年）》等。同时，各地也纷纷推出了生态旅游景区和项目，如长江三峡、张家界、鼓浪屿等。总之，在全球环保意识逐步提高的背景下，生态旅游日益成为人们旅游的主流选择。2023 年，全国绿化委员会办公室发布《2023 年中国国土绿化状况公报》，显示当年全国生态旅游游客量已达 25.31 亿人次。

（二）生态旅游的内涵

1993 年国际生态旅游协会把生态旅游定义为：具有保护自然环境和维护当地人民生活双重责任的旅游活动。

后来，国内外众多学者对生态旅游的概念进行了阐述，从不同的角度描述了生态旅游的内涵。其中较为广泛的定义是：生态旅游是指以可持续发展为理念，以保护生态环境为前提，以统筹人与自然和谐发展为准则，并依托良好的自然生态环境和独特的人文生态系统，采取生态友好方式，开展的生态体验、生态教育、生态认知并获得身心愉悦的旅游方式。

生态旅游的内涵应包含两个方面：一是回归自然，即到生态环境中去观赏、旅行、探索，目的在于享受清新、轻松、舒畅的自然与人的和谐气氛，探索和认识自然，增进健康，陶冶情操，接受环境教育，享受自然和文化遗产等；二是要促进自然生态系统的良性运转。不论是生态旅游者，还是生态旅游经营者，甚至包括得到收益的当地居民，都应当在保护生态环境免遭破坏方面作出贡献。也就是说，只有在旅游和保护均有保障时，生态旅游才能显示其真正的意义。

有学者将生态旅游的内涵归纳为三大要点、四大功能和五种角色。

1. 生态旅游的三大要点

（1）生态旅游强调保护当地资源

生态保护一直是生态旅游的一大特点，也是生态旅游开展的前提，并且是生态旅游区区别于自然旅游的最本质特点。随着生态旅游概念的扩展，生态保护的内涵也不断发展，分为三个层次。第一个层次是保护的对象，包括两个方面：保护自然，即保护自然景观、自然的生态系统；保护传统的文化。第二个层次是谁来保护。理论上一切受益于生态旅游的人都有责任来保护，如游客、旅游开发者、开发决策者、当地受益的社区居民及政府人员等。第三个层次是保护的动力。动力源于利益，各类人的受益方式和程度不同，决定了保护动力大小程度的差异：旅游者主要受旅游利益驱使，他们的保护动力更多的是源于环境意识；投资开发者主要追求短期经济利益，其保护动力难以寻找；当地社区尤其是把旅游业作为重要产业的社区，其发展经济的出路在于旅游业，追求的是一种持续的综合效益，对能使旅游业可持续发展的资源与环境的保护有着强劲的动力。

（2）生态旅游强调回归生态系统

这里的生态系统不仅包括自然生态，也包括文化生态。生态旅游的对象在西方被定义为"自然景物"，但这一概念在历史悠久的中国就不太适用了。在中国，很难将自然和文化截然分开。另外，原始自然以及人与自然和谐共生的生态系统是生态旅游对象，人们带着特定的目的到大自然中从事旅游活动，并通过这些活动加强对当地自然和文化的认识。

（3）生态旅游强调社区利益

生态旅游除了能提供自然旅游体验外，也有繁荣地方经济、提高当地居民生活质量、尊重与维系当地传统文化完整性的重要作用。以旅游收入为社区谋利的方式中，一些地区将一定比例的旅游经济收入投入当地改善生活质量（如修建医院、兴办学校）的公益事业中；一些地区鼓励当地社区居民参与旅游业的发展，使其直接受益于旅游业。从促进旅游发展角度，社会参与能体现原汁原味的文化氛围，增强旅游吸引力；从经济发展角度，社区参与旅游业能使居民从旅游业中受益，提高当地居民的收入水平和生活质量，带动当地经济发展；从环境保护角度，社区参与为保护提供了强大的动力。

2. 生态旅游的四大功能

（1）旅游功能

生态旅游作为一种旅游活动，其实质还是旅游，它是用原始的自然和人与自然和谐的意境来吸引游客，以满足游客身体和精神上的回归大自然的需求。

（2）保护功能

生态旅游的保护功能是其区别于传统旅游的最重要特点。从生态旅游概念提出至今，保护一直是生态旅游的核心所在。生态旅游的保护功能体现在各方面：从一个地区发展生态旅游的过程来看，保护既体现在开发过程中，也体现在利用过程中；从人的方面看，保护既体现在人们的意识上，更体现在人们的行为上。生态旅游的保护功能，使其得以可持续发展。

（3）发展经济功能

社区参与的生态旅游能真正为社区带来经济利益。

（4）环境教育功能

随着生态旅游实践的进一步开展，生态旅游的环境教育功能得以发展，具体表现在两个方面：一是教育对象的扩大，从游客发展为所有旅游受益者，如开发者、决策者、管理者等；二是教育手段的提高，从单纯的用心去感受，发展为充分利用现代科学、技术、艺术等知识和手段。

3. 生态旅游的五种角色

生态旅游功能的发挥需要五大主体共同参与。

（1）旅游者

旅游者在参与旅游活动时获得了高质量的旅游经历，但是在出发之前，应该充分考虑如何把对环境的负面影响降到最低，以免对当地的自然和文化环境造成严重的负面影响。

（2）当地居民

当地居民是生态旅游业的核心成员，与当地的自然历史和文化资源关系最为密切。生态旅游业不但应从各个层面为当地居民提供就业机会，还应对其进行培训，这将有助于提高其互动沟通和对游客的管理能力。

（3）经营者

生态旅游经营者的作用在于旅游管理，通过发布旅游信息，开展有关当地自然和文化的教育；通过范例引导游客，并采取正确的行动来防止环境遭受破坏或当地文物降级；通过采取小规模的旅游人数模式、解决好敏感地带的游客膳宿等问题，使累积的影响降到最低。

（4）研究者

研究者的作用在于调查、管理和保护旅游资源，并对开发旅游项目提出建议。此外，研究者还应提供科学信息以评估旅游资源的价值。

（5）政府

政府在生态旅游业中应支持对当地资源开展调查和保护，从法律角度保障资源与环境不受破坏。

（三）森林生态旅游

1. 森林生态旅游概念

森林生态旅游是生态旅游的一种类型，指依托森林资源进行的以享受、娱乐、保健为目的的游憩活动，具体包括野营、野餐、垂钓、漂流、登山、滑雪、探险等活动。森林生态旅游是游客对森林生态环境的审美活动，是生活在现代文明社会的人们对孕育人类文明的大自然的回归。它具有较强的自然性、真实性、观赏性，最终产品是游客的身心享受达到精神愉悦。森林生态旅游按产业结构属第三产业，属非物质生产的服务系统；按生产与消费分属消费行为，但随着近代旅游业的纵深发展，已演化成一个生态消费和生态生产兼顾的经济社会行为。

2. 我国森林生态旅游发展情况

我国森林生态旅游资源丰富、独特，发展潜力巨大，是一种可持续发展的旅游资源。我国地域辽阔，地形地貌复杂，从南到北跨越热带、亚热带、暖温带、温带和寒温带五个气候带，从东到西横跨平原、丘陵、台地、高原和山地等多种地貌类型，海拔高差超过8000米，不同的气候、地貌和水热组合条件孕育了十分丰富、各具特色、风光旖旎的森林风景资源，为森林生态旅游奠定了丰富的物质基础。1982年，我国第一个国家级森林公园——张家界国家森林公园建立，将旅游开发与生态环境保护有机地结合起来，标志着我国现代森林旅游业的兴起。1992年，全国森林旅游工作座谈会召开，会上强调"要把森林旅游办成一个充满活力的大产业，要全方位大力促进森林旅游资源的开发利用"。此后，以森林公园、自然保护区、风景名胜区、湿地公园、国家公园、国有林场等为依托，森林生态旅游业得到迅猛发展。"十三五"期间，我国森林旅游游客总量达75亿人次，创造了6.8万亿元社会综合产值。

二、森林康养

（一）森林康养概述

进入21世纪，人类已创造出前所未有的物质财富和精神财富，在追求价值的道路上，人类追求健康长寿的脚步从未停止。近来肆虐全球的流行性疾病更加深了人类对生命、对健康的关注。健康已成为这个时代国家、家庭和个人最关注的内容，人类进入了一个全面追求健康的时代。

中国政府始终坚持以人民为中心的发展思想，体现最广大人民的根本利益。2016年8月，习近平总书记在全国卫生与健康大会上提出"要把人民健康放在优先发展的战略地位"，指出"人们常把健康比作1，事业、家庭、名誉、财富等就是1后面的0，人生圆满全系于 1 的稳固"。2016 年 10 月，中共中央、国务院印发了《"健康中国 2030"规划纲要》。2017 年 10 月 18 日，习近平总书记在党的十九大报告中指出实施健康中国战略。2019 年 6 月国务院印发了《关于实施健康中国行动的意见》。

森林康养作为健康中国的新产业，林业发展的新业态，健康产业的新模式，高度契合了生态文明重要思想和健康中国战略布局，成为推动绿色发展的重要举措，同时也是绿水青山变成金山银山的有效途径，不仅在林业提质增效和转型升级中发挥重要作用，还将成为国民共享的一种生态福祉。

2017 年，中央一号文件中首次提到森林康养。2019 年 3 月，国家林业和草原局协同其他三部委联合发布《关于促进森林康养产业发展的意见》，指出森林康养是以森林生态环境为基础、以促进大众健康为目的，利用森林生态资源、景观资源、食药资源和文化资源，并与医学、养生学有机融合，开展保健养生、康复医疗、健康养老的服务活动。

（二）国内外森林康养发展情况

1. 国外森林康养发展情况

德国是世界上发展森林康养产业最早的国家，20 世纪 40 年代，德国在巴登·威利斯赫恩镇创立了世界上第一个森林浴场和自然健康疗法，形成了森林康养的雏形。德国的工作重点在于医疗环节的健康恢复，是唯一将森林疗养项目加入国民医疗保险体系的国家，国民可以在保险范围内，每四年享受一次为期三周的森林疗养服务。

日本是亚洲国家中最先引入森林康养理念的国家。20 世纪 80 年代，日本引进森林疗法，提出"森林浴"这一概念，并开始系统的森林疗法功效实证研究，建立了首个森林疗法基地认证体系。日本政府对森林康养产业实行严格的准入制度，包括森林疗养基地的确立和森林疗养师的资格认证。日本的森林康养发展模式兼具三个特点：一是社会对森林康养的认可，偏重预防功效；二是日本已形成高度规范化、体系化的行业管理体系；三是森林康养发展已趋于成熟，研究教育与相关产业联系紧密。

韩国于 1982 年提出建设自然康养林，2005 年通过制定《森林文化·休养法》将森林康养、森林保护纳入法律规范中，并建立了森林讲解员和理疗师森林康养服务人员资格认证、培训体系。韩国的森林康养发展模式有三个特点：一是森林康养发展前期专门为森林康养立法，成立了专门管理机构，森林康养基地建设和运营管理均由国家出资；二是森林康养偏重保健功能，建立了服务于不同年龄段的森林讲解体系；三是森林康养经营管理模式日益成熟，国民参与热情高，许多森林公园采用预约入园制进行管理。

2. 国内森林康养发展情况

我国森林康养产业发展还处于起步阶段。我国对于森林康养这一产业的研究最早是在中国台湾，大陆地区最早于 2012 年在北京引入森林康养概念，随后四川、湖南、贵州、陕西等省份相继开始关注这一业态。目前全国近 2/3 的省份正在探索推行森林康养产业发展，湖南、贵州、四川等部分省份率先发力，先后出台了一批森林康养产业指导政策，制定了一些地方标准，编制了森林康养产业发展规划。

目前，在认证体系方面，国家部委层面上，国家林业和草原局、民政部、国家卫生健康委员会、国家中医药管理局四部委认定第一批国家森林康养基地 96 家；在行业层面上，截至 2023 年，中国林业产业联合会已开展八批次国家级森林康养试点建设单位申报工作，共认定 1321 家国家级森林康养试点建设基地，覆盖全国 30 个省（自治区、直辖市）；在地方层面上，湖南、福建、贵州、四川、浙江、江西、陕西、广东、河南、安徽等省份，均开展了不同批次的省级森林康养基地的申报认定工作。

（三）森林康养的作用

1. 对经济发展的促进作用

森林康养是一种多元组合共生的森林经济新形式，是"十三五"国家林业发展目标的最佳结合点，具有良好的发展机遇。森林康养产业作为一种依托于自然资源的新兴产业，可以更好地发掘农村自然资源的深度价值。随着我国社会的不断进步，对农村经济的发展重视度也在不断提升，而森林康养可助推乡村振兴。目前，我国已经进入了森林康养产业发展的战略机遇期，将森林文化引入人们的日常生活中，不仅能够更好地促进人们的身心健康，还能在促进我国农业发展的基础上，全面推进小康社会的建设。

2. 对人体健康的积极影响

森林内的气温较低，相对湿度较大，绿视率极高，绿色植物能够释放大量氧气，吸收、隔绝外界各种繁杂的声音，人置身其中可以放松精神，释放压力。森林康养可以使人与大自然亲密接触，帮助释放压力，消除精神紧张，还能使青少年获取更多关于动植物的科学知识，充分感受大自然带给人类的美好，学会保护环境，敬畏自然。

森林具有独特的小气候，负氧离子含量极高，人们走进森林都会感到呼吸通畅、心旷神怡。空气负氧离子具有促进血液循环，调节神经系统，降低血压，治疗失眠症和镇静、止咳、止痛等多种疗效。负氧离子浓度高的森林空气可以提高机体免疫力，促进新陈代谢，对于支气管炎、冠心病、心绞痛、神经衰弱等 20 多种疾病具有较好的疗效。森林康养也是改善亚健康状态的最佳方法之一，可以帮助年轻人调节人体的血氧浓度，缓解焦虑、失眠、情绪低落等状态，使体力机能恢复最佳状态，进一步改善亚健康状况。

森林中的植物在自然状态下会释放出大量挥发性气态有机物，具有多种生理功效，可以预防和缓解多种疾病。如蒎烯、柠檬烯、月桂烯、α-松油烯、金合欢烯等萜类化合物，具有镇痛、杀菌消毒的作用，能够使人镇静、精神放松、抗菌消炎等；芳樟醇、薄荷醇、松油醇等醇类化合物具有杀菌、抗病毒、抗感染、促进肝脏和心脏的机能；水杨酸、香芹酚、百里香酚等酚类化合物，以及薄荷酮、樟脑酮、松香芹酮等酮类化合物均具有抗菌抗炎症、促进消化、提高人体免疫机能等功效。因此森林通过向环境释放萜类、烷烃、烯烃、醇类、酯类和羧基类化合物等一大类活性复合物质对人体具有很好的保健作用。森林康养可使老年人心情舒畅，有利于身心健康及疾病的恢复。

（四）森林康养适宜性评价体系研究

国外以德国、日本、韩国为代表的森林康养适宜性评价研究比较成熟，均建立了较为完整的森林康养基地评价标准和法律法规体系。韩国山林厅的森林康养发展以建立养生保健林为依托，指定用于改善人类免疫系统及人类健康的森林环境，建立了从景观、面积、位置、水系、开发条件和休养诱因六个方面的评估体系，并通过立法引入人类健康森林及用于改善人类健康森林设施的认定工作。日本从自然社会、管理服务条件两个层面出发，构建了自然环境、环境设施、可进入性、管理状况、森林浴菜单、居民、发展和特色八个评价维度的森林康养评价体系，并成立专门机构按照标准对森林康养基地进行审查和评选，促进森林康养旅游基地建设规范化发展。

国内森林康养基地评价尚未形成比较一致的评价指标体系。刘朝望从森林康养资源和森林康养基地利用条件两大方向构建了森林康养基地评价指标体系；李秀云构建了以资源环境、气候条件、市场需求、旅游经济、专门人才、市政设施、交通条件、医疗卫生为要素的森林康养基地评价模型；李济任采用层次分析法从森林康养资源价值、环境价值、开发建设价值三个层次构建了森林康养旅游开发潜力评价指导体系；宋子健等根据森林康养产品分类，对森林康养基地主导功能进行汇总，形成森林康养资源功能性适宜性横向等级评价和纵向性类别评价。

（五）森林康养产业的发展前景

现代生活节奏不断加快，工作生活压力也在不断增加，随着收入和生活水平的提高，人们对健康的重视程度越来越高，具有康养、休闲、旅游多种功能于一体的森林康养越来越多地受到关注。因此，可选取资源丰富、基础设施较为完善的国有林场、森林公园等开展试点建设，针对人们保健康复的不同需求进行植物群落的构建。例如，松树、柏树、樟树、银杏等含有丰富挥发油类的植物，能够释放大量具有活性的植物精气，植物精气具有非常好的杀菌保健作用，被人体吸收后可以促进免疫蛋白增加，增强人体的抵抗力，对抗癌、缓解疼痛、调节血压血糖、缓解精神障碍等方面具有医疗康复效果。根据不同植物群落精气成分保健效应的差别和人们保健康复的不同需求，通过运用芳香疗法相关理念，挖掘当地特色，因地制宜选择植物种类，打造以森林康养休闲游为主体的特色保健康复体验试点基地，可树立一批示范试点，引导带动其他森林康养基地规范发展。

为了更好地促进我国森林康养产业的发展，需要政府相关部门充分重视森林康养产业，充分发挥自身的引导作用，结合当地实际情况制定科学的发展战略，并不断建立和完善森林康养产业发展的标准。在此基础上，也要充分保证森林生态系统的完整性和稳定性，坚持绿色环保、生态优先、低碳节能的发展理念，实现保护与开发的有机统一，走可持续发展道路。与此同时，通过不断加强森林康养产业相关知识的宣传和推广，全面提升森林康养意识，鼓励倡导更多人积极走进森林，体验森林康养健康生活方式，提高森林康养知名度，扩大其影响力。此外，重视专业人才队伍建设，加强与院校的合作，开设森林康养职业课程，加快森林康养复合型人才培育，打造一批森林康养新业态的专业精干队伍，可为森林康养这个新兴产业提供人才和技术支撑，持续推动森林康养产业的蓬勃发展。

❖ 实践活动

小组讨论——如何做一名合格的生态旅游从业者

一、目的

通过讨论进一步掌握生态旅游及生态旅游者的内涵，列举具体措施说明如何成为一名合格的生态旅游从业者。

二、说明

学生课前查阅相关资料，自学知识链接内容；4~6人为一个小组，运用头脑风暴法，组员各自阐述自己的观点，小组讨论后达成共识，形成小组意见，推选代表向全班汇报。

三、规则

1. 老师为主持人、评委。
2. 以小组为单位，分组讨论，讨论时间为20分钟。
3. 各组汇报，汇报时间为5分钟。
4. 其他组派代表点评。
5. 老师点评。

四、建议

老师控制讨论时间、调节气氛。

❖ 课后评价

评价项目	评价内容	权重
学习过程评价	对学生的出勤率、学习态度、提问和回答问题、交流讨论等情况进行评价	50%
实践活动评价	教师对每组上交的资料进行评价	50%

❖ 学习延伸

自然教育

参考文献

白茹, 2017. 建设美丽草原促进少数民族地区草原生态文明建设[J]. 内蒙古科技与经济(1)：6-7.

白雪, 2023. 中国式现代化视角下的生态文明法治体系构建 [J]. 江南论坛(12)：48-52.

班帅英, 2023. 当前林业生态修复现状和措施研究[J]. 林业科技情报, 55(2)：69-71.

曹普华, 2023. 抓实"林长制"守护"生态绿"[J]. 林业与生态(11)：17-18.

程小云, 等, 2022. 河西走廊草地荒漠化动态及驱动因素[J]. 中国沙漠, 42(6)：134-141.

程旭东, 陈美球, 赖昭豪, 等, 2023. 山区县耕地"非粮化"空间分异规律及关联因素[J]. 农业工程学报 (1)：203-211.

戴铁军, 周宏春, 2022. 构建人类命运共同体、应对气候变化与生态文明建设[J]. 中国人口·资源与环 境, 32(1)：1-8.

董战峰, 王玉, 2021. 生态文明制度创新的逻辑理论与实践路径[J]. 昆明理工大学学报(社会科学版), 21(1)：43-50.

房昕瑜, 郭晓晖, 2023. 浅析《中华人民共和国食品安全法》的修订历程与思考[J]. 中国食物与营养, 30 (4)：1-7.

冯生, 2020. 现代林业发展及生态文明建设探讨[J]. 南方农业, 14(33)：214-215.

付嘉龙, 李国春, 2021. 山水林田湖草系统治理观的大理实践研究[J]. 云南农业大学学报(社会科学 版), 15(6)：67-72.

高丽莉, 2018. 新时代大连市绿色发展的根本遵循与践履途径[J]. 大连民族大学学报, 20(6)：500-503.

郭占恒, 2017. "两山"思想引领中国迈向生态文明新时代[J]. 中共浙江省委党校学报, 33(3)：20-25.

花东文, 王健, 2020. 区域治理全球气候变化的原因及影响综述[J]. 区域治理(3)：138-140.

黄承梁, 2019. 论习近平生态文明思想历史自然的形成和发展[J]. 中国人口·资源与环境, 29(12)：1-8.

黄雪丽, 张蕾, 2019. 森林康养：缘起、机遇和挑战[J]. 北京林业大学学报(社会科学版), 18(3)：91-96.

贾金, 张继林, 2022. 林业生态修复的现状与改进措施[J]. 农家参谋(14)：120-122.

孔凡斌, 王宁, 徐彩瑶, 2022. "两山"理念发源地森林生态产品价值实现效率[J]. 林业科学, 58(7)：12-22.

李宝东, 2020. 践行"两山"理论促进农业农村绿色发展[J]. 再生资源与循环经济, 13(2)：22-25.

李炯, 2016. 习近平"两山"论创新性及其现代化价值[J]. 中共宁波市委党校学报, 38(3)：95-102.

李荣娟, 李冠杰, 李高侠, 等, 2020. 经济时代公民生态文明意识培育探讨[J]. 现代商贸工业, 41(26)：108-110.

李星池, 2024. 林长制研究热点与展望[J]. 财富论坛(2)：63-67.

李照红, 唐凡茗, 2020. 健康中国背景下森林康养旅游研究态势[J]. 合作经济与科技(20)：21-23.

李志勇, 吴柳君, 2023. 薇甘菊的发生现状及防治措施研究[J]. 种子科技, 41(3)：100-102.

刘浦孝, 潘银萍, 刘洪岩, 王琪, 2022. 生态文明建设视域下现代林业发展策略分析[J]. 林业建设(1)：

132-134.

卢风，2019. 生态文明与美丽中国[M]. 北京：北京师范大学出版社.

马娅，2019. "绿水青山就是金山银山"生态价值探讨[J]. 经济研究导刊(5)：56-58.

牛向阳，2020. 加快全国林长制改革示范区建设奋力推进安徽林业治理体系和治理能力现代化[J]. 安徽林业科技，46(1)：3-8.

潘家华，2019. 生态文明建设的理论构建与实践探索[M]. 北京：中国社会科学出版社.

前田武，2022. 反复发生的生物大灭绝 地球至今已发生五次生物大灭绝，现在的情况如何[J]. 郑文杰，译. 科学世界(5)：10.

申东昕，2023. 朱鹮保护区今年人工繁育朱鹮幼鸟55只[N]. 陕西日报，2023-07-06(3).

宋子健，温全平，2020. 森林康养资源评价指标体系构建及评价——以蔡家川森林康养区为例[J]. 林业科技情报，52(1)：38-43.

孙敏，2021. 现代林业技术在水土流失治理中的应用研究[J]. 中国科技投资(9)：151-152.

孙小明，陈翊，2019. 发展森林康养产业对策及建议[J]. 现代园艺(22)：15-16.

佟岩，2023. 新时代中国生态文明法治体系建设研究[D]. 兰州：兰州大学.

王苗，2023. 全球气候持续变暖，我们该如何应对[J]. 科学之友(9)：46-47.

王明祥，2020. 农村畜牧业生产造成的环境污染及其治理策略[J]. 吉林畜牧兽医，41(7)：121-122.

王怡然，2021. 生态文明教育[M]. 北京：中国林业出版社.

王忠贵，2020. 森林康养对人体健康促进作用浅析[J]. 现代园艺，43(1)：106-109.

吴后建，但新球，刘世好，等，2018. 森林康养：概念内涵、产品类型和发展路径[J]. 生态学杂志，37(7)：2159-2169.

吴季松，2015. 最受关注的66个水问题[M]. 北京：北京航空航天大学出版社.

武晓玲，2023. 林业生态修复问题及措施研究[J]. 造纸选材及绿色发展(11)：142-144.

习近平，2017. 习近平关于社会主义生态文明建设论述摘编[M]. 北京：中央文献出版社.

习近平，2021. 论把握新发展阶段贯彻新发展理念构建新发展格局[M]. 北京：中央文献出版社.

习近平，2022. 论坚持人与自然和谐共生[M]. 北京：中央文献出版社.

徐彩瑶，王宁，孔凡斌，等，2023. 森林生态产品价值实现对县域发展差距的影响：以浙江省山区26县为例[J]. 林业科学(59)：12-30.

杨桂华，钟林生，明庆忠，2000. 生态旅游[M]. 北京：高等教育出版社.

尹伟伦，2022. 森林多功能利用与森林经理的变革[J]. 高科技与产业化(317)：1-17.

于淑萍，2006. 土地荒漠化的成因、危害及防治对策[J]. 环境科学与管理(1)：16-17.

余谋昌，2000. 生态哲学[M]. 西安：陕西人民教育出版社.

张涛，2022. 长江白鲟被正式宣布灭绝[J]. 生态经济，38(9)：5-8.

赵如龙，2023. 林业技术创新对现代林业发展的作用及优化措施[J]. 造纸选材及绿色发展，52(217)：181-183.

钟祥浩，陈国阶，程根伟，2000. 山地学概论与中国山地研究[M]. 成都：四川科学技术出版社.

种玉杰，丁艺曼，2020. 气候变暖的危害研究综述[J]. 农家参谋(13)：174.

周琳，2018. 习近平生态经济发展思想研究[J]. 贵州省党校学报(4)：19-27.

周琼，徐艳波，2023. 20世纪以来滇池生态修复路径初探[J]. 生态安全(1)：80-90.